城市设计经典译丛

THE REGIONAL CITY

PLANNING FOR THE END OF SPRAWL

区域城市

——终结蔓延的规划

（第四版）

【美】彼得·卡尔索普

叶齐茂　倪晓晖　译

【美】威廉·富尔顿　著

U0283868

江苏凤凰科学技术出版社·南京

献给我的父亲，他常常教导我向假说发起挑战。也献给我的母亲，她提醒我别忘了学习。

——彼得·卡尔索普

献给萨拉·伊丽莎白·托尔夫·富尔顿，她为了创造更美好的世界，每天努力工作。

——威廉·富尔顿

序

　　20 世纪初，美国面临的是工业城市的挑战。当时，像纽约、芝加哥这样的中心城市，在规模上已经是史无前例，在发展速度上也是前所未有，因此，种种问题与之相伴而生。例如，那些移民仍然恪守原有的生活方式与习俗，深受疾病、贫穷和社会冲突的折磨。然而，在 20 世纪的上半叶，这些城市都是有世界影响力的美国财富的领军者。

　　今天，美国面临的是彼得·卡尔索普和威廉·富尔顿所称的"区域城市"的挑战。现在，20 世纪早期的工业城市已经发展成为 21 世纪的"都市区域"，这些"都市区域"是中心城区和郊区凝结起的"大饼"，它们绵延百里，包括了数不胜数的地方立法机构。人口和工业的非人性化集中是旧城市的主要问题，而由人口分散引起的低效和环境恶化已经成为今天大都市区域的毒瘤，这个病源来自蔓延。旧城市的疾病有它可见的症状，如烟尘和水污染；而新的城市病，则潜伏在区域之中，如污染和对自然环境的破坏。如果说旧城市的贫穷随处可见，那么，现在的贫穷人口更孤立，与社会更疏远，生活状况更糟糕。

　　郊区蔓延和内城衰落这一对危机引发了两个根本性的问题：高技术的发达社会与自然界的关系、高技术的发达社会与社会平等的关系。部分议员、城市与郊区不同利益的代表，以及联邦政府内的各个部门，都从不同的角度、以不同的方式、在不同的场合，表达了他们对这两个根本问题的抱怨和争议。然而，问题越积越多，矛盾越积越深。当各国政府对全球经济的控制能力日益衰落时，区域就变成了世界范围的关键单元了。那些对区域增长加以管理，并注意发展教育、维持生活质量的都市区域就有可能获得成功，而那些运行维艰又无所作为的都市区域则不免衰落。

本书对"区域城市"发起了挑战，区域城市是我们处理社会的经济、生态和社会问题的必要的尺度。彼得·卡尔索普和威廉·富尔顿登上了拦在我们面前的两座大山——城市危机和郊区蔓延，他们为那些被堵塞在路上的人们、失去了开放空间的人们、因种族划分而得不到社会公正的人们呐喊，虽然不可能完全搬走这两座大山，至少可以去求得矛盾的化解。在我看来，与近年出版的有关区域论的著作相比，本书是最综合、最实际和最具想象力的一本。彼得·卡尔索普和威廉·富尔顿告诉读者，区域城市"不仅仅是一种理论"，他们从卡尔索普设计事务所（1983 年成立）的大量工作中精选了项目说明和图示来证明这一观点。他们用彼得·卡尔索普创造性的和以区域为方向的实践和经验，对这些项目进行了讨论。

也许，本书的主旨是：若想区域项目获得成功，对区域整体的设计必不可少。对于彼得·卡尔索普和威廉·富尔顿来讲，区域论不仅意味着往大了思考，还意味着往进步方向去思考。例如，区域设计要考虑土地使用和交通之间的联系、开放空间和公共空间之间的联系、区域的增长边界与重建城市核心区之间的联系。传统政策分析倾向于割裂这些联系，而形体设计则必定包含和揭示这些联系。区域设计为区域内不同利益集团的联合行动提供了一个共同的基础。本书提出了一个重要的命题：区域设计是一个综合的学科，它把经济、生态、社会和美学结合在一起。

因此，"区域城市"是关于现在和未来的设计。当然，"区域城市"的基础继承了美国已有的区域思考和区域规划的传统。拿彼得·卡尔索普和威廉·富尔顿与他们的先驱相比，我们就可以认识本书对美国区域思考和区域规划传统的批判和发展。

早在 20 世纪 20 年代，以刘易斯·芒福德（Lewis Mumford）、克拉伦斯·斯坦 （Clarence Stein）、亨利·赖特（Henry Wright）及本

顿·麦凯（Benton MacKaye）为核心的建筑师、规划师和社会活动分子所组成的"美国区域规划协会"（RPAA），曾希望把美国的规划重心放到区域上。他们当时已经看到，那个时代的新技术——汽车、电力、电话和广播，将会带来工业城市的危机，如克拉伦斯·斯坦所说的"恐龙城市"。因为新技术的发展，城市不需要继续把它的功能全部集聚在核心区，相反地，城市可以向周围广袤的绿色世界和小城镇扩展，曾几何时，城市蔓延被看成是一个不可逆的过程。

当时，"美国区域规划协会"的领导者们把城市向区域的转变看成是希望之所在。他们认为，只要规划得当，分散化就能够创造出"新城"：集工作和居住于一体的大约3万人的社区，这个规模大体上可以形成一个城市，并由绿带围合出一个鲜明的边界。与老工业城市的贫民窟和污染相比，新城能够把效率、美和社会公平结合起来。"恐龙城市"会消失，代之而起的是由分布在绿色景观中的"新城"组成的新的"区域城市"——融合于大自然之中的发达社会的归宿。

不幸的是，这些预言只对了一半。第二次世界大战后，美国城市无控制地扩散了，可是，城市蔓延的结果并非是"美国区域规划协会"所期望的"区域城市"。战后的发展不仅是郊区的膨胀，还是"城市化"的膨胀。中心城市被分割开来，形成了一种特殊的城市形式，低密度开发迅速地在整个区域散开，消除了城区、郊区和农村之间的传统区别。当刘易斯·芒福德回眸这个无约束的"反城市"时，他定会对美国社会本身也大失所望。

彼得·卡尔索普和威廉·富尔顿汲取了这些早期的错误和教训后，再一次把早期区域论的愿望和理想提出来讨论：

第一，20世纪20年代的区域论者把贫民窟和交通拥堵看成是巨型城市的压倒一切的问题，他们希望看到这种城市的坍塌。他们几乎没有设想，人口和产业的分散会给我们的城市中心，特别是那些被留下来的穷人，带来什么样的后果。与此相反，彼得·卡尔索普和威廉·富尔顿的区域论认识到了振兴市区中心的重大意义。在本书中，他们着重讨论了重建内城街区的方式。正如他们提出的那样，必须把内城问题放到区域战略中去考虑，包括在区域范围内考虑经济住房、城市与郊区的税收分配，振兴大规模公共交通，确定区域增长边界等，所有这些都是为了把开发重新引回到市区。他们坚持认为，经精心设计的那些混合使用的街区，能在消除区域不公正方面起到重要作用。本书的最重要的部分也许是有关联邦政府"6 号希望工程"的结论部分。

第二，早期区域论者认为，自给自足的"新城"是代表高级文明社会的唯一的理想形式。他们期待大部分美国人生活在这种自给自足的"新城"里。但是，事实上，这种插上羽毛的"新城"是飞不起来的（如马里兰州的哥伦比亚、弗吉尼亚州的雷斯顿等新城），私人开发商不可能去建设这样的"新城"，甚至福利国家也很难实现那样的理想模式，如战后的英国和瑞典所经尝试的那样。无论在什么情况下，乌托邦的时代已经逝去，20世纪20年代的区域论者希望建设他们的理想城市的开放空间已不存在了。与绿色田野里的"新城"不同，彼得·卡尔索普和威廉·富尔顿的区域主义把重点放到郊区土地的填充开发和更新改造上、放到了郊区布局结构的更新换代上，以便形成可步行的镇中心、土地与空间混合使用的街区和公共空间。

最后，20世纪20年代的区域论者仍然没有跳出现代派对新技术发展的乐观主义愿景，他们认为技术革新就像奴隶解放运动一样。在他们看来，完全抛弃旧的城市形式，仅仅依靠最新的技术，"区域城市"便可以诞生了。特别是20世纪20年代的区域论者完全沉浸在汽车时代到来的喜悦之中，这是刘易斯·芒福德应该感到愧疚的失误。彼得·卡尔索普和威廉·富尔顿着眼于将21世纪的区域论植根于复杂的过去与现在的关系上。正如彼得·卡尔索普于 1986 年所写："我们的城市在它们出生时就有了一种特殊的智慧和成长的力量。"彼得·卡尔索普和威廉·富尔顿把目光转向旧的城市形式，不是怀旧，也不是出于保护的动机，而是希望从旧的城市形式中挖掘出可供未来发展使用的资源。正如他们饱含激情地表达的那样，他们的目标是坚持"一些简单的和基本的城市设计原则，按照它们来创造一个场所，如哪里是可以步行的、哪里按人的尺度安排建筑物、哪里的人口和土地使用是多样性的、哪里是围绕有意义的和值得留念的公共场所来构造的"。

彼得·卡尔索普在他的《下一个美国梦》（1993）中提出了"开发以公交为导向"（TOD）的设计理论，本书提到的简单的、基本的城市设计原则在此书中都有过阐述。就区域而言，开发以公交为导向，意味着从城市中心的交通枢纽向外放射的轻轨系统将重新安排区域的整体布局。每一站成为一个微型"新城"，那里有商店、就业岗位、多样性的住宅，所有的设施都在步行距离之内，而车站与市中心和其他的"新城"相连。彼得·卡尔索普和威廉·富尔顿正在重新认识 20 世纪初期的那种"路面轻轨电车的郊区"。以私家车为导向的区域结构必然产生无限的蔓延，而以公交为导向的开发却是与最近的过去一刀两断，试图圆了过去的那个久远的梦，这种"陈旧的"的轨道技术可能使 21 世纪的区域更为复杂。

从某一个方面讲，彼得·卡尔索普和威廉·富尔顿直接采纳了传统早期区域论。芒福德、斯坦和他们的同事们与作家、设计师及社会活动家结合起来，构建了早期区域论，所不同的是彼得·卡尔索普和威廉·富尔顿今天却遇到了强大得多的要求专业人员讨论社会事务的压力。两位作者若没有多年的试验或者没有实施具体的设计项目，是不可能写出本书的。轻视美国生活中公共知识分子力量的那些人需要特别注意他们的工作范围与成就。

彼得·卡尔索普是学建筑出身的，但是，从20世纪70年代开始，他就致力于扩大设计的内容，把城市规划和环境工程融合到设计中来。从设计节能住宅，到设计紧凑、可持续和公正的社区，以及现在设计支撑社区的区域布局。经过这些努力，彼得·卡尔索普已经展示了他从历史、从同行那里学习的能力，也展示了他把社会价值清楚和准确地表达到形体上的能力。

事实上，彼得·卡尔索普在他的第一部著作《可持续发展的社区：新城市、郊区和镇设计纵览》（1986，与西姆·凡·德·瑞恩合著）中，已经形成了许多新观点：蔓延不仅在生态上，还在社会上具有摧毁性；反之，紧凑型的城市设计既在生态上是最可持续的，也具有潜在的社会价值。这样的认识使他开展了步行和土地空间混合使用的社区设计。他与既是建筑师又是教师的道格·凯尔鲍一道工作，创立了一种他称之为"步行袋"（pedestrian pocket）的规划模式，即在公交站周边1/4英里半径范围内，建设住宅群、零售、办公组合为一体的社区。"步行袋"证明了彼得·卡尔索普与旧区域论者的区别。

在设计"新城"时，他不同意旧区域论者关于"新城"的尺度，也否定了"新城"独立在原野之中的特性。事实上，50~100英亩（约20~40公顷）大小的"步行袋"只有通过与其他城镇和区域核心连接才具有意义。因为"步行袋"依赖于以公交为导向的开发，所以"步行袋"规划也就是一个区域的规划。

1989年，萨克拉门托的开发商菲尔·安热利代斯找到卡尔索普设计事务所，要求他们设计西拉谷那，那是一个1000英亩（405公顷）的混合使用项目。事后，彼得·卡尔索普告诉人们，那是他第一次把自己的想法付诸实践。同年，萨克拉门托县规划部要求卡尔索普设计事务所为他们的区域制定一个"公交导向开发指南"。1991年，卡尔索普设计事务所又承担了圣迭戈市的"公交导向开发指南"的项目。1992年，尤金的一个叫"千友"的市民组织要求卡尔索普设计事务所修改一条经过波特兰区域西部的新高速公路的设计。卡尔索普在本书中简要地介绍了这个项目，实际上，他借助那个机会，提出了"区域城市"的主张。于是，"土地使用、交通和空气质量相联"（LUTRAQ）的主张不仅贯彻于他编制的开发以公交为导向的区域规划中，也使他声名大噪。"LUTRAQ"的主张既叫停了建造这条公路的计划，又推进了波特兰区域去建设新的轻轨线和公交导向开发指南。现在，原波特兰区域规划部的约翰·弗雷戈内塞（John Fregonese）也加盟了卡尔索普设计事务所，致力于区域规划。也许，本书中的"犹他畅想"项目最值得读者注意。

1992年，彼得·卡尔索普和西海岸的设计师们［例如安德烈斯·杜安尼（Andres Duany）、伊丽莎白·普莱特·齐贝克（Elizabeth Plater-Zyberk）］，以及东海岸的设计师们联合起来，建立了"新城市规划大会"，它为彼得·卡尔索普提供了一个全美尺度的大舞台。他的"开发以公交为导向"和杜安尼的"新传统镇"成为新城市规划思潮的两个核心概念。或者说，更重要的是，"新城市规划大会"给了彼得·卡尔索普一个讨论和完善他的观点的场合（有些人认为"新城市规划大会"是一个设计原理制造场，实际上，与这个神话相反，它更是一个思想碰撞的场所）。如同安德烈斯·杜安尼、伊丽莎白·普莱特·齐贝克一样，彼得·卡尔索普始终强调步行规模的街区在区域振兴中的核心位置。但是，与安德烈斯和伊丽莎白相比，彼得·卡尔索普较少关心规划、规则、规定、规范以及历史经验，而是坚持重新思考和修改其基本概念，包括对新区域结构中街区概念及意义的修改。

本书的合著者威廉·富尔顿，既是规划师，也是作家。他是所利马

（Solimar）研究所的创办人和领导者。威廉·富尔顿是个多产的作家，他撰写了名目繁多的作品，如《加利福尼亚规划指南》。他又是《加利福尼亚规划和发展报告》的编辑。同时，还是西好莱坞规划委员会的主席。丰富的经历对完成他的值得骄傲的著作《勉勉强强的大都市：洛杉矶增长的政治学》（ *The Reluctant Metroplis:the Politics of Growth in Los Angeles* ）（1997年）大有帮助。在近年出版的有关当代洛杉矶的作品中，这本书是最杰出的一本，同时，它也是对美国大区域政治和权力斗争分析得最好的一部著作。

《勉勉强强的大都市：洛杉矶增长的政治学》揭示了处于两难之中的洛杉矶——美国最有实力的经济增长区域的危机和难产的区域规划。威廉·富尔顿向我们解释了控制大规模基础设施（如水、电、运输等）的投资部门和运行部门，例如都市水务局或者南加利尼亚政府协会是如何成为"影子政府"的；解释了为什么在高度分权的洛杉矶区域里，"影子政府"掌握了巨大的权力。他也告诉了我们，洛杉矶的地方居民活动分子的酸甜苦辣，为什么在洛杉矶难以形成区域意识和区域公民。《勉勉强强的大都市：洛杉矶增长的政治学》揭示了"区域城市"所面临的挑战。

芒福德在他的《城市文化》（1938年）中夸张地声称："作为一种集体的艺术工作，区域的复活和重建是后人的政治任务。"事实上，芒福德所提到的后人从第二次世界大战起就有了其他的任务，而早期区域论者的许诺似乎是一辆永远到不了终点的列车。不过，本书给了我们一个希望，芒福德所提到的后人来了。

罗伯特·菲什曼

密歇根大学 A·阿尔弗雷德·陶布曼建筑学院

建筑学教授

目录

本书描述了三种相关的现象：区域主义的出现、郊区的成熟以及旧城街区的复兴。每种现象都不是独立的，而是与另两种现象相关联的。

导言

　　盐湖城市政府大楼坐落在盐湖城的市中心，从盐湖城市政府大楼的一个大会议室里，我们可以看到这个已经有 153 年历史的市区。布里格姆·扬（Brigham Young）是这个市区的第一个居民。大会议室里聚集着盐湖城的民间领袖们，他们正在讨论快速发展的盐湖城区域的未来前景。盐湖城曾经是美国梦的先驱——一英亩地一个家，每家的院落由街道环绕，而街道的宽度足以使马车掉头。然而，今天的盐湖城市区已经由停车场、四处散落的小高层建筑和 6 个车道宽的道路组成，最近，这些道路上又平添了新的有轨车道。会议室里 150 位各界人士分成 10 组，围着小桌子"纸上谈兵"：他们手里拿着详细的地图和 70 个方纸块，每个纸块代表 4 平方英里的发展的郊区，他们的任务是找出最好的方式，把盐湖城将要新增的 100 万人安置到这张图上去。

　　州长迈克·莱维特（Mike Leavitt）加入了其中一张桌子的讨论。那个小组的成员，包括一个地方环境组织的领导者、一个大房地产开发商、一个小市的市长以及其他几个社区的代表，他们并非被刻意安排在一起。一开始，他们按传统的郊区居住方式，一块接一块地把纸块摆到地图上，很快地，纸块覆盖了这个区域所有的农田。于是，他们开始寻找其他可以用于建设的土地，他们开始把纸块摆到了还没有开发的山坡上，那里只有通过山路才能到达盐湖城。与州长同桌的人们以及这个屋子里的其他人很快发现，如果盐湖城区域按照这个居住密度持续增长下去的话，那么，他们钟爱的湖光山色就会被毁于一旦。

　　每个小组都用了不同的方式，试图把盐湖城将要新增的 100 万人安置到这张图上去。但是，不等用完所有的纸块，他们就把纸块叠起来了。

也就是说，他们愿意接受比较高的居住密度，以便保护农田和没有开发的土地。当这样的方式仍然不能解决问题时，他们开始把纸块叠加到了现有的城市区域里，特别是那些质量低下和需要更新的地方。直到结束了"纸上谈兵"，他们才认识到，创造一个不同的未来蓝图是必要的和可能的。

在随后的几个月里，迈克·莱维特州长所在的那个小组和其他人都发现，对于盐湖城地区来讲，采用蔓延的开发方式会产生许多方面的不良后果。他们得知，与比较紧凑的开发模式相比，低密度的蔓延需要在基础设施和公共服务方面追加150亿美元，平均每个新家庭要摊上近3万美元。他们了解到，即使建设更多的道路，交通堵塞和空气污染只会每况愈下。他们还发现，现行的分区规划政策不会适合于未来的越来越多的老人、单身汉和年轻人的家庭。于是，盐湖城的民间领袖们得出这样的结论，对于盐湖城这个以家庭为导向的地区来讲，更令人担忧的也许是他们的子孙们不再有条件居住在这里了。

换句话说，他们看到照此下去，问题不会得到解决。此次"纸上谈兵"的会议结束一年以后，迈克·莱维特州长签署了《品质升级倡议书》，这部《品质升级倡议书》是犹他州的第一部增长管理法。于是，司空见惯的蔓延戛然而止，从此，蔓延的开发方式在盐湖城地区成为历史。

边缘城市的兴亡

蔓延对于不同的人意味着不同的事情。对于一些人来说，蔓延如同他们本身从社会公共生活中分离出去，获得他们所要的那种自由，享受他们追求的那种高消费生活。对于另一些人来说，蔓延侵扰了他们的土地和文化。我们认为，蔓延只不过是一种过时的开发模式，是战后一定时期内的发展战略，旨在让日益扩大的中产阶级家庭住到低密度的地方，然后，用汽车把他们连接起来，但是，它已经成为过去。这种开发模式曾经提供了经济型独门独院住宅，那里社会安定，又有开放空间，驾上汽车，什么地方都可到达。现在的情况大不同于以前了，邻里相望而不相往来，社会犯罪频频发生，开放空间萎缩，汽车被堵在半路上。蔓延似乎不再时尚了，而且对于许多人而言，蔓延越来越难以承受了。

乔尔·加罗（Joal Garreau）在他的《边缘城市：生活的新前沿》中把"边缘城市"描述为这样的郊区，那里有主要的就业中心和区域零售中心。今天，"边缘城市"已经成为现实，而且这个名字恰如其分。因为"边缘城市"成为主要的就业中心和区域零售中心，所以郊区在历史上第一次成为我们文化和经济的中枢神经。许多工商企业已经离开了市区而迁往郊区。

20世纪60年代，郊区不过是用来休息的地方，而现在的郊区变成了"边缘城市"，随着郊区的这种转型，许多根本性的变化发生了。现在这些根本性的变化影响了我们的身份，左右了我们的政治，控制了我们的机会，主导了我们对社区的感受。我们把过去的村庄、小镇和城市的层次结构变成了由居住小区、购物中心和办公园区组成的层次结构。无论从哪种比例上讲，建设用地的增长速度都超出了人口的增长速度。我们在为小轿车设计的景观中建设了一个由小轿车主导的交通系统。我们的经济转变成了一种分散化的服务型经济，而不再是城市的工业经济。年龄、收入、文化和种族让我们更加分离，所有这些变化在我们的开发模式中找到了实体表达——郊区蔓延、市区衰落、自然资源日渐枯竭以及历史文化不断流失。

但是，就在"边缘城市"成为标准开发模式时，我们已经超越了那些鼓励"边缘城市"增长的假定。土地和自然资源并非无限，空气质量和交通拥堵限制了小轿车的垄断地位，中产阶级并非都是富裕的，不是所有人都能买得起或租赁得起一所独门独院的住宅。事实上，美国也不再是由核心家庭组成的国家，现在，仅有 1/4 的家庭是由一对结婚的双亲和孩子们组成，而其中一半的家庭只有一份收入。1950 年以来，参加就业的妇女的百分比已翻了三番。把工作留给男人去干的美国梦已经荡然无存了。

当这类美国梦成为一枕黄粱时，我们遇到了另一些根本性的变化：资本和劳动力的全球化、日益加剧的经济不平等（甚至在繁荣情况下）、自然环境的恶化、对政府的失望等。尽管每天都在谈论这些根本性的变化，可是，我们似乎找不到办法把那些变化安排到个人或文化清晰的愿景中去。对于普通民众来讲，他们所能做的就是回避现实，组成各式各样的社会团体，或干脆为社区安上一道大门。

一些人不是针对他们居住的地方做文章，形成一种场所的社区，而是围绕着他们的特殊利益来改变社区，形成利益社区，这种倾向正在加速，于是，它导致了人们退出公共生活。这种"利益社区"实际上是一种社会和经济团体，它们依据人们的生活方式、就业和社会身份而形成。这种"利益社区"里的人们有相近的年龄、相仿的收入、相似的价值观念，从事类似的活动。在这里，人们的思维甚至也安上了一道大门，这是一种特殊的社区。

与这种"利益社区"相反，我们在老街区里不期而遇，形成了各种各样偶然的关系和联系，邻里街区常常孕育出一个公共世界，它让人们之间的相互作用超出利益范畴，仅仅是志同道合而已。但是，郊区的分区规划政策使这些形形色色的"场所的社区"越来越七零八落了，我们失去了与老街区的日常联系，在这种"利益社区"里，我们碰不到那些老街区。土地使用上的功能分区依照年龄、收入、价值观念或从事活动将人们分割开来。

分割式开发现在愈演愈烈，即使在这样的地方，也同样缺少把那些同类人聚合在一起的共同基础，缺少让他们聚集的公共空间。我们开着车离开家，去很远的地方工作。街区邻里间没有简单的步行活动，也没有一个大家常来常往的地方。用不着惊讶，我们对邻居的了解越来越少了。我们在网上聊天，而不在街头面对面地闲谈了。

有些人对此不以为然，而另一些人则认为这种现状值得讨论。当财富和汽车能够建立一个复杂的富人的俱乐部，并有机会让他们的联系跨越区域甚至全球时，另一些人则在生理上、经济上和社会上受到限制。社区性质上的根本差异扩大了我们的双重社会的范围和它的不平等。因为利益的不同，收入、年龄和种族的不同，出行方式和地理位置的不同，我们现在变得越来越有社会距离了。

从一定意义上讲，我们的政治活动是在错误尺度上展开的，所以，我们不能摆脱特殊利益的约束，不能提出大规模改革。地方行动不能处理我们所面临的最具有挑战性的问题，与此同时，集中的公共项目的失败已经到达转折点。国家的方案太原则、太官僚、太庞大，而地方的方案常常是孤立的、资源不足的以及反其道而行之的。难怪人们变得玩世不恭，脱离社会。我们同时居住在区域和街区里，但是，我们没有一种政治制度来处理这种尺度上发生的问题。

许多决策者知道，想要解决我们所面临的紧迫问题，必须要创造一种区域体制，只有这样，才能缓解我们的经济、社会和环境矛盾。但是，他们活动的尺度不对，所以，只是治标而没有治本。这样，这些决策者强调，内城投资萎缩是与银行规则和开发补贴相关的，而不去追求区域经济增长，实际上，区域最需要投资。这些决策者以为改变排气管和油耗标准就可以控制空气污染，建设更多的公路就可以解决交通堵塞问题，而不去想方设法地让城镇减少对汽车的依赖。这些决策者动用财政资金去购买一些地块，以为这样就可以减少对开放空间的占用，就可以恢复地段之间的联系，减缓野生动物的衰退，以为使用税收政策就可以杜绝农田向非农业使用变更，但是，这些决策者没有致力于建立一种紧凑型的、环境良好的区域形式。

更为常见的是，他们建设孤立的补贴住房小区，以为这样就可以让低收入社会群体住上经济适用房，而不去建设收入混合的街区，不去实施公平分享的区域住房实践。现在，一种共识正在出现，对于我们面临的问题，目前的这些战略虽然愿望良好，却是不适当的。

目前这些一个个独立的战略被边缘城市的问题所占据，但是，它们没有条分缕析这些问题的联系。边缘城市的社区、新郊区、一环边的郊区和衰退的城市，都在相互竞争。边缘城市的开放空间、历史或独特的文化等共同基础正在衰退。大部分人已经明白了，这种由小轿车导向的边缘城市的发展是不可持续的，一种新的区域秩序正在兴起。

作为一种发展的延续，这个新的区域秩序必须把边缘城市与旧城、一环边的郊区整合起来。现在，区域合作与协调已经成为每个城镇发展的核心问题。没有多样化的区域交通网络，我们的街区很容易就变成拥挤交通中的孤岛。没有区域的绿带、自然保护区和农田，我们的城镇便会失去与自然的联系。没有区域经济战略，如同许多城市已经做过的噩梦一样，市区中心便会萧条。没有区域的可达性，那么，吃亏的一定是那些想改变生活的人，他们失去了改变生活的途径和机会。没有一个健康的区域体制和经济住宅，那么，一个地方便可能难以在变化多端的全球经济中获得一席之地。

当然，实现这样的思路要求社会变革和施行良好的经济政策。但是，它在更大程度上要求我们同时改变对社区的规划设计的方式，即改变我们文化的有形的内容。城市设计和区域形式以无形的方式建立起了我们社会结构的形体秩序、经济需求走向和对环境影响的程度。虽然改变社区的形体形式不会涉及我们所面临的全部社会经济挑战，但是，没有一种形体框架的支撑和凝聚，经济活跃、社会稳定和环境的可持续只能是空中楼阁。同时，仅靠形体形式或文化模式去改变我们的社区也是不够的，必须依靠两者之间的相互作用。

正在兴起的区域、成熟中的郊区和更新换代了的城市

本书描述了三个相互联系的现象：区域主义的出现、郊区的成熟和旧城街区的复兴。每种现象都不是孤立的，而是与另两种现象相关的。相得益彰的区域政策能够也必须支持郊区的进化和旧城街区的振兴。郊区和旧城不可能没有一个区域的愿景规划而得以发展。反之，街区、城市和郊区的形体设计可能也很容易忽视掉许多区域目标。区域、郊区和旧城的发展都是相互联系的，正是区域的兴起、郊区的成熟和旧城的振兴，共同构筑了一种新的大都市形式，即我们所说的"区域城市"。

我们对第一种现象区域主义的兴起，已经不陌生了。越来越多的人生活在城市核心区与郊区的综合体中，即一个大都市社区中，这个大都市社区形成一个经济、文化、环境和市政管理机构。置身于这个集合体之外，我们希望绘制一张新的区域结构的图画。与霍华德激进的"田园城市"、现代主义分散的绿带镇和现在这些蔓延的边缘城市相比，区域城市大不一样。霍华德"田园城市"的目标并非建立传统意义上的城市，甚至希望抛弃城市；现代主义分散的绿带镇和边缘城市更倾向于发展卫星式的城镇体系。正在兴起的区域是一层网络，包括社区网络、开放空间网络、经济系统网络、文化网络。这个新区域的健康与否取决于这些网络的相互联系、良好的界面以及具有活力的因素。

这个正在兴起的区域的网络属性非常类似因特网。如果因特网缺少多样化的信息来源、经常堵塞、没有一种共同的语言，是不会存在的。区域网络也是如此，它需要多样化的社区、各式各样的联系、清晰的公共部位，因此才能繁荣。虽然区域的社区有城市中心和乡村，但是，每一个社区在大都市区里都有自己的位置。它们的联系方式也是多种方式的结合，如那些相毗邻的地方，人们可以使用汽车，也可以依靠步行。区域的公共场所

可能是开放空间，那里的文化也可能是多样性的，有自己的历史背景和经济特征。

支配正在兴起的区域城市的因素不可能是单一的，而是城市规划、自然、文化或经济共同主宰着区域城市的发展。区域城市不能简单地复归到中心城市或田园城市的模式。区域城市由多层网络和多样化的场所组成。这样，区域城市既是我们原来的城市，也是我们的文化中枢和经济驱动器。

区域主义正在出现，与此同时，郊区也在转变。郊区的规模既大又不协调，因此，它们已经不具有人们所期望的那种生活品质。在旧的郊区，个人变得更为孤独，自然的街道由方格状的街道所替代，住房价格上扬到难以接受的水平。当区域成为我们社会的总体结构时，郊区正在向综合和多样的方向发展，包括填补空白土地、修改原先的详细规划，以及在住房、交通枢纽和城市形式上向更为紧凑的用地模式过渡。

一般来说，郊区的发展常常是重建商业带、建设大型商业设施门前的步行广场、重建废弃的社会机构用地，即那些灰色地带，它们通常与高速路相联系，而这些高速路把郊区的社区相互割裂开来。如果我们把城市的一些特征如步行和多样化，搬到灰色地带，似乎是激进的，但是也并非不可行。这些地方等待开发，几乎没有人乐于保护它。如果这些灰色地带真被改造了的话，由汽车支配的郊区尺度可能转化为人的尺度，成为郊区的亮点。

同样的城市设计原则也可以用来重建最麻烦的内城街区。事实上，这些原则不过是基本的城市设计观念的回归，如多样化、人的尺度和保护。它们可能治愈过去两代市区衰退所产生的城市病，纠正由不高明的规划而产生的错误，重新把投资引到市区中心。尽管没有可以包医城市百病的良药，但是，良好的城市设计、在街区尺度上综合思考，有可能纠正结构性窘状。

显然，并非所有的城市病都可以迅速又轻而易举地被医治。那些贫困人口集聚并伴随着社会病的地区需要从许多层次上进行改革，社会同样需要改革。在许多地方，辍学者、犯罪、毒品、黑帮、家庭分裂、失业形成了相互影响的综合症。我们社会的巨大变迁导致了这些问题，如原先那些在城里得到很好收入的蓝领工人失去了在那里的工作，一些成功家庭迁出了他们的移民社区，白领中产阶级居民搬到郊区居住和工作，许多少数民族文化因为这类社会变迁而崩溃了。

要扭转这种根本性变化所产生的后果，仅靠城市设计是不可能实现的。但是，如果城市设计可以与良好的区域政策相配合，振兴城市中心那些衰退的地区并不是天方夜谭。这里所说的区域制度旨在限制蔓延、施行公正的税收制度、给那些需要发展的地方重新定位等，这类区域布局会根本改变城市街区。在整个区域内谋求住宅机会公正，这种住宅政策有可能改变贫穷人口过度集中在一个地区的社会现象。承认贫穷人口的交通需求，这种交通政策能够引导区域交通枢纽的建设，使人们可以便利地进出城市中心。如果我们能够正确地认识市区学校问题，就会扩大教育的功能和意义，在课余时间里开办成人教育课程。了解城市设计可以改善街区邻里的不健康状况，如果我们能够认识到这一点，就会重新发现城市场所的价值。

这三个领域中的每一方面都在变化之列：区域正在形成，郊区正在成熟，许多内城的街区正在复活。我们就可以把区域的形成、郊区的成熟和内城街区的复活通过一般设计伦理联系起来：无论是在区域尺度上，还是在街区尺度上，社区总应该有自己的活动中心，它的历史应该得到尊重，它的生态环境应该得到维护，它的多样性应该得到鼓励。我们面临的挑战是识别这些目标的联系，如何去设计街区、区域健康和可持续发展的形式，即区域城市。

许多社区之所以缺失联系，实际上是因为失去了一些基本的和朴实的城市设计原则。这些原则是（一直都是）：创造一个可以步行的和人的尺度的地方，那里的人和土地使用都具有多样性，那的空间是围绕有意义和值得回味的公共场所布置的。

从正式的城市中心到整合为一体的街区，从乡村的街道到历史文化城镇的绿带，这种城市观念可以有多种表达。无论如何，城市规划设计不仅是简单地处理人口密度和建筑，它还在考虑怎样把公共空间结合起来，怎样让街道生机勃勃，怎样去设计社会活动中心。50年来，把建筑的使用和建筑的使用者分割开来，让步行者给汽车让路，从而忽视了工程项目和建筑物之间的空间。现在，城市规划设计应当负担起修复我们社区的角色。

把公共空间结合起来，让街道生机勃勃，建设社会活动中心，这类朴实的城市观念并非前所未有。从简·雅各布斯（Jan Jacobs）和威廉·怀特（William Whyte）对现代建筑和汽车支配的大都市的批判开始，许多人共同努力扩充了这类朴实的城市观念。从那时开始，人们一直都在纠正现代主义对城市的广泛忽视。现在，人们一般都认为，城市的活力来源于城市的多样性、行人尺度和公共场所。汽车导向的郊区可维持下去，甚至是人们普遍希望的居所，这种见解已经不再是普遍看法了。环境保护团体提出了保护受到蔓延威胁的生态系统和农田。内城活动分子开展了拯救内城街区的运动，反对破坏性的重建。历史遗产保护团体提出了把对单体建筑的保护扩大到整个地区，与城市经济相联系。一个称为"新城市规划大会"（参看附录）的多学科联合社团出现，它倡导在区域尺度、街区尺度和建筑尺度上进行适当的城市设计。

现在，这些运动的参与者包括了各类反对城市蔓延和区域不平等的各行各业的人们。他们都在不同的方面为区域城市的创造提供支持。现在，区域规划已经接受了开放空间系统和公交汽车导向的概念。在美国全境，郊区填补空白的项目正在用混合用途的街坊替代单纯商业区。美国联邦政府的"住宅与城市建设部"（HUD）及许多城市政府和社区团体正在支持内城住宅和街区振兴计划。城市、县和开发公司已经认识到这些城市规划与设计原则，并以不同的方式使用它们，如在区域尺度上建设"智慧增长"街区，把规划的社区发展成真正的镇，填补各式各样的空白地段。

同时，蔓延和从城市撤出投资的行为受到来自各方面的批判，日益失去基础。在改变美国梦和增长范式中，许多社会力量都在发挥着作用。区域的兴起、郊区的成熟和旧城街区的振兴都体现了美国梦和增长范式的变化。我们把这些思潮综合看作区域城市的基础。

区域城市

本书试图提出区域城市的框架，考察正在兴起的区域、正在展开的郊区以及得到更新改造的城区之间的关系。本书的第一部分"蔓延的终结"，提出了这种新都市形式的性质和原则。我们认为，不能用传统的城市和郊区的理论来解释"区域城市"，甚至也不能把新都市形式的原则解释为政治司法的汇编。必须从经济、生态和社会的角度把"区域城市"看成一个单元，它由街坊和社区综合而成，这些街坊和社区把大都市联合成一个整体。

第二部分"区域城市的建筑学"，提出了把我们的都市转变为区域城市的政策和形体设计原则。必须在区域和街坊的共同参与下，才能对区域城市和街坊层次的建筑环境和公共政策进行设计。如同区域城市，这些设计和政策本身也是一个整体，它要求包括联邦政府在内的各类相关机构的参与，比如不能忽略联邦政府在决定区域性质上所起的关键作用。

第三部分"区域规划的兴起"，记述了整个美国究竟有多少大都市正在通过形体设计、社会和经济政策向区域城市转变。我们集中研究了三个走在最前列的区域城市：波特兰、西雅图和盐湖城。我们也考虑到了在特大都市区域执行区域尺度上的政策的困难，特别注意到州政府所扮演的潜在的角色，如佛罗里达、马里兰和明尼苏达。

最后一部分"更新区域的社区"，集中讨论了两个街区尺度上的现象，蔓延郊区的成熟和市区街区的更新，这两个街区尺度上的现象正在地方层次上影响着都市区域。我们虽然分别研究了这两种现象，但是，它们事实上是相互交织在一起的，都需要在区域上加以考虑。郊区的成熟和街坊的更新需要面对大规模的社会和经济问题，也要考虑形体规划问题，例如，如何把那些失去的城市设计艺术重新安排在我们的街坊中，这些都需要在区域上加以考虑。

蔓延与不公正

在本书中，我们将频繁地讨论蔓延与不公正这一对问题。因为我们认为蔓延与不公正相互联系，它们都是执行分解式大都市模式而产生的。这种分解式的大都市模式已经支配我们整整半个世纪了。从区域层次上讲，蔓延加重了不公正，反过来，不公正导致更大程度的蔓延。因此，如果不把两个问题联系起来考虑，两个问题都得不到有效的解决。区域城市的根本原理是，在区域层次和街区层次上追求多样性，以克服蔓延与不公正。

正如我们所提出的那样，蔓延与不公正是一对孪生问题，这里，我们再补充一点，不公正是比蔓延更难处理的问题。从历史发展的角度讲，蔓延出现的时间还不久，是一个可以解决的问题。许多人与我们一样，已经指出了引起蔓延的原因（低密度、功能分区、小轿车导向），也知道如何对付它。另一方面，不公正却是一个永恒的问题。在小城镇、乡村地区和工业城市存在的不公正的历史远远超过蔓延的历史。不仅建筑环境能引发不公正，整个人类共同的情感倾向，如贪婪、精英和种族主义，也能引发不公正。

许多伟大的思想家都没有找到成功解决社会不公正问题的方法，我们也没有奢望凭借区域城市的观念就能够根除社会的不公正。然而，我们相信，当代美国社会的不公正需要沿着蔓延、与蔓延相关的问题、市区投资不足等角度，从区域层次和街区层次上来加以批判。差不多两代人都在寻找解决市区衰退的问题，寻找解决市区贫困人口集中的问题，可是，这些努力并没有取得成功。阻止蔓延虽然不会彻底结束社会的不公正，但是，如果不阻止蔓延，是断然不能消除社会的不公正的。

我们认为，美国正处于增长范式的转型期。因为蔓延而导致的地方社区瓦解、内城衰退、对自然资源和景观的过度消费等现象，已到了该结束的时候了。我们的郊区文化被分割成居住在低密度条件下的赢家和居住在城里的输家，这种分割应当结束了。中产阶级和贫困阶层面临共同的问题，如功能失调的交通系统、教育质量低下、犯罪、污染、缺少开放空间、衰退的街区等。现在对于这些问题，我们找到了解决方法。区域城市的真正力量是：区域城市能够用共享战略提出自身的问题，把现在被隔离开来的利益团体统一起来。它能够通过提出解决上面各种问题的共同方案，把现在没有联系的利益集团结合起来。区域城市的因素——交通导向、合理分布的经济适用房、环境保护、可步行的社区、内城复兴、填补空地的开发等，已经使广泛的人口获利，它代表了一个有力量的政治联盟。

本书致力于提出有关这些新战略的内容、政治和设计，描绘正在兴起的大都市的网络、可步行的街道和多样化的社区规划。区域城市通过强化公共场所和联系而建立起来，使公共场所和联系更综合、封闭和多样化。

区域城市不是在城市与郊区、实际的社区与建筑环境、历史与未来、利益社区与场所社区之间只能选择其一。最好的区域城市应该是我们所有的人能同时居住在那里。这是我们孜孜以求的理想境界。

第一部分
蔓延的终结

　　今天，大多数美国人不是生活在传统意义上的镇子里，甚至于也不是生活在传统意义上的城市里。相反地，大多数美国人是区域的居民，即他们生活在具有多样性和层次结构的大都市里，在这样的区域里，有成百个习惯上认为明确的和互不相干的"社区"。

第一章
在区域里生活

也就是 100 年前，典型的美国社区是小城镇，它们或者是以一个工厂为核心的城镇，或者是以农产品市场为核心的城镇。这些城镇基本上自给自足，居民很少需要到镇外去买日用品。美国作家辛克莱·路易斯 1920 年的小说《大街》就描写了这样一个小城镇。小说的主人公卡洛仅仅用了 1 小时 32 分钟便可以把这个称作高佛·帕艾雷的小城镇从东到西又从南到北走了个遍，城外就是大草原。

一个世纪后的今天，卡洛即使走上一整天，也不会找到大草原了。今天，超过 50% 的美国人生活在百万人口以上的大都市里。按照 2001 年的统计数字，美国人口的 1/3——大约 9 000 万人，生活在 20 个最大的城市里。美国人有规律地在这些城市间迁移，而这些城市完全不是真正意义上的"社区"，不过是在巨大的地理空间上连成一片的市区和郊区。在今天的美国，很少有人可以在 5~10 分钟的步行距离内买到全部的生活必需品。

换句话说，今天大多数美国人不是生活在传统意义上的镇子里，甚至于也不是生活在传统意义上的城市里。相反地，大多数美国人是区域的居民，即他们生活在具有多样性和层次结构的大都市里，在这样的区域里，有成百个习惯上认为明确的和互不相干的"社区"。

当然，我们中的大部分人并不认为自己住在区域里。平日里在我们的街区里散步或到街里的购物中心逛逛，我们还是把自己当成高佛·帕艾雷镇的居民。其实，我们日常生活的模式完全是另一回事。我们中的大部分人为了工作、为了购物、为了其他的日常活动奔波于都市间。我们的卖主和买主的生意也是在区域或大都市尺度上展开的。即使我们果真以高佛·帕艾雷镇的方式生活和工作在一个小镇上的话，我们日常生活的生态废弃物也一定会散布到这个区域的周围。

区域城市并非一个新事物。事实上，甚至就在辛克莱·路易斯写作《大街》的时候，这种小社区就已经开始在美国的版图上消失。"大都市"（Metropolis）的概念至少可以追溯到一个世纪以前，那时，纽约、芝加哥等迅速发展的工业经济中心的规模已经超出常规了。

毫不奇怪，把区域当作一个单元来规划设计的想法也有百年的历史了。正是在19世纪末20世纪初，爱德华·霍华德提出了"田园城市"的设想，希望分散市区人口，重建城市生活和乡村生活之间的平衡。20世纪20年代，辛克莱·路易斯写作《大街》时，美国小城镇的生活达到了它的巅峰，于是，刘易斯·芒福德、克拉伦斯·斯坦、亨利·赖特、本顿·麦凯开始倡导设计区域。70多年前，纽约区域规划协会提出了第一个区域设计方案。

从那以后，我们的都市地区发展得越来越大了，我们的城市在健康与疾病间波动，我们的郊区无遮挡地向外发展。尽管这些城市的发展模式没有变，但是，区域论时而风行、时而过时，尽管它在人们心目中挥之不去，却始终没能成为城市增长的一种驱动力量。

在20世纪的最后10年里，区域概念重新被人认识。规划师、经济学家、环境学家和那些忽视了都市区域的人们开始承认，区域是美国城市发展的基本推动力。今天的美国，整个都市生活都是建立在新的经济、环境和社会模式的基础上，而这些经济、环境和社会模式都以前所未有的方式在区域尺度上展开。正如规划师和经济学家麦克·斯托普（Michael Storper）所说："我们都生活在一个区域的世界里。"

自冷战结束以来，经济的"全球化"进程加速了，都市区域被看作这个新经济秩序的基本单位。在今天的全球经济中，正是区域，并非国家，在为取得支配性经济地位而竞争着。另外，随着对生态环境的认识日趋成熟，我们也越来越懂得，就环境而言，区域也是基本单位。由于生态系统相互联系的性质，使我们开始认识到对邻近的社区应该予以关注。

最后，在我们看来，最重要的是，我们正在开始放弃自给自足的镇和郊区这类过时的观念，而把区域看作一个社会单位。战后，当郊区发展而内城衰退时，这个郊区与内城相互消长的关系不是很明显。现在，许多近郊区正处于过渡时期。事实上，有些近郊区正在快速地衰退，所以，对近郊区的社会关系视而不见是不可能的了。因为每一个都市区域内的任何一个人，无论是老的还是小的、富的还是穷的，都在日常生活中相互联系着。

经济区域

几乎每天我们都能听到有关"经济"的报道。"经济"这个术语通常用于国家的经济，即国民生产总值或国内生产总值。报纸杂志的经济版面都是关于如何管理我们国家的经济，如联邦储备银行、财政部有关利率的妙算，怎样的货币供应可以保证美国经济的健康发展。

在地方层次上，我们常常假定每个城市或郊区都有自己的经济。地方政治家相互竞争，常常提出各种各样的财政补贴，企图吸引更多的企业到他们的城市或郊区。他们以税收的增加证明自己的提案在改善城市或郊区的经济状况方面取得的效果。

无论是国家的还是地方的政治家，经济对他们可能都是很重要的。但是，事情越来越清楚，这种"经济"其实不存在。在一个行政区域内，无论是地方的、州级的还是国家的，经济活动并不局限在它们的边界内。行政边界是人为的，它并不反映全球经济的运行。经济关系总是超出地方的、州级的和国家的行政边界，随着经济日益全球化，过去 10 年里，我们已经目睹了一场戏剧性的变革，大都市区域在历史上第一次作为经济单位在世界经济中扮演关键角色。

现在，一些经济学家谈论全球的经济，从各个地方吸收劳动力以及企业和文化的资源，创造产品和服务，然后把它们出售到全世界。《国家——州的终结》的作者——企业管理大师 K·欧马（Kenichi Ohmae）提出："资产和产业活动的流失事实上创造了一个新的世界经济版图，至少在这个版图上，政治边界几乎完全无关大局，财富位于世界经济中，世界经济是建立在区域基础上的。"

有两条理由证明全球经济在区域尺度上运行得最好。首先，令人惊讶的是，尽管我们有了高级的通信技术，但是，近水楼台还是先得月。第二，由于经济的分散化，在大量十分专业化的人和企业间的网络具有了前所未有的意义。

近水楼台先得月的事实是这 10 年中一件令人惊讶的事情。在称得上计算机黎明时代的 20 世纪 80 年代，经济学家和规划师就预见到大批"工作"会从"工作场所"中解放出来。计算机、传真机和特快专递公司的卡车将使世界任何一个角落的任何一个人不必出现在一个特定的城市或郊区，便可以参与全球经济。也许，1/3 的劳动力可以在乡村做他们的工作了。如果有条件，任何一个人都会这样做。因为如果不是必须如此，人们为什么要在都市里面对种种困难与不便呢？

的确，有一些总裁确实在乡村里工作，但是，大部分人仍旧选择了在都市范围内可达的地方工作。拿加利福尼亚的硅谷为例，过去 10 年里，硅谷变得越来越挤，房地产变得越来越贵，在那里工作的人变得越来越富，大部分人仍旧选择在那里工作，为什么？

理由很简单：先进的技术、全球化、工作性质的变化已经把我们的经济变成了"网络经济"。经济活动是如此变化多端、不可预测。为了致富，人们不可能预测一个企业、一门生意，甚至于一个打工族，今天这样，明天会是什么样。

所以，无论对于企业还是工人来说，经济成功的最重要的因素就是能够接近所有的网络：工作网络、资金网络、观念网络、雇主和顾客的网络。在这种网络经济中要想成功，唯一可以确定的途径就是留在"网络都市"中。在"网络都市"中，所有的网络如此接近，以致网络间的联系畅通无阻，既不需要在交通上花多少投资，也不会为长途通信犯愁。

加利福尼亚的经济学家曼纽尔·帕斯托（Manuel Pastor）和他的同事最近出版了一本新书《区域运行：市区和郊区怎样一起发展》。在这本书中，他们写道："真正吸引企业的是在地理上拥有技术支持、市场和专家的基础设施。能够与受过良好教育又有热情的劳动大军通过劳动力市场取得联系、'无形的'且完备的公共政策、合作的供应商等，都是使一个企业具有价值的无形资产，而使企业具有价值的这些无形资产都处于区域层次上。"

为什么网络都市只能在区域层次上运行呢，理由很明显：全球尺度的经济和满足全球需求的高度专业化需要一个训练有素和专业化的劳动力市场。在高佛·帕艾雷小镇的尺度内不可能有这种训练有素和专业化的劳动力市场。

例如，最近几年，若干个美国航空公司希望在中西部地区建设旅客中转航空港，有一种方案提出，最好的空港选址应该是"什么也没有的空地"，因为那里的土地价格低廉，没有多少居民来抱怨。尽管现有的空港缺少机位，但所有航空公司都反对把航空港建在"什么也没有的空地上"的方案。为什么呢？一个大型空港所需要的劳动力至少来自一个40万人口的城市，而在"什么也没有的空地上"不可能找到他们。如同其他成功的区域经济一样，航空港需要一个网络都市来支撑。

企业家也越来越认识到，他们必须在一个区域的尺度上运营自己的企业，才有可能面对竞争的世界市场。企业家们意识到，为了面对竞争，必须把整个都市——中心城区、近郊区和新郊区看作一个整体。

1992年春，洛杉矶曾经发生过社会动乱，当时，洛杉矶周围各县的生意人以为那场社会动乱不会影响到他们所在的远郊地区。但是，正因为电视画面上着火的场景，在很大程度上使得从伦敦到东京的投资者突然停止在南加州的任何地方投资。即使有些人跑到了远郊区，整个区域的社会地理因素还是直接影响了整个区域的繁荣。不奇怪，曼纽尔·帕斯托和他的同事在最近出版的这本新书中，分析了若干个美国都市。他们发现，如果中心城区和郊区分享区域的财富，那么整个区域都会富裕起来。郊区有许多途径和方式可以与城区发生联系。城区占有最大的劳动力市场份额。企业主必须选择能够最大程度接近就业者居住地的区位作为他们的企业的落脚点，如那些大部分人生活在郊区的中心城市。例如，南钟（BellSouth）最近决定把它的散布在大都市区内的75个办公室合并为3个大的就业中心。这家公司不是搬到远郊，而是在亚特兰中心区外高速公路以内选择了3个地点。这家公司考虑到，作为工作地点，这3个地方使住在快速发展的北部郊区、较穷的南部郊区和城里的街区的劳动力都可以比较便利地到达。在这个意义上讲，城区和郊区的经济联系今非昔比。简而言之，南钟是在区域尺度上运转的企业，它不能把工作地点安排在较穷的南部郊区，因为在区域尺度上运转的企业所需要的劳动力实际上是分布在整个区域的，包括旧的中心城区。

与此类倾向相关，整个美国的各种经济活动都是越来越多地在区域层次上运转，而不是在一个市政辖区的层次上运转。美国企业家逐渐认识到，企业必须在网络都市的模式下运转。例如，许多经济发展专家已经放弃了

20 年代七八十年代"跟着烟囱走"的方式。那时，政治家常常劝说大公司的老板把公司总部或工厂迁入他们的行政辖区。在瞬息万变的全球经济条件下，再跟着烟囱走，风险极大。没有任何人能够保证，烟囱今天冒烟，明天还冒不冒烟；世界经济今年需要它，明年还需不需要它。

现在，经济开发围绕着对产业"组团"的分析和了解而展开，"组团"即相关的公司工厂和劳动力培训基地在一个地理位置上组成的网络。劳动力培训基地保证这个区域年复一年地在世界经济中的位置。产业组团是一个网络，而不是一个企业。

毫不奇怪，作为聚集经济单位的区域已经显示，以工作和纳税为基础而获得各项权利的方式几乎完全过时了。政治经济学家威廉·巴恩斯（William Barnes）和拉里·列杰布尔（Larry Ledebur）最近写道："城市和郊区都是跨越某一经济区域的行政辖区。不同地方的行政辖区和经济区域的相互依赖会有所不同，但是，相互依赖是一个经济现实。拒不接受这个现实必将导致'空间自杀'，在我们国家的许多城市地区里，这类'空间自杀'每每发生。"

许多美国大都市地区选择了分庭抗礼的方式而不考虑经济区域的概念，"空间自杀"恰到好处地说明了这种方式的错误。正如我们下面要讨论的那样，区域经济现实和地方行政区划的错位常常导致严重的社会经济不平等，以致这些区域不能形成一个经济单位，也不能担负一个社会单位的功能。

事实上，随着企业家们日益认识到区域是全球经济的一个基本单位，他们越来越关心的是所依赖的那些区域是否会让他们失去竞争力。于是，许多美国大都市地区正在关注那里的生活质量，是否具有观察其提供经济适用房的能力。企业家们也越来越关心工作地点与雇员生活地点在地理上的错位，企业的工作地点常常集中在富裕的郊区，而雇员可能住在大都市区的任何一个地方（包括内城地区）。这些问题可以被认为与社会公平问题相关，也可以将其看成区域经济问题。无论如何，这些问题对于保证美国大都市在全球经济的条件下，仍然立于不败之地是至关重要的。

生态区域

当然，区域不仅仅是经济的。过去20年里，我们越来越清楚地认识到，区域也是一个生态单位。大部分自然系统并非在地方层次上运行。它们的功能存在于一个相当规模的尺度上，生态学家和设计师称之为"景观"尺度，它包括整个水系流域、农业区和涉及多种多样种群的生态系统。

如同经济区域一样，在过去的10年，生态区域日益受到重视。经过数十年零零星星的努力，许多州的和联邦政府的政策已经达到了在区域层次上认识生态问题的程度。在一些案例中，虽然人们仅仅从环境的角度出发，但是，这种新的对生态问题的认识已经使人们开始努力设计区域了。

在19世纪，"生态"这个特定术语起源于种群与栖息地间相互关联的研究。但是，经过一个多世纪以来的发展，我们保护自然的方式还没有真正以相互联系的生态概念为基础。与把地方经济发展集聚在市区和郊区的方式相似，环境保护的重心仍只在个别物种和个别地区。尽管我们在20世纪60—70年代通过了一些环境法规，如《清洁水法》《濒危物种法》等，但是，这些环境法规没有完全反映真正的生态学方式。这些环境法规把注意力集中在那些需要关注的特殊情况上，如排污、濒危物种等。

正如"生态学"这个术语的历史表明的那样，相互联系总是自然保护运动的一部分。半个多世纪以前，奥尔多·利奥波德（Aldo Leopold）在《沙县年鉴》中提出了一种以保护"生物社区"为基础的新的土地伦理学。自20世纪70年代以来，美国许多地方的环境保护工作已经接受了这种以保护"生物社区"为基础的土地伦理学。正像一个镇上的各类生意是复杂的区域经济的一部分，每片树林、每条河流、每块草地也是一个复杂的区域生态系统的一部分。

也许，与一个大都市区域里所有人和行政辖区相关的第一个生态问题是空气污染。半个多世纪以前，当空气污染成为如诺克斯维尔和匹茨堡这类工业城市的一个主要问题时，它明显成为当时一个不受行政边界约束的环境问题。空气污染的模式受地貌和主导风向影响，而不受行政边界影响。事实上，整个匹茨堡的城市地价是由烟囱和风向之间的关系决定的。那些远离烟囱的街区成了抢手货。当这些区域城市认识到，污染问题已经影响了它们的经济增长时，中心城市和郊区便开始联合起来治理环境了。

直到现在，空气污染依然是大部分都市区的一个主要问题。许多案例表明，对于那些功能失调的区域来讲，空气污染实际上是推动市区和郊区合作的唯一问题。因为产生污染的企业抵制比较严格的规定，区域空气污染治理时而受挫。不过，区域内治理空气污染的协同作战也取得了一些积极成果。例如，半个多世纪以前，针对空气污染的治理，匹茨堡第一个组建了区域规划机构。现在，这些区域规划机构继续在匹茨堡区域层次上处理环境与经济问题。不久前，由于城市蔓延和汽车的使用，亚特兰大地区空气质量持续下降，这件事本身推动了亚特兰大地区的区域发展管理。

在过去的 20 年里，最重要的环境论题集中在维护和改善以水土模式为基础的生态系统，如奇斯皮克海湾、湿地和西南沙漠地区。环境政策正在重新按生态系统的方式修订。

关于注重生态区域的两个明显的例子是水系流域规划和栖息地保护规划。水系流域规划出现在美国的自然排水系统的区域，栖息地保护规划则出现在那些保护濒危物种的区域。

水系流域也许是把区域与生态联系起来的最显而易见的途径。"水系流域"这个术语简单地表达了土地和之上的所有"自然社区"，上游和下游通过自然水系联系在一起。

例如，纽约州的卡茨基尔（Catskill）山区的所有村庄和城镇都作为同一个水系流域的部分。这些社区当然也与纽约市及其郊区联系在一起，纽约市及其郊区所使用的生活用水来自卡茨基尔山区。这样，卡茨基尔水系流域的每一个人，从奶牛场的农民到曼哈顿办公室的职员，同饮一河水，因此，水质水量成为他们的共同利益。山区的农业生产、铺设道路的材料、郊区的出行模式都对休斯河、纽约湾和流入千家万户的水的污染程度负有不可推卸的责任。

过去，处理水质问题的传统环境保护法规总是建立在地方基础上，例如，制定工业污染源向小溪和河流排放污染物的规则。然而，采取了更为综合的方式去认识整个区域，不仅从生态的角度，也从经济的角度认识整个区域。例如，纽约市不久前与卡茨基尔的乡镇签署了水系流域保护协议，帮助卡茨基尔乡镇改进农业生产、安装家用污水处理系统、投资生态合理的产业，这些都不会是无价的，纽约市曾为此付出了 10 亿美元。如果投资建设大规模污水处理厂，那将花费 40 亿 ~ 60 亿美元。相比较而言，纽约市的付出是相对较少的。

水系流域规划也在美国全境的城市与郊区得到推广，这是因为人们开始认识作为生态单位的区域所具有的相互联系的性质。这些水系流域规划工作通常把改善地方社区的工作与更大区域的生态恢复工作联系在一起，以协调城市发展与自然环境间的传统矛盾。

例如，最近，费城郊区的切尔滕哈姆（Cheltenham）镇的地方志愿者开展了拯救土著植物和吐克尼（Tookany）河的项目。吐克尼河流经切尔滕纳姆镇的郊区。切尔滕哈姆志愿者的工作超出了切尔滕哈姆镇，而扩大到特拉华河水系流域。他们的工作减少了发生灾难性洪水的可能性，不仅保护了他们自己的社区，也保护了下游的费城。

吐克尼河的项目仅仅是全美国上百个流域规划项目之一。这些项目最重要的经验也许是强调了区域城市在地理环境上的相互联系。费城只不过是许许多多以流域确定的地方之一。正如以上我们提到的那样，纽约也是被流入纽约湾的若干水系流域环抱着的区域。此外，华盛顿特区、堪萨斯城、辛辛那提、洛杉矶、旧金山也都是如此。

许多正在兴起的都市地区，特别是那些西南沙漠地区的都市地区，生态区域不是以流域确定的，而是由濒危物种的栖息地确定的。20世纪90年代以前，保护濒危物种的方式主要是识别个别濒危物种，然后制定一个需要保护的濒危物种的一览表。但是，20世纪90年代以后，生物学家把注意力从物种转移到物种的栖息地，然后制定一个景观层次上的栖息地保护规划，而不再只是一张濒危物种的一览表了。

支撑栖息地保护规划的观念与人类社会一样，动物和植物生活在它们自己的区域城市中，这是一个包括广泛多样性的自然社区的巨大地理区域。与人类社会一样，这些动物和植物也依赖在区域尺度上运行的复杂系统而生存。这样一来，简单地划定一块地，以留住一种珍稀的蝴蝶或一类稀有的土著植物，便是不够了。我们需要维持一个完整的生态系统以便使多样性的动物如狮、美洲豹、灰熊等能够生存下来。与人类一样，这些哺乳动物也需要相互联系的交通系统，即野生生物的走廊，以便它们在栖息地间旅行，满足它们的生活需要。

水系流域保护和栖息地保护也日益与对区域内农业用地的保护结合起来了。几十年来，郊区化不必要地把农业生产挤出了景观。事实上，农业生产在都市区有许多方面的功能。即使在全球食品市场条件下，地方农业生产仍然为都市区提供新鲜的水果、产品、奶制品和其他农产品。农业用地同时为城市发展提供边缘和界线，可以改变一个区域的自然面貌和形式。

从生态学上讲，我们利用农业来改变和维护整个生态系统。虽然粗放的农业生产可能危害环境，但是，农业用地能够为濒危物种提供栖息地，能够补充和维护自然环境。南加利福尼亚正在执行一些雄心勃勃的"生物区域"的方式，因为原始和多样性的环境与飞速发展的城市发展常常发生冲突。在奥兰治、里弗赛德以及圣迭戈县已经做了大范围栖息地储备规划。这样，成百上千公顷自然状态的土地将永久性地排除在开发用地之外。

如果真能成功地执行这些储备规划，储备用地会创造出一个区域的开放空间系统，从而保护整个南加利福尼亚的生态系统。当然，储备用地作为区域设计的一个单元将有助于塑造整个区域。

南加利福尼亚储备的这些栖息地将环绕着一个世纪来迅猛发展的城市和郊区，将交错于剩下的农业用地之间。在整个美国的许多大都市区，这样的生态区域和经济区域紧紧地交织在一起，从而形成了大都市区的基本结构。

社会区域

除了经济联系和生态联系外，区域里的居民还有第三种联系，即所有住在这个区域里的居民都有着社会的联系。无论居民如何感觉，这种联系总是存在的，至于联系的紧密程度，可能因各式各样的情况而不均衡。

尽管小说《大街》和其他一些小说描写的百年前的美国小城镇形态各异，但是，居民间的联系是均衡的。这种联系常常以明确的贫富差异来划分。吉姆克罗法和固定的社会结构都证明了那时街区之间的那种严格的划分。然而，穷人与富人在生活中仍然有着不可避免的接触，他们也清楚地理解这些必不可少的相互联系。

今天，大部分美国人生活在约有百万人的大都市地区，穷人与富人之间那种相互联系的情节几乎消失殆尽。无论他们住在城里还是郊区，经济收入把穷人与富人从地理位置上分开。特别是对于那些生活在城里和郊区贫困街区的居民来说，这种地理上的分割愈演愈烈。正如詹姆斯·特劳布（James Traub）最近在《纽约时代杂志》上所写的那样："过去，富人似乎生活在他们自己的岛上，现在，轮到穷人了。"

无论富贵或贫贱，人们习惯于以大的社会机构如大学作为他们的区域的标志。然而，对于今天大都市区域的居民来讲，很难意识到把他们联系在一起的联系。即便如此，正如在"经济区域"一节谈到的那样，整个区域居民间的联系远远超出以往。佐治亚州立大学的凯斯·英兰费特（Keith Ihlanfeldt）提出，除"感觉上"的联系之外，有 4 种方式把大都市的郊区和城区联系起来：许多为整个区域服务的设施仍然建在城区；城区仍然是属于整个区域居民的场所；城区产生特殊经济机会，常常有高密度就业的机会，以致城区在区域经济中具有特别重大的意义；与城区衰落相关的财政问题，特别是当这类财政问题开始扩大到近郊区时，正如现在正在发生的那样，郊区的税赋可能会增加。

区域的管理部门承认居民、街区和社区之间的相互依赖。特别是交通、供水、水处理等城市基础设施的"硬件"必然是要在区域尺度上运行的。正是由于需要区域的基础设施，才产生了大都市政府，如纽约和洛杉矶。现在，区域的基础设施更有可能需要通过协作来管理，如区域的水资源区或区域的卫生防疫区，而不再通过建立大城市来管理这些区域基础设施。但是，在区域尺度上处理基础设施的需要一直都没有改变，这个事实凸显了我们的基本观点。如果区域问题不是在区域尺度上加以公正处理的话，区域既不能在社会上也不能在经济上发挥作用。事实上，过去数十年来，社会活动家的主要关注点之一是：保证贫穷街区得到与富裕街区相同水平的城市服务，包括基础设施的建设费用。例如，圣安东尼奥的拉丁裔社会活动家迫使市政府为拉丁裔社区提供与安格洛社区相同的供水、排污和下水道能力。

直到最近，人们还没有把保证贫穷街区得到与富裕街区相同水平的城市服务之类的问题当作区域问题处理，而仅仅把它们当作"旧城"问题来处理。许多年来，因为中产阶级居民持续向郊区迁徙，这些大多建立于20世纪初的旧城，一直面临着大规模人口流失及经济衰退的困境。政府常常把处理贫穷街区和贫穷人群的政治家和政府的代理机构排除在外，而制定孤立的"城市政策"以解决这些问题。于是，我们几乎看不到把这些问题放到整个区域背景下加以分析的报告。郊区的政治家也几乎没有兴趣讨论区域问题。甚至于市长和市政府的公务员们由于担心会减少自己的权力和财政补贴，而避免用区域方式去寻求"旧城"问题的解决。

过去的10年，城区与郊区的划分方式已经变得陈腐了。社会区域的平等问题不再仅仅以城区与郊区的方式加以解决。产生这种变化的一个原因是，当郊区继续蔓延、城区萎靡不振时，旧城区的边界已经扩大至原先的近郊区了。

区域的政治体制仍然与10年前一样，大多数情况下，一个中心城市被许多个小郊区环绕着。但是，大部分人住在被认为是郊区的地方，至少从技术层面上可以这样看。与城区的街区一样，现在这些郊区也呈现出多样性来。有些新、有些旧、有些则是破落了。这就是说，今天继续以城区与郊区的概念去思考那里的问题是没有意义的。现在，一些与城区相接的郊区正面临不可预测的人口和经济变化。

明尼阿波利斯的大都市研究会在对美国大都市进行了大规模研究后，迈伦·奥菲尔德（Myron Orfield）写道：今天，典型的美国大都市至少有三种不同类型的郊区，每一种都因为区域的不平衡而受到影响。第一种是"衰败中的旧社区",一般地说,那些旧社区或是与中心城区相邻的社区,或是原先的乡村。它们正面临着中产阶级居民持续向郊区迁徙,贫困人口相对日益集中,如同影响市区发展一样,那里的基础设施不能满足需求。第二种是"资金短缺的边缘城市",通常它们是迅速发展的睡城,地处大都市的边界上,由于居民的性质,在税收上达不到平衡。第三种是"拥挤不堪的就业中心",这种边缘城市式的郊区已经成为巨大的就业中心,但是遭遇到严重的交通拥挤和缺乏低价房。

同时,旧城市中心也正在发生着变化。城市中心的商业服务区和老街区正在出现引人注目的振兴,一些中产阶级居民已经返回旧城市中心,一些中产阶级居民有意返回,却正在等待那里的条件得到改善和稳定,然后再返回。那里的另一些街区则因为移民潮,如加勒比人、拉美人、亚洲人的到来,而获得了新的生机。尽管这些街区仍旧贫困,但是,随着人口和经济活动在数十年里的第一次增加,它们正在摆脱贫困。

简而言之,城市中心并非都在衰退,也不是每个郊区都在走上坡路。虽然政治结构没有变化,但是,就许多重要方面而言,现在已经没有城区和郊区这样的区分了,只有大都市群——一排排街坊和各种类型的街区,这些街区之间以各种各样的方式相互作用而创造出一个区域的模式。

按照迈伦·奥菲尔德对不同郊区的描述,从宏观尺度上讲,大都市区域所面对的最大问题是缺少平衡。区域内大部分社区和街区蒙受着某种不平衡,一些郊区忍受因富裕而带来的尴尬,因为这只是所谓的富裕,如太多的就业岗位、太多的零售业或太多的就业中心。而这些社区不平衡常常导致严重的交通堵塞,地方政治家激烈反对在那里再做更大的开发。

许多城市中心的街区和老郊区蒙受着不同种类的不平衡。他们的社区集中了贫困人口,缺少就业岗位,缺少资金和社会机构。在许多社区,日益加剧的种族歧视导致了进一步的贫富和空间上的分隔,也给城市街区和社区造成了巨大的压力。按照大都市研究会的报告，拉美裔美国人和非洲裔美国人比白种族穷人更有可能生活在赤贫的街区里。这些种族更有可能被排斥在好学校和改善经济所必需的社会网络之外。

整个战后郊区发展时期，我们简单地忽略了作为整体的区域发展的重要性，而把注意力集中在大都市增长的一些特殊方面，如郊区蔓延和市中心的衰退，好像它们是互不相干的问题。过去的 10 年，"区域世界"的兴起已经提醒我们，再也不能接受这样的思维模式。大都市的居民和社区间经济的、生态的和社会的联系既是复杂的，又是强劲的。现在，我们有能力去处理大都市问题。我们不应该再用过时的观念去处理郊区的蔓延和市区的衰退问题。市区和郊区的街区可能在行政上分开，但是，它们在功能上共同形成了一个复杂并相互作用的有机体，我们日常生活的基础正是这个有机体。

我们必须全方位地调整考虑问题的方式，以维持大都市和在大都市中的街区。我们必须改变把大都市看成一盘散沙式的地方的观念。我们必须消除把郊区蔓延和城区衰退问题分开来看的模式。我们必须把大都市当作一系列相互联系的地方来看待，即区域城市。除非我们去设计区域城市，否则，区域城市也不会自主运行起来。我们必须认识到，处理问题时需要考虑到尺度，可能是 1 000 平方千米的大都市区域，也可能仅仅是面积相当于一个街区的地方。

第二章
场所的社区

日本神户的真野区是一个混杂的和陈旧的地区，它与神户那些战后新建设起来的部分形成巨大的反差。不同于把公寓楼、办公区和工业区严格分开的现代主义的规划模式，真野区的街道狭窄、建筑不高、混合使用。一些传统的日本住宅与单层的工厂为邻。与一座沿街的三层楼的老人公寓相对，成排的商店和各种地方商业沿街排开。那里，住宅、商店和商业办公楼随处可见。

在 1995 年的大地震中，真野区的损失小于这个城市的其他街区。尽管那些街道宽阔和建筑良好的居住区没有倒塌，但是，当人们跑到街上后，发现他们互不认识，也不知道谁可能受伤了；他们不知道自己应当到哪里去，或者应当给谁打电话；他们等待政府的帮助，这种等待是令人焦虑的；中控系统瘫痪了，地方机构难以修复它。

真野的情况则是不一样的。因为那里房子挨着房子，道路又是那么窄，人们本以为它会在地震中卷入大火，然而，事实正相反，它完好地保存了下来。在这个被视为另类的地方，有着人的尺度，人们相互熟识。他们知道谁找不到了，也知道到哪儿去找。他们知道怎样一起工作，到哪去寻求帮助，甚至于谁应当做什么。他们知道去哪里聚会，那里成了他们在危难时刻的自救点。真野最好地表达了"街区"这个词的内涵。

对于不同的人，街区的含义可能完全不同。一些人认为，街区不过是简单地意味着被规划分割出来的地块；而另一些人则认为，街区是一块小的城市地区，一条传统的大街环绕着它。但是，当我们使用"街区"这个词的时候，我们指的是那些具有各式各样场所的社区，就像真野那样。街区是复杂的、人的尺度的场所，那里聚集了许多生活因素：公共的、私人的、工作、家庭。街区把不同的人和活动结合在一起，为人们相互交往提供了各种各样的场所。街区也为日常生活和偶然的聚会提供场所，这样，它便真正具有了社区的意义。街区创造了大家共享的场所，相对每个街区而言，那些场所总是有着特别的作用，它们的社会地理意义只有在那里居住或工作的人才会知道。不仅是在危机时刻，就是在日常生活中，那些场所也是社会福利的核心。我们想去设计它们谈何容易，但是，我们要摧毁它们却易如反掌。如果说区域是大都市地区的"超级结构"或一个框架，那么，街区便是一个大都市的"亚结构"。我们的日常生活同时在这两个尺度里展开。区域和街区之间有着重要的互补关系，这种互补关系创造了区域城市的整体结构。

正如我们在第一章描述的那样，大都市经济、社会和生态系统运行的尺度是区域，所以，我们提出蔓延和不公正这类问题的尺度也是区域。因此，区域为街区的设计提供了形体、经济和社会三个方面的整体框架。

对比之下，街区为社会提供了最为基础的结构和标志。个人和家庭的日常生活需要一个有力的街区来支持，区域需要有力的街区来提供健康的"区域城市"的基础。街区集聚了人们在这个社区和整个区域幸福生活的愿望、态度、资源和"社会资本"。

建设社会资本和街区

"街区"这个术语具有开放性和弹性，我们可以把不同形式、密度和尺度的地方称为街区。在理想的城市形式下，街区不仅有清晰的边界，而且是可以步行的地方，那里有一个标志鲜明的地方公共服务中心。街区包括了各种各样的人，那里既有昂贵的也有便宜的住宅，既有适合于大家庭的也有适合于小家庭的住宅，既有提供给年轻人的也有提供给老年人的住宅。那里的多样性和人的尺度培育出一种社区的社会凝聚力和亲和力，从而产生出强而有力的社区意义。

当然，还有许多其他类型的街区，不过，它们不符合上述那些理想的、持续而健康的社区标准。例如，有些居住区有若干个与邻近街区分享的中心。这些中心的尺度和使用可能很不一样，有些是为当地居民服务的，有些则是为整个城市或某个城区服务的，说明它们的服务内容和半径不同。又如坐落在某一街区中的公共行政机构可能也是与其他街区共同使用的。最后，有些街区的边界可能是模糊或重叠的，使得那里的居民生活和活动界线不清。

然而，街区并非一个自我封闭的、有边界的细胞，事实上，它更多的是一个场所重叠和功能共享的网络。街区不一定非有一个简单的边界或单一的中心。现在，我们生活在望远镜尺度大小的社区里，大部分都有一个步行能到达的半径，然而，它不能满足日常生活的全部需要（除非那里有最高的居住密度）。大多数情况下，我们对街区的认同是包括那些有必要与别的街区分享的地方。一个街区的标志和范围因人而异，老人和孩子可能认为街区有一个明确的边界，称那里是"他们的"；而对于驾车的成年人，街区的尺度却大得多了。

健康的街区具有一些共同特征：步行友好、功能混合、明确的公共场所、合理的住宅类型。所以，我们可以拿它们作为综合的标志和形式来区分街区。街区与现在郊区的公寓综合楼和住宅分区是大不相同的。

如同形体结构一样，社会的、经济的和文化的网络对于街区的形成也是至关重要的。它们都是日常生活的网络，也是社会学所说的"社会资本"。

按照哈佛大学罗伯特·普特南（Robert Putnam）在20世纪90年代提出的观点，社会资本由"市民的参与、良好的社区机构、互相帮助的规范和信任"所组成。社会资本把"人"的这个概念从"我"扩大到"我们"，鼓励人们共同解决他们的社区问题。在研究基础上，普特南认为，即使在有效的民主机制下，社区生活也要依靠非正式网络的凝聚力和反馈强度，非正式网络只有通过大量的社区组织和街区团体才能形成。普特南提出，有了社会资本，社区蒸蒸日上；没有社会资本，社区则运行维艰。

几年前，普特南领导了一个颇受争议的学术圈，他们认为，美国的社会资本正在迅速地衰减。他们的证据是参与社区活动的人越来越少了，如教堂、工会、教师家长协会、妇女选民团、红十字会等。普特南在他的著作《一个人的保龄球》中，以他的统计数据证明，现在美国人与邻居的社会交往比他们的前辈要少许多。像普特南这类社会学家并没有很好地解释为什么美国社会资本的存量越来越少。有些人提出，我们事实上完全没有丧失社会资本。人们正以不同的方式联系在一起。它不同于一个人打的保龄球，人们在网上的聊天室里创造了一个虚拟的网络。换句话说，从这个论点出发就可以提出，只要我们有提供强大的利益的社区，就不需要有强大的场所的社区。

由于有了计算机网络和其他的"虚拟"社区，我们可以认为，即使自娱自乐地打保龄球，我们的社会资本仍然很富足。然而，无论我们的网上的聊天室有多么强大，或者说将来还有多少这类服务出现，普特南仍然认为这种观点是反直觉的。很难想象，当场所里的社区继续衰落，我们的大都市区域会强大和兴旺。在《一个人的保龄球》中普特南写道："我的预感是，在电子论坛上的会面完全不同于在保龄球场的会面，或完全不同于在一个沙龙里的会面。"

无形社区的威胁

其实，美国自有史以来，其生活的一个重要特征就是从场所的社区向利益的社区转变。法国评论家阿利克赛斯·德·托克维尔（Alexis de Toqueville）在他的《美国民主》中记述了美国人热衷于结成利益基础上的社会团体和协会。这正是美国之所以强大的重要方面。托克维尔在书中指出，大多数这类以利益为基础的团体和协会还是地方性的。但是，一个多世纪以来，美国人越来越远离了已有的地理上的社区，这个速度远远高于其他工业国家。

从铁路开始，然后是电报、连锁店、19 世纪末的邮购，如同历史学家丹尼尔·布尔斯廷（Daniel Boorstin）所说，美国人成了"无形社区"的居民。这些以利益为基础的社区不仅在人们的活动过程中形成，也在人们的购物习惯中形成，这些商品和服务的尺度可能是全国性的，某些产品都有自己集团的标签。所以，当利益和追求不是依赖地理位置把人们联系在一起，而是通过商品流通创造社区时，这些无形的社区开始超出了街区、区和其他我们实际上生活的地方。

有许多理由使人们放弃他们的场所的社区，而去追求以利益为基础的社区。对于许多人来讲，无形的社区使他们从传统场所狭窄的特征中解放出来。在传统场所的社区里，地理上的接近常常受到家庭、种族和阶层的约束。无论富裕还是贫穷，场所的社区常常是"排他的"——封闭和压抑的，拒绝人们按自己的方式来行事的权力。

无形的社区则允许人们在共同利益的基础上以过去不可能采取的方式同他人发生联系。不同种族和社会阶层甚至于来自其他大陆的人们能够"聚集"在一起（常常以虚拟的方式）讨论他们的邻居不感兴趣的话题。在基础的层次上讲，商业化的无形的社区使人们能够买到或得到在他们的街区或镇上找不到的商品和服务。

今天，大都市区域也成了一个利益的社区，因为它已经成为全球经济的一个基本单元。这也是无须回避的事实。正如简·雅各布斯指出的那样，大都市区之所以可以存在，在很大程度上讲，就是因为它可以使有相似利益的人们发生联系和影响。他们可能不住在一起，但是，想要在这个区域内经常聚会是不困难的。正如经济学家们所谈到的那样，经济、社会和文化的"财产"正日益集中到了区域层次上。

同时，无形的社区的优势可能对区域和街区的发展和繁荣构成了根本性的威胁。区域需要对利益的社区和场所的社区进行协调，不能让一种社区替代了另一种社区。无形的社区可以假定，整个大都市居民的社会、经济和文化的需要都可以不依靠他们实际居住的地方而得到满足；尽管人们不住在同一个地方，但是，只要他们有了某种愿望，可以在电话里交谈，可以给别人发电子邮件，可以临时聚会开展面对面的讨论，于是，可以创造出更多的社会资本。

不用惊讶，我们已经拥有了一个可以容纳这个无形社区的城市建筑环境，没有任何地方比这个城市建筑环境更适合于无形社区了。我们在这里建住宅，在那里建购物中心，而把生产办公区建在另一个地方。当我们的社区和个人的生活在布局上被分开时，我们的日常生活变得那样乏味。由于关乎自己利益的社区与场所的社区没有联系在一起，所以我们认为这类形体上的淡化没有太大问题。实际上，对于我们的街区、区域，最终对于我们个人来讲，这个城市建筑环境所产生的损失是严重的。

对于那些幸运地拿着中年人工资的人，这个无形的社区似乎对我们是适合的。通过电话、网络和私人汽车，我们能够容易地与别人取得联系。我们能够管理好自己的家和街区环境。甚至于我们在办公室里就能够过上似乎十分丰富的社会生活。

佛罗里达的社会学家雷·奥登博格 （Ray Oldenburg）写道："许多就业者发现办公室比家里更令人愉快……一天中在办公室的谈话是最美好的，有许多人在周围，工作的地方也是社会交往的地方。对于大多数美国人来讲，工作为他们提供了一个社区替代品。"我们对如此浪漫的办公室惊讶吗？

当然，对一些人来讲果真如此。但是，无形的社区对另一些人来讲，就不那么浪漫了。当富足的人们在网上游弋，或者驾着小轿车东游西逛时，他们年老的父母和年幼的孩子们却陷入了我们创造的这个淡漠的和漫不经心的城市环境中。正如雷·奥登博格所说，不同于过去的居住社区，办公室的替代品"是一个没有儿童活动空间的社区"。现在，拥有一切现代文明的人们几乎放弃了与无形的社区的联系，因为他们缺少资金去参与这类联系——为了工作而四处奔波，创造各式各样的社会联系，以便生活下去。

甚至那些高收入的人们面对为他们设计的无处不在的社区时，也常常发现自己失去了所希望得到的那些社会与文化联系。如果不去对利益的社区和场所的社区进行协调，无论是区域还是街区似乎都不会繁荣或持续下去。如果你们生活的社会、文化和经济核心不能与周围的形体环境相配合，那么就很难积累起社会资本。

至关重要的场所社区

在普特南提出社会资本的概念之前，简·雅各布斯已经使用了社会资本这个表述，并说明了社会资本怎样在街区里产生。她讲了许多有关自己居住的街区格林威治村的故事，人们怎样创造社会资本，然后又得到了回报。那里的杂货铺老板们有每个公寓的备用钥匙，理发店老板总在关照着街上的孩子们，常常在他们撕打起来之前就进行了干涉。

简·雅各布斯写这些故事时正值战后郊区发展的时代，她提醒美国人，只要城里街区有了足够的社会资本，那里的生活一定是很精彩的。在街区这个层次，社会资本的创造和回报是以天来计算的。人们一起去学校，去超级市场；他们有机会在餐馆或街头相会；他们共同讨论社区事务和参与那里的社交活动，因为他们相距得太近了。

人们在选择居住地和做生意的地方时，有一种基本愿望，他们的选择有利于他们在生活和工作上频繁地与人交往。无论是对个人还是对社区，一个良好的场所能够形成健康的社会生活和成功的经济生活的基础。

进一步讲，如果一个街区具有多样化的建筑环境，例如那些为人们提供参与非正式的社区生活的集会场所，那么，这个街区更有可能成功，因为那里为建立社会资本提供了条件。那些非正式的集会场所可能是学校、公园、社区中心、商店、咖啡馆甚至小酒店。通过为劳作的人们提供一个休憩的街区建筑环境，集会场所会培育出一个和谐的社会结构所要求的人们之间相互作用的网络。社会学家雷·奥登博格给这类非正式的集会场所起了个别称——"第三点"。他认为，人们需要在工作场所和家庭之间有这样一个"第三点"。他写道："在缺少非正式的公共生活的地方，人们对工作和家庭生活的期望会超出这些社会组织的能力。"

当然，健康的街区也有其脆弱的一面，因为它们需要在熟悉和意外之间、正式和非正式之间、人与人的行为方式之间维持一种艰难的协调。简·雅各布斯讲的那个杂货铺老板，必须了解他的所有邻居，以便得到他们的信任，但是，他干涉那些邻居的日常生活也许并不好。

从传统上讲，这类场所的社区是围绕居民们某种共同的需要而建立起来的，即使个别社区成员的看法并非精确一致，场所的社区仍然可以发挥凝聚的作用。例如，城市里那些以某个民族为主的街区里有各种各样的人，老的、小的，结婚的、单身的，穷的、富的，他们之所以聚在一起，是因为他们是同一个民族（有时还受宗教的约束），这就是他们共同的东西。如果这类街区对不是他们民族的那些人也能容忍的话，就表明这类街区已经包含了广泛的多样性。

事实上，在多元文化的社会，维持这类街区的协调并非易事。对于一个典型的郊区居住区来说，它的形体特征已经表明了它是一个利益的社区，远不是一个真正意义上的有非正式网络的场所的社区。整个街区被包装起来，然后卖给那些属于无处不在的社区的消费者。

当区域变得越来越重要时，场所的社区也变得越来越重要了。尽管利益的社区，所有形式和规模的政治司法部门都不会消失，但是只有强大的场所的社区才能把区域联系起来。如果所有的地方都是一样的话，如果我们的日常生活都是预先包装好的话，那么，人们当然不能理解街区的意义。事实上，街区是大都市的重要部分。如果人们没有感受到街区之间的联系，没有感受到所在场所的社区的健康、多样和独特性，那么人们会说，拥有这个区域是没有意义的。我们的生活总是从街区的尺度开始的。

如同历史上的街区一样，区域城市的街区一定是建立在多样性和共同点上的。也就是说，组成一个街区的人们总有他们的共性和差异。以种族为背景的街区已经削弱了许多社区的社会结构。但是，我们应当记住，这些街区常常是狭隘的和排斥异己的。因此，区域城市的街区一定不是排它的，而是包容的。

在战后的郊区发展中，许多支撑街区和社区的因素已经消失了。随着内城的衰退和郊区的蔓延，那些把街区联系起来的地方社会机构、独特的历史、文化的多样性和聚会场所也被人们遗弃了。在一些地区，由于犯罪，在另一些地区，由于交通拥挤，像可步行的街道这类社区的形体基础退化了，可以使用的公共空间和公共设施也退化了。于是，我们失去了社区，也失去了有意义的场所。

一个街区的根本要素是：可步行的街道、人的尺度的居住地块和可以使用的公共空间。虽然这些要素似乎不可或缺，但是，现代规划似乎没有能力去创造这些简单和支撑社区的东西。街道是出于让汽车行驶方便而设计的，而不是为步行者设计的。公园、广场、市政广场和商业街也退化了。更有甚者，现代公共空间常常缺少设计智慧，以致不能保证公共空间使用者的安全，也不能使公共空间生动活泼起来。公共空间变成了居住区，住宅失去了它的街区尺度，街道失去了步行者，这些都是司空见惯的事了。于是，过去形成街区和社区的形体基础，即社区标志和场所的意义消失了。

我们必须重新建立起制造场所的艺术细节。无论我们是为新开发区的项目做设计，还是填充式开发、更新或改造，每个设计要素都应当用来强化地方的标志、历史和特征。居住地块决定了住宅的方向和那里的地方特征，因此，新住宅项目应当从提升整个居住地块的角度加以考虑。不应当用数目为街道命名，如二街、三街，那样的话，街道的地址便没有了特征。如果重建街道的话，应当更多地在设计中考虑步行者的利益，在大多数情况下，考虑降低车速。应当保证每一户都可以步行到达住宅群中的小花园，这些小花园有确定明显的边界、适当的监控视角。建筑物应当朝向邻近的公共空间，如街道、花园、商业中心和民事机构，以便使整个住宅群不被割裂开。

当代的区域具有明显的多样性，那里有不同的年龄、种族、民族、背景和经济状况的人们。正如在第一章谈到的，蔓延把这些人们按这种或那种方式分割开来了，减少了他们的相互联系，从而扩大了社会的不公正。对于贫困的人们来讲，没有能力建立起与其他街区的联系，导致了他们难以进入主流经济。对于富裕的人们来讲，狭窄的街区使他们忽略了那些因为城市蔓延而产生的社会的不公正。

这样，区域城市的街区需要全方位的多样性：建筑形式的多样性，经济活动的多样性，人口年龄、民族和经济状况上的多样性。在当代美国的社区创造方式下，开发商的路越走越窄了，而区域城市所需要的是与这种社区创造方式相对立的方式。今天，我们已经有了许多繁荣街区的例子，它们有一个开放的建筑环境，有各式各样的经济活动，有多样性的人口成分。正是这类街区层次上的多样性为社会资本的积累提供了可能，同时，多样性在区域层次上建立起各式各样的联盟和协会以清除以利益为导向的社区。把不同年龄组、不同经济水平、不同家庭类别的人们整合到一起是街区的责任，政府、社会项目不可能替代街区的这种责任。

健康的街区同时产生许多其他的社会效果，在那里，人们不仅为了自己的利益，也因为地理位置的接近而聚集在一起。健康的街区为不同的人们创造着活动场所，游乐场中的儿童、公园中的老人、房前屋后的少男少女、散步的恋人们等。健康的街区绝不是单一方位的，它们也没有简单的公式。当然，创造场所社区的形体和社会基础是包含艺术因素的，也是一种科学。社会资本的理论，甚至于普遍的社区利益理论，以及创造艺术和科学的场所，这一切都是建设健康区域的基础。

第二部分
区域城市的建筑学

　　我们能够或应该设计一个区域或街区，这个观点是建设区域城市的核心。我们需要承认，我们能够指导自己的发展，设计能够考虑那些曾经没有得到重视或被忽视的事情，思考过去没有想到的整体的最佳效益。

第三章
设计区域

设计区域城市是创造一个实际的区域城市的核心。"设计"这个术语的经典意义是，人工配置一种形体形式，我们不是在这个意义上使用这个术语。"设计"在这里意味着一个综合众多学科的过程。区域设计是把多种因素综合在一起的活动，以满足区域生态、经济、历史、政治、法规、文化和社会结构的需求。设计活动的结果有两个：一是具体的形体形式；二是抽象的目标和政策，如区域图、街区城市设计标准、实施战略、政府政策、财政机制等。

我们常常是在做规划和做工程。做工程倾向于不考虑整个大系统本身，而把大系统简化成一个个孤立的因素，然后加以计算。做规划不同于做工程，它常常"野心勃勃"，而把许多关键的细节留下来，听其自然发展。如果我们仅仅做规划和做工程，便失去了开发"整个系统"的机会，或失去了"设计"的机会。

工程思维通常把复杂交织的问题简化成一个可以计算的问题。例如，交通工程师为提高汽车通行能力而优化了道路规模，而不考虑因为提高汽车通行能力而产生的其他问题，如放弃了街区尺度、可以步行的要求和美观；市政工程师有效地疏通了河道、小溪，但是，没有考虑河流、小溪的生态功能、娱乐功能和美学价值；商业开发商有效地计划了如何运输商品，然而，他们忽视了街区的社会需求，如地方特色和聚会场所，一而再、再而三地关注局部效益而忽视了整体最佳效益。

我们能够或应该设计一个区域或街区，这个观点是建设区域城市的核心。我们需要承认，我们能够指导自己的发展，设计能够考虑那些曾经被忽略了的事情，考虑过去不指望得到的整体的最佳效益。有这样一种表达，我们的街区、城镇或区域有机（和带有神秘性）地发展着。它们是看不见的市场力量或技术力量的产物。也有这样一种幻觉，我们不能、也不应该干预这些市场力量或技术力量。规划在过去失败了，所以它在将来也会失败。

当然，真正的幻觉是我们不能管理社区的形式。从历史上看，设计在影响我们居民点形式方面起到过关键作用。我们郊区发展的典范是 20 世纪30 年代弗兰克·劳埃德· 赖特（Frank Lloyd Wright）的广亩城市规划，以及克拉伦斯·斯坦的绿带城镇规划。这些设计在 20 世纪 50 年代由联邦住宅与城市住宅与城市建设部（HUD）的最小房地产标准确定为规范。几乎与此同时，柯布西耶（Le Corbusier）和一群来自国际现代建筑协会（CIAM）的欧洲建筑师建立了城市再开发的示范，他们的模式是超大规模的地块和高层建筑。这个模式成为 20 世纪 60 年代美国城市更新项目的基础。

问题不是我们的城区和郊区缺少设计，而是我们按照错误的原则去设计城区和郊区，加上工程建设本身充满了疵点。专门化、标准化和大规模生产这类现代主义的原则严重危害了我们街区和区域的特征。

从街区尺度上讲，专门化和标准化意味着在土地使用上实施功能分区，如居住区、购物区、商务区或公用设施，由各自的"专家"来开发，"专家"只顾最好地利用他们的土地空间，而不对区域整体负有任何责任。区域专门化意味着区域里的每个地区发挥一种功能，郊区是为中产阶级和朝阳工业建设的，城区属于穷人和夕阳产业，乡村用于保存自然状态和农业。

作为对专门化的一个补充，标准化让我们的社区像一个模子刻出来的一样，让我们割断历史，对独特的生态系统无所顾忌。标准化的"一刀切"思维模式摧毁了场所和社区的特殊性。

大规模生产（住宅、交通、办公等）破坏了地方企业、区域系统和全球网络之间的协调发展。大规模生产的逻辑是生产规模会无限地扩大下去，而生产规模无限扩大的后果是，我们的日常生活也变得专门化和标准化了。

我们在生态学而不是机械论的基础上建立了一组反对现代主义专门化、标准化和大规模生产的区域城市设计原则。这些区域城市设计原则包括多样性原则、保护原则和人的尺度原则。社区和场所因为举世无双的地理和历史而形成它们之间的差异，因此，无论在哪个尺度上采用多样性原则，都意味着关注复杂的和有差异的社区和场所；保护原则意味着关照现存自然的、社会的和社会机构的资源；人的尺度原则旨在把人带出那个无人情味的和机器的世界。

这些原则同时适用于社区的社会、经济和建筑环境三个方面。例如，从社会意义上讲，人的尺度意味着步行的警察，而不是开着直升机的警察；从经济意义上讲，人的尺度意味着建立支持地方小生意而不是大生意和财团的政策；从建筑环境上讲，人的尺度意味着关注街道的立面和细节。不同于那些有关经济发展、住宅、教育和卫生服务的标准文件，这些设计原则把形体设计、社会项目和经济战略囊括其中。我们相信，多样性原则、保护原则和人的尺度原则应当构成一个区域和街区设计伦理学的基础。

人的尺度

若干代人以来，在建筑设计、社区规划和社会制度的发展方面，人们一直认为"越大越好"，越大越集中的组织和工作方式越有效率。现在，由小工作团队和比较个性化的社会机构所形成的分散化的网络在政府和企业中越来越时髦起来。效率与快捷、小工作团队和精简的官僚机构相联系。

当然，现实是复杂的，集中的和分散的两种倾向同时并存，例如，超级零售链的发展和传统商业街的回归。一方面，一些企业越办越大，越办越集中；另一方面，"新经济"正在以小规模工作团队经营的方式体现出它的优越性。两种方式同时展开，同时影响着我们的社区。当然，人们正在对两种力量之间的不平衡做出反映。我们社区的组成部门——学校、地方购物区、住宅居住区、公寓大楼、办公园区——都在形体上超出了人的尺度。我们可以从许多方面感受到人们对这种失去人的尺度的形体的反映。人们正在给建筑留下更多的细节和标志，以区别那些"单一面孔"的建筑。他们期待步行街道的特征和尺度，如林荫覆盖的道路，建筑物的窗口和大门对着街道。他们按记忆去恢复传统商业街和历史的城区。

人的尺度是一个设计原则，它既是对人的简单愿望的反映，也是对新的分散化的经济的反映。推崇人的尺度，表达了人们正在回避执行自上而下的项目，正在厌倦无个性的住宅项目，正在逃避可望而不可及的社会机构。具体地讲，人的尺度就是二层小楼的台阶，就是家门口，而不是高层建筑的楼梯。从经济学上讲，人的尺度意味着可以支持个体户和地方企业运行的尺度。从社区上讲，人的尺度意味着以街区为中心和一种鼓励日常交流的氛围。

多样性

多样性既具有多层次的含义，又是基本的设计原理。它对于社区规划的社会、环境和经济方面构成最大的挑战。也许，建设一个在土地使用和人口构成上具有多样性的社区是应用多样性原则的最明显的结果。作为一个规划原理，多样性呼唤回归混合使用的街区，那里包括了各式各样的功能、形态各异的住宅类型、各种各样的人群。

市民场所、商业网络、住宅机会和自然环境是社区的四大要素。这四大要素在每一个尺度上决定多样性的形体要素。作为一个形体原理，街区的多样性保证了居民们日常生活的目的地近在咫尺，街区共享的社会机构是综合的。随着场所和使用的变更，街区的多样性也意味着纷繁的建筑特征和各异的街景。

作为一个设计原则，多样性是极富挑战和受到争议的，因为它意味着要创造一个包容不同年龄组、不同家庭类型、不同收入和不同种族的街区。事实上，即使街区存在各式各样的差异，在历史上还是人们自己划定的。但是，今天我们已经把差异推到了极端：年龄、收入、家庭规模和种族成为市场的划分因素，由此，他们被分隔在不同的地方。一个可以涵盖所有人的住宅分类也许是一个遥远的目标，但是，创造包括更多的经济阶层、年龄组、家庭类型和种族的住宅是有希望实现的。

多样性是一个具有重要经济意义的原理。为了振兴经济而把投资集中到单一产业或一个政府的大型项目的时代已经过去，而从生态平衡的角度考虑产业组合的时代已经到来了。这种认识确信，不同企业（规模大或小的、地方的、区域的和全球的）的互补对于维护经济的健康发展十分必要；比起以往任何时候，今天的生活方式、场所的城市观和传统的经济因素正在新经济中扮演着重要角色。

最后，多样性也是一个指导地方和区域生态保护的根本原理。运动性娱乐、农业和地方物种的保护常常被放到不起眼的位置，但是，当我们理解了生态系统的复杂性质，便会以不同的方式去做开放空间的规划。一个从最主动的到最被动的开放空间类型必须在街区和区域设计中统筹安排。在使用方面的多样性、人口的多样性、企业的多样性、自然系统中的多样性是区域城市的根本。

保护

就社区设计而言，保护的意义远远超出了节约资源和保护自然生态系统的意义。保护包括许多方面的事情，如保存和整修一个地方文化的、历史的和建筑的遗产。保护主张设计使用较少资源的社区和建筑，如使用较少的能源、土地、材料以及产生较少的废物；在自然和社会领域，保护还主张推行一种勤俭节约的风尚，如回收使用、修理等。

保护原则和保护原则的那些补充，如更新和保存，不仅用于建筑环境，也用于自然环境；不仅用于我们的历史建筑和街区的结构，也用于保护人类的资源和历史。社区应该努力保护它们的文化标志、形体的历史和独特的自然系统。更新和保护远远不只是环境主题，实际上，它们是我们从区域和地方层次上思考社区的一种方式。

对于社区规划而言，保护资源有许多明显的含义。最明显的是由于蔓延式的发展所替代的那些农田和自然系统的数量，以及支持这种发展的汽车数量。即使在一个比较紧凑的可以步行的社区，资源保护能够产生出新的设计战略。保护河流和使用小型污水处理设备能同时给予社区以标志，也提高了自然的和谐性。建筑的能源保护战略常常促进环境的改善，随之也使这个地方产生出独特性。

　　社区的标志可以通过保护历史建筑和街区的社会机构来实现。维护和更新一个地方的地方建筑风格能够同时减少能源消耗。重建地方历史，也能创造新的就业机会。在过去保护运动把注意力放到那些标志性建筑上，现在已经把保护从建筑立面扩大到街区的社会结构和社区的生态系统，这两者都是地方历史的生命线。

　　保护原则的另一个内容是保护人力资源。在许多社区，贫穷、缺少教育、工作机会的减少都导致了对人力资源的悲剧性的浪费。正如我们已经看到的那样，当贫穷把那里的人们逼上了"梁山"，那个社区也就不存在了。无论那里是否存在对人力资源的忽视和浪费，"保护"就意味着对人的潜力的恢复和康复，当然，我们也不应该忽视和边缘化对自然环境和文化环境的保护。这里，我们已经把 "保护"放到了一个相当宽泛的意义上加以论述了。提高社区的经济实力，使社会更富足，是我们这里所说的保护和恢复的具体工作。

设计区域就是设计街区

　　当我们按照这些原则去设计区域或街区时，会发生什么呢？你会发现，无论是区域设计还是街区设计都遵循一组类似的设计策略。首先，我们应该把区域和它的元素——城区、郊区以及城区和郊区的自然环境——看作一个整体，同样地，我们应该把街区和它的元素——住宅、商店、开放空间、市政机构和企业——作为一个整体来设计。今天我们所面对的问题正是由于在过去我们分开去处理这些元素所致。如同开发一个街区必须把这个街区作为一个整体开发，开发一个区域就必须把区域当成一个人的生态系统处理，而不是零件组装。

如果把区域看成一个综合整体，那么，设计区域就与设计街区具有大致相同的方式。作为整体的区域与街区是可以类比的。两者都需要有被保护的自然环境、须臾不可离开的中心、人的尺度的交通系统、公共场所以及综合的多样性。开发这样一种区域实际上就是在创造健康的街区、地方和城市的环境。同样地，开发这样一种街区就等于在创造可持续发展的、综合的和有凝聚力的区域环境。两个尺度具有类似的特征，相互配合。

区域的主要开放空间带，如河流、山梁、湿地或森林，可以看成"村子的绿带"。这些自然特征建立起这个区域的生态标志。在街区尺度上的自然系统和与大家共享的开放空间是街区的基本标志和特征。街区的自然系统，如同它的市政机构或商业中心一样，是一个街区的特征。

如同街区需要一个中心作为地方社区的十字路口，区域也需要一个中心作为它的文化核心和对外开放的门户。现在的边缘城市没有这两类中心。在郊区，合乎人的尺度的街区中心被销售廉价商品的中心和商业走廊所替代。在城区，贫穷和缺乏投资导致了历史街区的衰落。再者，城市和郊区的医疗中心对于地方和区域的凝聚力同样是至关重要。

街区设计和区域设计还有其他一些相似性，如街区尺度上各类服务步行可达的设计与区域尺度上的交通系统的设计相似。交通在组织区域方面的功能就像街巷网络在安排街区内各项活动的功能一样。交通干线推动区域内的各项发展，而街区的主干道决定着街区的发展。跨越街区和大都市，区域交通使各个街区内的步行者可以到达大都市的任何一个目的地，而适宜步行的街区以提供骑车人方便到达区域交通干线来与之相配合。两种尺度上的设计相辅相成。

正如我们已经提出的那样，多样性既是区域设计，也是街区设计的基本原则。如同街区多样性的使用和拥有各类住宅会给街区带来活力一样，人口和就业岗位的多样性会推动区域经济和文化的健康发展。因年龄和收入而分隔了的郊区反过来导致区域层次上的社会空间的分隔和经济发展的单一化。只有多样性的环境可以削弱这种倾向。

不同尺度上的相似性并非巧合，一种文化或经济常常同时在不同的尺度上表达自己。城市的蔓延和没有结构的区域是旧发展模式的体现。自第二次世界大战以来，我们的经济和文化都是朝着大规模生产、标准化和专业化的方向发展的。大规模郊区化就是这种发展的体现。与此相反，我们以上提到的设计原理正是城市发展的新的范式，它将把边缘城市引回到区域城市。

区域的构建

为了实现从边缘城市向区域城市的转变，我们需要重新考虑区域的基础模块和区域管理。简单地讲，我们的分区规划图的元素不过是错误的语言，我们用这种错误的语言在区域和地方两个尺度上安排社区。因此，要采用区域设计方式，我们就必须改变思维模式，从考虑土地利用的功能分区，转变到考虑场所和社区的地理位置。我们必须重写规范和区域框架，在适当尺度上把功能和使用结合起来。与大部分分区图不一样，区域的构件不需要 20~30 个土地使用元素，设计区域、城市和镇只需要 4 个元素就可以。

中心：街区、村庄、镇和城市的核心，它们是地方和区域的节点。

区：特别使用区，即以一种活动为主的地方。

保护地：各种开放空间元素，它们形成一个区域，保护农田和敏感的动植物。

走廊：联系元素，它们或者以自然系统为基础，或者以基础设施和交通线为基础。

尽管街区是任何尺度社区的基础的模块，但是，由于它们太小了以致没有出现在区域规划里。不过，街区的确是村庄、镇和城区的基础模块，街区、村庄、镇和城区再构成一个区域。通过这种方式，街区便出现在区域规划里。即使一个中心的商业区比周边街区的规模还大，每种类型的中心总是与一组街区直接相连。街区决定了区域规划中那些需要填补的地区的结构，以及那些新开发地区的细胞组织。

中心是混合使用区，包括工作、居住、服务和零售；区也可能是土地使用功能混合的，但是，它们常常以一种活动为主，如大学或飞机场；保护地可能是农田或动植物栖息地；走廊地处区域边缘，是区域中心、街区和区之间的连接线，它们的形式各异，如道路、高速路、铁路、自行车道、高压走廊、河流。由中心、区、保护地和走廊这4个基本元素构成的图可以帮助我们重新审视区域栖息地的基本性质，为区域定位。

第三部分中的区域图说明了区域基础模块的分层结构。区域规划图的第一层次由中心、走廊和区组成，它形成建筑环境的框架（图3—图15）。绘制保护地的图比较复杂，因此单独用第二层次来表达（图2—图14）。第三层次是有关需要填补的地区和新开发的地区，尽管它不包括以上提到的区域构件，但是对未来区域发展的方向和方式做了总结（图16）。可以把中心、走廊和区这些区域构件叠加到填补区和新开发区上。最后，形成一个地方社区的综合规划，详细说明街区、特别使用区的安排。我们可以把它们叠加到区域规划图上去。

村庄的、城镇的和城市的中心

村庄、城镇和城市的中心是区域城市的节点。这些中心把街区和地方社区联合成区域的社会和经济的基础模块。它们必然是混合使用的：不同规模的住宅、商业设施、零售、娱乐设施、市政机构。从村中心到城市中心是有层次的，但只是一般特征上的不同，而没有本质的不同。

所有的中心都有办公和就业岗位。每个中心一定包括市政设施和公共场所，如绿地、广场、教堂、市政机构、娱乐设施和托儿所。每个中心必须建设一种符合人的尺度和易于接近的人行道网络。

中心与街区不同，不过，中心可以包括一个街区。街区的功能主要是居住，当然包括市政、娱乐和供周围街区人们使用的设施。而中心的功能主要是零售、市政和为周围街区的人们提供就业岗位。中心是周边若干或更多个街区的一个集聚点。

村庄中心既是普遍的也是最小的区域中心。那里零售商业活动常常是在杂货店、药店、小商店和餐馆里展开的。它们的服务半径为1~1.5英里（约1.6~2.4千米），服务对象为 5 000~10 000 个家庭（不排除街区里的购物中心，一般可服务于大约 500 个家庭）。

村庄中心的零售商业活动常常与住宅、办公混合在一起，楼下用于商业经营，楼上用于居住、办公。所有市政和娱乐之类的活动都在步行距离内，无需汽车。在许多情况下，大街、绿地、混合使用的建筑、图书馆、日托幼儿园总是与老年公寓和廉价公寓聚集在一起。

镇中心比起村庄中心要大，且丰富多彩。一般地说，那里包括许多办公楼，提供夜晚的就业岗位，以及与夜生活相关的设施，如电影院、剧场、旅馆等。那里零售设施接近零售业所称的"社区中心"的规模，整个零售商业由若干个普通商店、特殊商店和餐馆组成。零售商店的二楼一般用于办公和居住，整个区域紧凑，步行可达。镇中心凭借电影院和餐馆而在夜晚有了生气。交通枢纽区或称公共交通导向的居住区在规模和设施上类似于镇中心，是镇中心的另一种形式，所不同的是，公共交通导向的居住区有一个主要交通站。无论是镇中心还是公共交通导向的居住区，都有多样化的功能，包括居住，都是步行可达的。

镇中心就业岗位的数量仅次于城市中心。如同郊区活动中心或"边缘城市"，由于交通便利，这类镇中心成为区域的次就业中心。当然，它们又不同于郊区活动中心，办公楼周围没有大型停车场，车辆停泊在公共建筑的背后，特别是平日的晚上和周末，允许公众使用。日益增加的住宅数量使那里成为居住区和人们乐于居住的地方。混合使用和布局的紧凑性逐步把那里变成区域的交通枢纽。

定义城市中心比定义城市要复杂一些，城市中心必须有不同于城市的定义。城市中心有各式各样的形体形式、密度和特征。在区域中，城市中心的功能最为繁杂，布局最为紧凑。如同镇中心或村庄中心，城市中心一定是功能混合的、可以步行的、围绕市政设施而展开的。比较其他种类的区域中心，城市中心一定是紧凑的、闭合的、多样化的、充满活力的。它们具有区域的历史背景、色彩，以及经济和文化特征。它们有更高的密度，更易于步行，更依赖于公共交通导向。如同城市中心成为区域的文化和经济的凝聚点一样，它们也成为区域交通系统的枢纽。

在大多数情况下，"区域城市"能够有若干个城市中心。例如旧金山海湾地区至少有三个城市中心：旧金山、圣何塞和奥克兰。单一或多元的城市中心是一个区域的基本构建。城市中心是商务、文化和市政活动中心，这些使它们成为全球的标志和地方凝聚点。与千篇一律的郊区相反，城市在形式、规模、商务和文化上继续保持它们的个性。它们的差异如同芝加哥与波特兰的不同一样，周围整个大都市区都因为这类差异而获得标志性和凝聚点。

区

区是街区和中心之外的地区，那里所具有的功能不适合于在街区和中心中表现。因为并非所有的功能都可以塞进街区或中心。例如轻工业和重工业地区、机场、大型港口、大型商品零售店、批发中心、中心商务区、军事基地、大学校园，等等。这些地区对于一个区域的经济和文化活动是至关重要的，但是，它们在功能上必须与居住街区或混合功能的中心区分开。

当然，这类单一功能区应该靠近那些功能混合的中心。如办公园区就是一例。按照现在的分区规划，这类办公园区单独而立，处在高速公路出口附近。人们一般把办公园区与工厂同日而语，以为办公园区不适合落脚于村庄、镇和城市中心。事实正好相反，办公园区应该被并入那些混合功能中心。这样的合并可以强化中心的零售功能以及交通枢纽功能，提升公用设施的价值。

把办公园区并入那些混合功能的中心可能面临的挑战是办公园区的规模比较大。尽管小商务的重要性日益凸现，可是，也不要把大商务排斥在区域中心之外。的确，这是一个设计挑战，我们不一定要把大商务孤立地放到"园区"或办公园区中去。在城市中心，采用的是传统的和行之有效的办法：建设高层建筑。而在镇中心，我们可以采用大规模建设低层建筑的方法，把它们装入其中，既有效率又可以步行到达。建立共享的停车场、立体的停车场建筑，或者干脆减少停车场的数量、加强公共交通，都是解决大型停车场问题的办法。当我们划分适当的道路等级时，仍然会保留办公楼前的步行道和办公楼后的停车场。

另一个例子是，把文化和市政公用设施从混合功能的中心分割出来。那些随处可见的郊区市政中心或娱乐区实际上让我们失去了完善和强化村庄和镇中心的机会。那些承载文化设施的公共建筑应当合并到我们社区的整体结构中，以便与就业、购物和一些住宅混合在一起。现代的"政府办公广场"应当成为未来"大道"的首选节点。剧场城和电影城应当成为把我们的社区凝聚在一起的基本组成部分。

对比而言，轻工业，如工厂，则是面临的另外一个问题。工厂在工作性质上的单一性、运输上的特殊要求、厂房的规模等不允许它们与混合功能的中心交叉。仓储设施，以及使用有毒物品的单位，肯定需要建立自己的专区。从某个方面讲，大型商品零售店类似一个工厂和批发部门，它们也不适合置于村庄和镇中心，因为它们可能影响地方零售业。

此外，一些土地的使用，如大学校园，在功能上需要安排在专区里。这类机构的边缘应当清晰和明确。但是，如何处理专门区域和城镇中心的关系，仍然拥有很多的选择。"城镇与校园"的相互关联使许多城市和镇变得多姿多彩。需要再一次提到的是，公交系统可能成为这些区相互联系的基础。

保护地

保护地是最复杂和最矛盾的区域设计基础模块，包括了各式各样的元素以及不同的位置和潜在的功能。之所以说保护地是矛盾的，是因为对于保护土地的措施和在经济上产生的后果争议不断。除此之外，联邦或州政府都有对土地进行保护的法规（如对于湿地、濒危动植物的保护等），如何识别需要保护的乡村景观是区域愿景的中心部分。保护区域边缘上的开放空间已经成为人们普遍的愿望，同样地，保护区域内的开放空间走廊也成为人们的共识。然而，对于开放空间的保护充满政治和经济方面的挑战。

　　有时，一个区域的自然特征会赋予这个区域以明确的范围，如旧金山海湾区域的那些海湾和山川，以及西雅图的岸边和湖畔，都是最好的例证。然而，芝加哥就没有用来描述它的自然边界，因此，我们有时需要使用几个特征来确立区域的自然边界。对大多数区域而言，简单地把土地保护起来并不足以阻挡城市的蔓延。那些被保护起来不允许开发的区域，如湿地、河岸、斜坡、流域、濒危动植物栖息地等，也很难形成完整的区域边界。无论如何，将保护开放的土地、基础设施规划和土地使用管理结合起来是确定发展位置和类型的必要前提。

　　有两类不同的区域保护：社区边界和区域边界。社区边界的功能是，用开放空间在区域内的社区之间创造一种隔离的状态。这类开放空间对社区形成是很重要的，因为它们可以避免"摊大饼"式的郊区。如果某个区域缺少一定规模的农田，我们可以用动植物栖息地或休憩地来建设这种社区边界。只要社区间协同一致，簇团式的开发就可能产生这种隔离社区的效果，有时甚至使用买入开发权的方式来保有一些开放空间。当然，对于那些缺少法规约束的地方，因为开发和基础设施建设的需要，利用已有的开放空间来建立社区边界，其价格是高昂的。

　　如果将被保护的农田作为区域的边界，情况会有所不同。地价低廉，保护农田并非只是区域规划的要求。肥沃的农田正在减少，因此，保护农田本身就是必然的。美国农田信托报告，1982—1992年的10年间，美国每年丧失40万公顷肥沃的农田。一般地说，我们的大都市总是建在河边和易于建筑的土地上，所以，农田与发展总是相冲突的。事实上，那些受到城市蔓延冲击的农业县，正生产着美国农产品一半以上的价值。不仅如此，这类有关农田保护的问题已经超出了对农田的占用，在开发区周围产生了一个"冲突区"，农民的生产受到影响。按照美国农田信托的说法，在加州中部，如果城市开发占用100万公顷农田，实际上，在其周边的

250 万公顷土地都会受到影响。

我们需要保护农业生产能力，除此之外，即便不考虑土壤类别和生态价值，保护城市周围的乡村遗产也是许多选民的区域发展目标。一个完整的区域设计一定要包括农田保护、动植物保护和景观走廊的保护。这类设计方法因需要保护的土地类型而异。自然保护区和农田保护区可以形成社区隔离带，不仅如此，它们还是区域基础模块的基本结构元素。

走廊

尽管走廊在类型、规模、是自然的还是人造的等方面不尽相同，但是，它们总是不中断和线状的。河流、交通流和动物的迁徙确定了每个区域的特征。走廊可能成为社区的边界或一个社区凝聚的基础，如一条河道，河岸既是通道，也是目的地。走廊是区域形式的骨架，也是区域各部分的连接。走廊形成了区域未来发展的骨架。

特殊的动植物、独特的生态环境或大规模流域都可以被认为是自然的走廊。在大多数情况下，特殊的动植物栖息地、独特的生态环境或大规模流域总是结合在一起的，也正是这种相互作用的性质让它们生机盎然、充满活力。越孤立的生态系统，本身越没有价值，也对人居环境没有价值。因此，我们必须用区域的方式对待开放空间，把开放空间看作一条走廊，而不是碎片。

每个区域都有一个流域构造，这个流域构造是那里自然形式的基础。每个流域都由汇水面（山脚）、排水区（溪流和河流）、湿地（三角洲和沼泽）、岸线（沙滩）等组成。它们是区域里的一些值得保护的自然走廊、濒危物种、独特的生态系统或景观走廊。当然，汇水面、排水区、湿地和岸线是流域的主体，事实上，流域内还包括其他的自然形式。虽然联邦政府颁布的法规保护了流域中的许多元素，如湿地、河岸动植物、堤岸边等，但是执行这些法规的结果常常是不完整的，对流域元素的保护常常是头痛医头、脚痛医脚，执行法规缺少完整性。对于自然走廊而言，连贯的保护比局部的保护更重要。

把流域当作区域的基本走廊体系不仅在生态上是明智的，同时，也是提高生活质量的一种有效方式。例如，萨克拉门托的 23 英里（约 37 千米）长的美洲河公园，不仅保护了那里的湿地、动植物、泄洪区和水质，也为整个区域提供了一个重要的休憩娱乐场所。它甚至成为那里的人们的骄傲。事实上，私人开发、防洪设施和渠道化水已经使我们丧失了许多水道，可是，我们想要阻止这种发展，甚至把它们再找回来，都并非易事。为了防洪的需要，我们建设了大量的渠道，其实，在许多地方并不需要它们。重建那些已失去的天然河道，既是生态恢复和生态循环的一部分，同时，也是每个区域建设开放空间网的一部分。

在西北太平洋地区，马哈鱼已经成为濒危物种，因此，那里确切地反映了动植物物种保护、河道保护和区域土地使用模式之间的相互作用。区域土地的使用其影响是深远的。我们需要保护的不仅仅是河流以及它的缓冲区，因为沿河流进行的开发改变了雨水的排泄和水温，所以还要保护河流的水质和水温。在这个背景下，地表和水的涵养系统，以及水处理方式都成为区域设计的重要内容。如同不可估价的大规模水域一样，这些系统也可能成为街区的财富。生态与发展不可分离。

区域里的人造走廊与自然走廊一样，与人的生活质量不可分离。道路与交通系统是城市和区域居民点的基本组成部分。当然，现在是协调我们的公路和其他道路网络系统的时候了。公交系统首当其冲。公交系统可能在区域内形成不同类型的增长方式，如填补原有的城镇内的空地、增强可步行性、以人的尺度来建设城镇等。

不同的道路、公交系统的形式、功能和使用方式也是多样的。火车线与公路一样，需要大规模的缓冲区，需要在相当长的距离里建立节点，这些自然成为步行者的障碍，特别是它们的规模、噪声和安全性，都不适合步行者。城际铁路服务的间隔时间促使人们宁愿使用自己的汽车。

就像那些历史上绝大多数的林荫大道和主干道一样，有轨电车、公共汽车和电车在步行设计上是友好的，也适合于发展混合使用的街区和中心。有轨电车、公共汽车和电车不在社区内形成分割，事实上，它们常常创造出一个凝聚点和聚会场所。另外，它们把不同的社区也联系到了一起。对于那些缺少停车场、正在为交通拥堵而犯愁的地方，有轨电车、公共汽车和电车可以把人们带到那里。

最后，公交线路和自行车道与地方街道一样，是交通节点的最小元素。就像大街上的步行者需要人行道那样，公交线路和自行车道对于大的交通节点也是必不可少的组成部分。公共汽车、安全的人行道和舒畅的自行车道都是把每个街区连接起来的"走廊"。

无论是公路、城际铁路线、大道、有轨电车线、地方街道，还是公交线路、自行车道和人行道，每种走廊对区域都是不可或缺的。任何区域设计的核心都是在它们之间谋求一种协调、连接以及适当的土地使用。如果让一种走廊居于支配地位，那么它会很快变得拥挤不堪，例如今天那些为汽车而建的基础设施。如果这些系统相互衔接不好，那么它们的运行成本一定昂贵，且没有效率。事实上，公交线路总是亏本运营的。正如我们在全美国的大都市随处可见的那样，当土地使用不当时，道路运行得一定不好，从而导致交通状况每况愈下。

其实，那些看不见的走廊与看得见的道路、公交线路、开放空间走廊一样重要。我们在供水排水方面的投资是区域发展的基础。如果切断了在保护区内的这类投资，我们无须区分规划和法规，就可以阻止城市的蔓延了。有效、紧凑、按区域用地布局使用土地是区域设计的核心。

这些基础设施型的走廊必须在两个方向上与土地使用政策相协调：基础设施型走廊必须向城市空地和更新改造地区扩张和更新，必须限制基础设施型走廊向保护区内延伸。为了避免局部利益的干扰，这种协调只能在区域层次上得以实现。与高速公路的发展一样，过去40年里，基础设施的发展也都是在郊区边缘进行。

重新使用和修复旧的、落后的、老化的自然和人工的走廊是区域发展的重要战略，包括城市空地开发和再开发。正如下面我们要证明的那样，郊区那些传统的商业街具有再开发的潜力，可以把它们改造成混合使用的和可以步行的区。在这些地方，道路需要重新设计，以适合于步行、骑车和换乘各类型交通。还需要更新基础设施，以适合于提高居住密度和混合使用。

也许，走廊再次使用的最大机会在于重新使用落后的火车线，那些旧的和废弃的火车线可以成为新的公共交通线，从而把区域里的历史街区和老郊区联系起来。旧火车线就像城里旧的大道一样，最需要更新和开发。

走廊的发展方向和多样性确定了区域的特征和未来。走廊是区域其他基础模块的基础，它是中心、区、保护地的基础。它们的设计能够创造出健康的限度，创造出发展的机会，不去追求均衡的增长，甚至减缓投资。走廊也能够产生合理的边界，连接以人为尺度的社区，为下一代人留下发展空间。

就这些设计原则和区域构件而言，我们不是在提出另一种不同于蔓延的选择，即回归历史上曾经出现的小城小镇，或加速摧毁现行的规划方式。可持续的城市和区域形式，必须是最好的、永恒的传统与当代复杂的、突飞猛进的现实相结合的产物。

任何可持续的未来必然是地方、区域和全球的特征、发展和形式上的协调，是不同规模和力量之间的协调。大规模生产和分配制度不会消失，全球信息系统不会化为乌有，国家和市政府的政治制度也不会崩溃。但是，失控的、运行不佳和面临危机的城市将会在区域框架和地方特征之下得到调整。让区域和街区为我们提供更好的服务，这将有可能解决许多因执行错误的设计原则而产生的问题，或因区域基础模块分离而产生的问题。

第四章
公共政策和区域城市

如果说区域城市的设计远景是理论性的，那么这个远景对于具体政策和日常活动究竟意味着什么呢？我们需要通过什么步骤才能让区域设计成为现实呢？现在可以考虑的是公共政策。区域设计的对象如此之大，因此，它需要结合大量的政策，包括土地使用、交通、环境、住房、税收公平甚至教育等领域的政策。

各种政策对实现区域设计的远景都是必不可少的。很难想象，一个区域城市若没有一个方案来综合土地使用规划和交通投资，如何去改变由汽车支配的环境。很难想象，一个没有满足劳动力低价住宅要求的地方，会有健康的区域经济。很难想象，一个维持良好生活质量的地方，却没有可以接近的开放空间、多样化的野生栖息地和肥沃的农田。很难想象，没有区域平等的税收政策、没有分散过度集中在城区的贫困阶级的政策、没有改善城区学校办学条件的政策，我们如何去阻止城区的衰落。这里，每一个"需要"都与设计和公共政策相关。

这类政策必须在大都市范围的尺度上运行才会创造一个区域城市。事实上，人们已经在某些方面处理过这些问题，然而，他们采取的是孤立的方式和不适当的尺度。这类现象不胜枚举：地方政府没有站在区域的高度来做土地使用决策，而州和联邦交通部门所推行的交通决策又没有与土地使用的结果联系起来，地方政府的住宅政策常常导致区域住宅分布不平衡，贫富阶层在居住上被分隔开来，这样，无论在经济上还是在社会条件上，都是两败俱伤。重要的自然资源正在被蚕食，而没有对此加以重视，也没有把它们看作是区域建设的基础模块。

即使那些使用孤立方式去解决问题的方案，也遇到了麻烦。城市复苏规划常常是孤立于区域的社会地理的，而社会地理首先创造的是令人厌烦的街区。重大的环境保护项目追求的是对资源的保护，首先并不考虑这些资源面临威胁的根本原因。人们按污染标准来讨论汽车尾气，而不是建立减少汽车使用的策略。凡此种种，不胜枚举。

从传统上讲，美国的地方政府和许多居民都担心大区域政府或州政府拥有干预的权力，所以，美国大都市地区一直都是勉强地出台一些在区域层次上协调的区域政策。但是，制定一套综合政策不一定必须建立一个政府层次，如区域层次或街区层次的政府。实际上，每个区域都有在那里建立协商一致战略的政策和体制。每个区域至少有一个指导区域交通投资的"都市规划组织"（MPO）。每个区域还有空气质量管理理事会，它有权力管理包括私人汽车在内的污染源。

这样，在很大程度上讲，制定和执行区域政策是一个政治任务，即利用现有的体制，而不必创造一个新的"区域政府"。但是，这些区域机构一般受制于地方议员领导层的专门委员会。因此，利用现有的体制来创造综合的区域政策并不是一件容易的事情。创造综合的区域政策需要有领导力和远见，有一种对区域目标的担当。

问题是即使区域战略会直接或间接地给一个地方的选民带来利益，那里的民选地方议员也很难代表整个区域的利益。正如我们将要在第三部分讨论的案例那样，大部分有关区域的愿景不是来自一个市民组织，就是来自一个州级代表。

在更多情况下，区域愿景的精髓和对区域事务的领导力来自工商界，他们从长远利益和区域规模来考虑那里的事务。他们对经济增长的许诺驱使自己考虑区域问题，如廉价房、交通、生活质量等。当公众对区域问题和发展机会的关注增加时，政治家可能提出他们的政策。在这个部分，我们会提到一些政策。

对现存的都市而言，任何有关区域城市的政策都需要涉及两个方面的问题：蔓延和不平等。所以，在制定有关区域城市的政策时，我们必须理解，区域内社区的相互联系催生了两个绝对必要的政策：

· **区域的"形体设计"：** 有可能在克服蔓延上起作用。

· **区域的"社会与经济机会"：** 有助于克服不平等。

只有在这两方面提出必要的、综合的和相互关联的政策，都市区才有可能真正实现向区域城市的转变。在为区域做"形体设计"时，我们要注意两个方面的政策：创造"区域边界"，把"土地使用与交通"结合起来。

在处理"社会与经济平等"问题时，我们要注意三个方面的政策：区域内公平的住宅、区域基础上的公平税收、城市教育改革。尽管这三个方面的政策并不涉及形体设计本身，但是，它们给工商界和居民提供的优惠条件会影响区域的形体和健康与否。

与蔓延和不平等相互联系一样，这些政策也是相互联系的。我们认为，没有一个区域形体设计的远景，区域城市的战略便不会成功。然而，区域的形体设计必须与区域的社会与经济政策相结合，它们是相互促进的。同样地，我们必须从形体、社会与经济等方面来构造整个的街区。为了采取整体的方式构造区域，区域城市必须制定综合的政策。

形体设计政策

"区域城市"最终是一个地理实体，所以，区域的政策必须支持区域地理边界的形成，必须支持区域城市环境的设计。涉及区域的地理边界以及区域城市的环境的两组区域政策必须实施有效管理，建设区域城市的健康的形体形式。第一组政策是关于构造区域的城市边界、城区和城区外农村的相互作用的政策。第二组政策是关于构造土地使用和交通模式的相互联系的政策，以确定"区域城市"内部社区的城市形式。

区域边界

最有争议的区域政策是有关增长的量和位置。这类政策的最简单的表达就是区域边界，即在区域周边的线，那些线明确了哪里将开发、哪里将不能开发。那些线可能有各式各样的名字和不同的意义：城市增长边界、城市服务边界、绿带。有些边界是为了保证经济的健康发展，有些边界是为了保持区域的生活质量而划定的。对于大部分人来讲，这些边界的作用是清楚的，如果不确定增长区和保护区的边界，基础设施和就业岗位会继续向边界外蔓延。与这类蔓延相伴，交通拥堵和空气污染将持续下去，以致农田、湿地、开放空间和动植物逐渐消失。

但是，简单和静态的边界并不能解决问题。区域的边界是复杂和多维的。它们会涉及详尽的环境、经济和人口分析的问题。决定适当边界的过程也许比最终的那些线更重要，因为这个过程使人们从区域的角度去思考许多问题。

在决定适当边界的过程中，我们必须协调三个因素：保护动植物栖息地和保存农田、区域增长的需要，以及新增基础设施和服务的投资。第一个因素叫绿线，它在环境和人工因素之间划定了一个边界。加州的圣何赛最近已经采用了绿线。第二个因素叫城市增长边界，它从土地承载力上设立了一个限度（按一定的增长率和密度），即那里可以容纳的人口。波特兰是一个范例。第三个因素叫城市服务边界（USB），即基础设施扩建的理论边界，或最有效提供服务的区域。萨克拉门托已经建立了它的城市服务边界，马里兰州制定了全州的机智增长政策。现在，每个因素在不同情况下都是独立执行的，我们很少看到它们的协调和结合。

所有因素能够也应当结合起来创造区域的边界，包括绿线、服务边界和增长边界。这样一种相互协调的政策能够指导建设更紧凑的社区、支持有效的基础设施投资、保护开放空间、鼓励那些衰落地区的振兴，把环境保护、资源节约、经济反哺等都融合到一个区域政策里。

到目前为止，三大区域边界的基础仍然是模糊的。我们必须容纳多少人口增长，我们必须在多大密度上容纳人口增长呢？什么样的环境资源值得保护？什么样的环境资源是可以替代的？什么是最有效的基础设施模式？对一个区域而言，需要保留多少农田？我们必然面对许多这类经济和政治问题。区域设计寻求对这类问题的综合解决，如果不采用综合的方式，而是分别讨论它们，我们会从一个镇到另一个镇、从一个项目到另一个项目，无休止地争论下去。我们必须在区域的尺度上把这些问题综合起来考虑，然后决定取舍。

当我们回答这些问题时，最好提出一组区域的远景。它们用于描述和分析解决每个问题各式各样的假定，以及这些假定的结果是怎样的。为了让居民对这个区域有一个整体的了解，对每一种选择的后果有所了解，我们需要提供的是综合的而不是孤立的选择。

当我们在考虑区域增长边界时，一般选择的因素是城市人口平均密度、更换基础设施的投资成本、环境和农田资源的分布。尽管讨论这类问题会有争议，但是我们总可以在一个时间段内量化区域的增长。接下来的问题是，怎样安排人口的每一个增量。我们不是讨论人口增长率，而是讨论人口增量。假定人口增长是不可逆的，于是，我们的问题就变成了有关人口密度和城市形式的问题。不同的人口密度产生不同规模的新增长区，也产生对不同规模基础设施的扩大需求。

人口密度、城市形式和基础设施能够从内部改变区域，而环境资源和农田能够从外部改变区域。依靠地理信息系统，精确地画出区域开放空间系统、河流、动植物和地形，对我们了解区域增长是有效的。有时，这类图能够清楚地勾画出区域形式，标明那些需要保护的敏感区。对珍稀动植物栖息地、河流、景观走廊、独特的地貌、湿地等因素的考虑，会使我们得到一张一览表，列举出根本不考虑做任何开发的地方。一个区域的敏感土地模式一旦产生，这些开放空间系统之间的联系就显而易见了。

对城市近郊区的农田和那些并非十分敏感的开放空间进行设计是不容易的，因为我们不能只从环境保护的角度出发。农田对地方经济和国家生产资料的价值不易把握。另外，对农民和土地开发商来讲，把农田转为他用当然收获颇丰。人口承载力和基础设施的运行效率都是在确定区域边界时应考虑的因素，我们需要完成适当的保护战略。所以，只有把不同类型的区域边界结合起来，我们才能获得一个连贯而又可以防患于未然的边界。

如同任何一种显现为限制增长的政策一样，区域边界政策将会限制土地供应，从而推动住宅成本上涨，因此，对区域边界政策的批判是不可避免的。最近，美国住宅建筑商协会以及一些以房地产权为导向的咨询机构，已经开始攻击区域边界政策，特别是波兰特的区域边界政策，因为 20 世纪 90 年代以来，波兰特的住宅价格的确上涨太快了。

虽然对"波特兰城市增长边界"的批判源于住宅价格的上涨，但是，住宅价格上涨果真是由边界引起的吗？证据不明显。事实上，城市增长边界对住宅价格上涨的影响是微不足道的。相反地，城市增长边界导致了城镇内街区的健康复苏，那里曾经面临衰落的危险。

波特兰的边界已经建立 20 多年了。20 世纪 80 年代，当俄勒冈的经济不景气时，尽管有了城市边界，波特兰都市区的平均房价依然下滑。当高技术产业兴起后，住宅价格上涨了。20 世纪 90 年代初期和中期，波特兰的就业率每年上涨 3.5%，是全国的两倍。

在这样的经济热中，私人市场无论如何不可能满足住宅需求，盐湖城的情况同样如此。在 20 世纪 90 年代，盐湖城的住宅价格上涨了 70%，而那里不同于波兰特，没有增长限制。所以，在经济热中，住宅价格上涨不在于有没有边界，而是由住宅的生产速度和购买力决定的。

事实上，把整个基础设施以及建设成本纳入公式，紧凑型的开发模式能够降低住宅整体费用。美国鲁德斯大学城市经济学专家罗伯特·伯切尔的结论是：在紧凑型的开发模式下，住宅价格可以降低 6%~8%。罗伯特·伯切尔对新泽西州有过一个分析，他认为，如果那里的政府采用紧凑型开发的战略，可以节约几十亿美元的基础设施建设费用。罗伯特·伯切尔对其他地方进行研究，如密歇根州、南加利福尼亚州、特拉华州，也得到了相似的结论。

特别需要注意的是，建筑业人士对区域边界的批判其实是对这种改变城市增长方式的批判，因为这种政策改变了大城市增长的性质和形式。他们提出的论点是：比较大的宅基地和比较低的人口密度总是好的，因此，任何推行比较小的宅基地和比较高的人口密度的政策总是不好的。合理公共政策研究所的塞缪尔·斯塔利的观点很具代表性："如果增长边界成功了，它会限制闲置用地，要求在比较贵的土地上开发住宅，或者在比较小的宅基地上开发住宅，当然，消费者乐于选择比较便宜和比较大的宅基地。"

这是一个形而上的命题，而不是形而下的命题。毫无疑问，区域边界政策会改变都市区内新城市和郊区的性质和形式。这正是这项区域边界政策的落脚点，推行紧凑的开发模式，建设多样化的住宅类型，创造适合于今天美国人口模式和生活风格的日常生活方式。波特兰和其他地方的经验表明，由区域边界引出的新模式使那些因为蔓延而衰退的城市街区重新繁荣起来。20 世纪 90 年代，波兰特近郊街区的房地产业获利大大高于传统郊区。

仅仅划一条绿带而不改变绿带内的城市发展政策，还是不足以保护自然资源。例如，南加利福尼亚的"自然社区保护规划"找到了那里的自然敏感区，并且制定了针对这些自然敏感区的区域保护战略。但是，那里的社区一如既往地按他们传统的郊区发展模式在设计区内搞开发。也就是说，即使划了绿线，交通拥堵、空气污染、工作地点与居住地点的不协调、社会不平等等城市问题还会继续困扰我们。

如果一个社区的发展依赖于区域的发展，那么，仅仅给社区划个界线是不够的。例如，许多年前，人们就在科罗拉多州的玻尔得城着手推行长期的绿带政策，并且已经在许多方面取得了成效。那里当时已经被市政府拥有的 26 000 英亩（约 10 522 公顷）绿化带所环绕，城市环境适宜居住和管理。但是，当地政府认为，那里不能再允许修建更多的住宅以容纳城市就业人口的增长。因此，整个玻尔得地区工作岗位和住宅数量之间是不平衡的，新住宅开发已经越过了绿带向外扩张。当然，越来越多的人居住在郊区，而居住环境大不如绿带里的环境了。

总是存在这样一种可能，新发展遵循"最小阻力"原则，越过设计的边界线，从而形成社区和区域的长期不平衡。这就是为什么我们应当在区域层次上考虑边界和城市形式，而不是在地方市政府的层次上考虑边界和城市形式。事实上，波特兰、西雅图和盐湖城正是这样做的。

土地利用和交通联系

无论我们把城市的地理边界划在哪里，密切关注边界内部区域的设计都同样重要。交通设施和土地利用模式是这个层次区域城市设计的两个基本要素。事实上，这两个要素紧密地联系在一起，以至于我们不可能把它们分开。

不幸的是，我们很少按照它们相互依赖的反馈关系来分析它们。在交通分析中，土地利用似乎只是一个静态的消费因素，而没有把土地利用看成一个变量。我们可以从两方面看待这个问题：新交通方式对土地利用的影响很少反馈到交通分析中；不同的土地利用模式很少产生交通投资的不同类型。如果我们想要打破公路和蔓延这个怪圈，正在研究的土地利用模式变更必然应当成为基础设施决策的一部分。同样地，任何一种新的交通设施都会培育出一套土地利用模式，并且最终对交通和土地系统产生新的需求。我们对此的理解也是同样重要的。

土地利用与交通之间的反馈关系是明显的。土地利用模式决定了出行需求，同时，位置、规模、交通设施的特征决定了一个地方可能用来开发的土地数量。高速公路使郊区蔓延成为可能，而蔓延需要更多的高速公路。周而复始，似乎没有止境。与之相似，可步行的街区支持公交投资，而公交建设会引发更多的步行活动，产生多样性的土地利用。每个交通系统都与土地利用模式相互影响，处在自我强化的反馈之中。但是，在区域规划中，我们很少研究它们之间的平衡和相互作用。

50年来，高速公路建设和以私家车为导向的发展使我们的选择越来越少，而这个系统的花费却持续增长。如今，美国家庭均摊在交通上的花费约占家庭可自由支配收入的20%，而这类开支在工业化的欧洲仅为7%。但是，到底有没有其他的选择呢？如果有，其他的选择如何影响爱开车的美国人呢？

第一个问题是，土地使用模式在多大程度上影响人们的出行行为。街区城市设计的改变真能影响人们的出行次数和出行方式吗？这个问题比看上去要复杂得多。家庭的类型、生活方式、收入和位置都是出行行为中的重要变量，这些变量独立于土地利用和城市设计。由于年龄、收入或者好恶的原因，不驾车的人比起那些有经济能力和拥有几辆车的人会更多地使用公交或步行。但是，如果不考虑这些人口因素，土地利用是决定人们出行行为的一个重要因素。

对波特兰出行日志的研究表明了汽车使用 3：1 的变量。这个变量不仅与住宅密度相关，还与城市指数相关。城市指数表达了一个地方的可步行性，它由十字路口的使用频率和就业岗位的密度决定。十字路口的使用频率越高，步行路径越直接，就业岗位的密度越大，步行所要到达的目的地越近。把这两个因素结合起来，我们就可以定量描述一个地方的可步行性了。如果那里还有方便的公交服务，就可以克服人们不喜欢使用公交出行的毛病。令人惊讶的是，城市指数证明，即使人们的平均出行数目相同，在可步行的街区里，人们还是要比其他的地方更少地使用汽车。

城市指数所反映的关系必须合理。如果我们设计了一个易于步行的地方，但是，那里缺乏有价值的目的地，人们还是会开车出行。有些社区安排了大量步行的小径和自行车道，但是，它们远离商业区，于是，那里只限于休憩娱乐。它们虽然是好去处，却又无路可走。另一种方案是，我们设计一个兼顾多重目的、混合使用的地方，但是，又不易步行（即使距离不长，甚至仅仅只有一街之遥），人们也会开车去那里。我们熟悉的"活动中心"就是一例。一个典型的郊区活动中心总是有单元住宅楼、办公综合楼、购物中心等，而它们之间被大道和停车场分开，因此，没有可步行的环境。

城市指数研究证明，城市既需要可步行性，也需要土地空间的混合使用，减少对私家车的使用也不仅是为了解决居住密度和家庭收入问题。在高密度居住区，不仅人口多，而且人们的收入相对比较低，所以，旧的公交运营方式把使用私家车的问题减至仅与居住密度有关。当然，城市指数研究表明，如果我们进行很好的设计，小城镇和村庄更能催生步行和交通换乘的出行，即在没有高密度居住的情况下，如果郊区与郊区之间通过公交和汽车联系的话，那么那里仍然有大的城市指数。这个事实是十分重要的。

第二个问题是，在今天的市场经济条件下，是否有可能改变土地使用模式。居住密度、混合使用和开发的位置真能改变美国人的出行行为吗？答案可能是肯定的，但是，却没有被公认。人口因素和生活方式的改变，都是新土地使用模式的基础。许多市场研究和调查表明，可步行的街区和社区中心总在买房人的单子上。一个住宅市场研究公司说，"美国人的生活，按人们的愿望，把'开放空间'置于第一位，'可步行的城镇中心'紧随其后。"

可步行愿望的另一种表达是，在整个美国，越来越多的人宁愿多花些钱也要居住在靠近城市中心的街区里。在丹佛，人们宁愿多付比郊区新房高 25% 的价格去住在市区的旧房子。

另外，实现高密度居住的住房类型也日益被人们认可。例如，首次购房者和老人正在寻求宅基地比较小的、房屋维护成本不高的、价格相对低廉的住宅。如果联排小楼的价格合理，那些没有孩子的夫妇和青年夫妻更乐于居住在价格相对便宜的联排小楼里。1999 年，仅仅 25% 的新房购买者是有孩子的家庭。现在，许多新房购买者希望在紧凑、可步行、有良好公共服务的街区里买房子，只要那里的公交方便，居住密度达到一定水平，实现这些并不困难。所以，改变区域土地使用模式和采用不同交通模式的机会是极大的。

然而，在我们现有的土地使用模式基础上，私家车的增加是不可阻挡的。假定私家车按现有的速度增加，那么当前为了承载车辆而兴建的公路怕是难以承受的。我们知道，道路承载能力越大，引来的私家车越多，而承载它们的投资会难以承受。我们应当确定一个人均汽车保有量的限度，设计一个支持这个目标的土地使用和交通系统。这个系统支持公共交通和步行，创造更多的机会使出行方式更为全面，这样必然减少人们的平均出行长度。

联邦政府的奖励政策是扭转这种状况的最有力的办法之一。联邦政府应当对汽车旅行公里数减少（VMT）的区域给予交通奖励，而对那些汽车旅行公里数增加的区域予以处罚。其实，今天的情况是，哪里的交通拥堵、汽车旅行公里数增加，哪里反而可以得到奖励，用以建设更多的道路，以便解决交通问题。

事实上，联邦政府已经采用奖励政策来改善空气质量，而没有用到汽车旅行公里数的减少上。亚特兰大就是一例。现在，因为空气污染严重，亚特兰大的修路费有可能减少。但是，联邦政府应当以更直接的方式鼓励那些使用公共交通和步行的区域。过去，兴建公路都可以得到联邦政府的财政补贴，而将来，减少对公路的需求应当得到更多的财政支持。

地面交通换乘效率法（ISTEA）允许区域在发展公共交通和私人交通之间做出选择。这个法案还允许区域采取不同的土地使用方式来计算交通需求。但是，许多区域仍然一如既往地使用标准的土地使用规范和计算机模式。联邦政府和州政府应当要求它们考虑其他的选择，采用不同的土地使用模式和新的混合使用规划。

总之，区域政策应当综合和动态地反映土地使用政策和交通投资之间的相互作用，不是简单地考虑它们的因果关系，而是考虑它们的反馈关系。这是有困难的，因为土地使用由地方控制，而区域负责管理交通的投资。

这种决策体制是"区域城市"的最大障碍之一。

综合土地使用与交通的远景是区域健康发展的核心，也是对建立区域边界的必不可少的补充。这两个形体政策紧密地交织在一起。边界内所发生的将最终决定这个边界的效率和可持续性。两个形体政策同时也与社会和经济政策紧密联系在一起。

社会和经济政策

以上描述的形体设计政策提供了结束蔓延的基础，赋予"区域城市"形状、形式、适合于居住的功能。但是，社会和经济不平等正流行于我们的都市区，并决定着我们的社区形式，因此，仅仅靠形体设计政策，是不可能解决这类社会和经济不平等问题的。为了减少社会和经济不平等，形体设计政策需要将三组与社会和经济事物相关的政策有效地结合起来：

· 公平的住宅和贫穷的分散；

· 区域基础上的税收分配；

· 城市学校和区域教育的协调。

这些政策本身不是形体设计政策，但是，它们对区域地理的组织，特别是对人口和经济活动等在这个区域内的分布产生了巨大的影响。无论一个区域城市的形体设计有多么美好，它也必须从克服社会和经济上的不平等开始建设。也就是说，承认公正负担经济住房、较好的区域税收和服务的分配、改善学校都是重要的事情，但是，它们不能自动地消除社会的不平等或使经济机会平等。当然，它们是在正确方向上的一个起点。

公平分享住宅和分散贫穷

除非以积极的态度对待贫穷的劳动人民和那些处于社会底层的人们的问题，否则，区域城市不可能在经济和社会上繁荣起来。越来越多的研究表明，一个经济上成功的区域一定是公正的区域；一个不处理贫穷人口过分集中问题的区域将会使社会问题缠身。另外，那些执行加强填空城市补白和更新改造的区域，一定要小心谨慎地考虑城区改造时产生的负面后果：如果没有一些提供经济住房和保护城市的核心标志，简单地驱散城里的贫困人口是很危险的。

城市赤贫问题不能单独在那些街区内得到解决。如果那些区域城市的领导不去分散贫穷人口，不去提高接近工作地点的、适当的经济住房数量，不去创造整个区域内的公正的投资，区域城市是不可能消除不平等的。

上一代人，大部分工作岗位都在中心城市。许多中产阶级的劳动者穿行于城市与郊区之间。从那以后，城市每创造一个工作岗位，郊区便产生两个工作岗位。就这件事本身而言并非坏事。事实上，在许多情况下，这还有利于工作地点与部分劳动力所在地之间的协调。但是，工作岗位的分散没有在地理上重新为贫穷劳动人民提供相应的住宅选择。

始料未及的事情发生了：工作岗位分散到了郊区，可是，贫穷的人却越来越集中地居住在城市的中心。1990 年，郊区中等收入家庭的年收入要比中心城市居民的收入高 38%。分散化使那些没有汽车的穷人和工人阶级居民很难得到郊区的工作机会，特别是那些集中居住在城区里的贫穷人口。甚至于低收入的中产阶级工人，如公共服务人员，常常负担不起他们工作所在郊区的住房。

许多地方把注意力放到了创造新的公共交通线和其他的交通方式上，试图把低收入群体带到郊区就业中心。但是，这个问题不能单独依靠交通来解决。在整个区域内，不能为低收入家庭提供拥有住宅的机会，工人阶级仍然得不到适合他们的工作机会，郊区工厂的老板们也不能得到他们需要的劳动力。

合理分布的混合住宅形式也是解决交通和环境污染问题的核心。如果住宅价格不能与工资水平相对应，那么，规划师所追求的住宅—工作相协调的模式也是没有实际意义的。把工作场所和其附近的住宅混合起来，这些住宅价格与就业者的工资相适应，那么就有可能减少就业者的长距离工作出行，同时增加使用公共交通的可能性。经济住房的合理分布有可能为教师、消防队员、警察和其他公众服务人员提供工作机会。住宅政策的社会和交通意义是明显的。

需要说明的是，在整个区域内建设适应家庭经济水平的、多样性的社区，不会严重影响那里大多数城镇的现存结构。按照布鲁克学院的安东尼·东的研究，20% 的美国城市居民生活在贫困线以下，而在郊区，生活在贫困线以下的人数仅为 9%。尽管 9% 这个数字比较小，但是，这并不意味着 9% 不重要。如果把贫穷人口均匀地分布，每个司法区，包括郊区，贫穷人口的数字仅仅只有 13%，郊区的贫穷人口增长不大，但是，城市贫穷人口的数目则有了比较大的减少。

这并非一个社会良策，但是，促进穷困人口的分散化是一个好的经济政策。实际上，社会和经济政策为相同的目标服务。当把一个个穷困人口聚居区打散，那些穷困人口区的一些不健康的社会因素就会减少。儿童能够效仿好的榜样，而不是贩毒和黑帮。在那些不是完全由失业者组成的社区和属于主流经济增长的社区，成年人比较容易找到工作和为社区服务。

加利福尼亚大学经济学家曼纽尔·帕斯特（Manuel Pastor）发现，大部分的人不是通过广告而是通过社会网络找工作，他们知道谁可能帮助自己找到工作。如果他们住在城区，那么就可能仅仅认识那些与好的工作没有什么联系的穷人。相反地，如果他们住在一个比较富裕的地区，就有可能认识那些与主流经济有联系的人们。这并不是说学习阅读和工作培训等因素不重要。但是，一个充满机会和服务的氛围更能帮助人们努力改变他们的生活。

我们主张分散贫穷人口，并不主张 20 世纪 50—60 年代的那类摧毁其他民族的社区的城市更新政策。分散贫穷的目标旨在不摧毁其他民族社区的前提下重新协调街区。许多住在低收入街区的家庭希望留在那里，在改善那里的经济和社会生态时，保持那里的历史文化和社会精神。必须将支持这些努力放在最优先的位置。区域公平分享住宅为整个区域内那些希望改变生活的人们增添了机会，使人们有可能在不同的地方开始新的生活。这个项目不是去铲除一个社区或者强迫那些不愿搬家的人们搬走。

创造更为平等的住宅要求包括区域里所有的社区都对此达成共识，要求有一个强有力的承诺，在整个区域的不同部分提供不同形式的住宅机会。这就意味着，要在大都市区域内建立一种具有多样性的住宅制度，各个行政区都提供公平分享的经济住宅。

达成共识可能是政治上最困难的区域目标了。决定建设什么类型住宅的权力可能是大部分地方社区最珍视的特权之一。郊区使用这种权力来排除其他类型的住宅是常有的事情。在大多数情况下，州政府和立法机构在政治上的承诺可能会影响区域的公平分享住宅，因为州政府和立法机构可能比地方官员更能够认识到区域协调和住宅与工作间相联系的重要性。

在美国，也许新泽西州的住宅体制是分散贫穷的区域住宅政策的最好一例。过去 25 年，新泽西州逐步形成了一套这样的住宅体制。在 20 世纪 70 年代，"全国有色人种协进会"在劳雷尔市的对面买下了一个办公室，形成了包括劳雷尔山市在内的新泽西州各郊区市的一个联盟，通过推行分区规划，致力于反对对低收入居民的非法歧视活动。20 世纪 70—80 年代，新泽西州高等法院签署了链条法令，迫使地方居民改变他们的住宅和分区规划政策，最后，州里通过了一项法律，在全州范围内建立了经济住房体制。在这个体制下，新泽西州的每个市在他们的住房开发项目中必须提供一定数量的经济住房，这个分区规划叫作包含分区。地方规划必须得到州经济住房委员会的批准，并且受州经济住房委员会的监督。

新泽西的体制并不是完美的，例如，郊区的城镇可以通过以每个单元20 000美元的价格付给州政府，以减少应建经济住房的总数，推卸责任。有时，这个数目高达50%。实际上，这种安排意味着那些富裕的郊区通过交纳一定数目的费用，提供给地处中心城区那些城市，如约瓦克和卡姆登。这种体制至少创造了郊区对城区负有某种责任的计算机制。但是，它也损坏了分散贫穷的总目标。直到目前为止，新泽西州仍在努力通过住宅政策推进区域的经济平等，在这个方面，新泽西州比其他州要做得更为有力。

马里兰州的蒙哥马利县是华盛顿特区的一个富裕的郊区。30年来，那里一直推行着类似新泽西州的战略。20世纪70年代早期，蒙哥马利县要求所有的开发商以他们开发建设的住宅数量为基数，建设15%的经济住房。作为一种回报，允许开发商增加20%的建筑密度。出于政治压力，蒙哥马利县的这项政策自那时起一直都受到阻碍，但是，这项政策的效果还是明显的。

1997年，蒙哥马利县人均年收入68 000美元，平均购房价格为240 000美元。全县人口的73%为白人，13%为非洲裔美国人，但是，黑人是蒙哥马利县所在区域的人口主体。

当然，对于购买经济住宅的人们来讲，这类统计数字是完全不同的。经济住宅单元的平均价格仅为90 000美元，仅仅是全县平均住宅价格的1/3。那些购买经济住宅单元的家庭平均年收入大约是29 000美元，这是两个低收入工人在最低工资标准条件下所能创造的收入。当然，更明显的

是，经济住宅购买者的种族构成。在经济住宅购买者中只有 1/4 是白人，
1/3 是亚裔美国人，1/4 是黑人，14% 是拉丁裔美国人，所有这些数字都
比全县的平均数字要高。

蒙哥马利县是美国最富裕的县之一。它的经济住宅政策已经帮助低收
入的服务工人在郊区购买住宅。住在那里的人们比全县其他地方的人得到
了更为多样性的环境。

维持蒙哥马利县项目的平衡并不是很容易的一件事情。许多经济单元
楼，包括混合在上层中产阶级住宅区中的那些经济单元，都是由县公共住
宅部所拥有。公共住宅经理们花了大量的时间去处理这些混合收入的街区，
帮助低收入的居民（甚至于帮助锄草、浇花园）参加业主协会的会议，这
些努力常常是为了解决"问题"而产生的。事实上，没有什么东西是正面
的。打破贫穷的集中这一状况，住宅专家们、居民们正在与中上阶层的居
民一起努力维护收入混合的街区。

虽然总有一些政治上的困难,建立区域住宅协调的比较简单的方式是,
改变市区和郊区的土地使用政策。分区规划常常很具体，但有时也有疏漏，
分区规划通常妨碍了住宅多样性和经济型住宅的建设。通过简单改变分区
规划的一些规定，可能产生建造经济住宅的机会：

·混合使用开发：许多市区里的街区和旧的郊区都是按这样一种设计
方式设计的，即所有的大街街面都用于零售或者是其他的商业开发。但是，
现在许多这类商业街已经衰落了。因为居住区是按分区规划建设的，所以，
许多市区街区，特别是一些旧郊区的街区，几乎没有经济住宅楼或者其他
类型的经济住宅。因此，如果允许建筑的混合使用，楼上居住、楼下零售，
就是一个很自然的经济住宅形式。同时，它创造了一种可以步行的环境。
事实上，它也改变了汽车支配大街的传统，创造了更多经济的住宅。

·独门独院内的租赁经济房：在独门独院内增开供租赁的经济住宅，

是增加租赁住宅供应量和经济住宅的一种方式，它不改变街区的基本特征。这种比较小的供出租用的住宅适合于老人、学生和那些单身者。这样，主要住宅也变得更为经济了，因为租金帮助业主偿还了一部分住宅贷款。

·生活－工作空间和独门独院小宅基地住宅：生活－工作空间和独门独院小宅基地住宅创造了丰富的住宅多样性。但是，地方分区规划常常对此加以限制，不予批准。事实上，传统的分区规划鼓励的是：把所有的土地使用分开，包括住宅和工作空间的分开，同时鼓励大的住宅基地。重新制定分区规划，使土地可以混合使用，密度可以变化，这样，不花钱就可以解决经济住宅的供应。

事实上，为了提供更多经济住宅，我们需要各种各样的住宅形式，而各种各样的住宅形式也使我们的街区有了多样性。经济住宅能够帮助我们创造可以步行的街区，增加公共交通的使用，创造紧凑的社区以保存更多的开放空间。

一旦分散贫穷的区域政策出台，它就能够推行新住宅开发方式，同时也可以更有效地使用现存的住宅，以容纳那些获得房租券的穷人。

芝加哥提供了使用住宅政策以分散贫穷的最好例子。大约 25 年以前的一个著名法律案例 "Hills V.Gautreaux"，使上千个的生活在公共住宅中芝加哥的贫穷家庭得到了租房补贴券，他们拿着房租券，以每年 300~500 家的速度，搬到别处去住。管理房租券的"都市开放社区领导协会"，在整个区域内来建造住房，帮助那些得到房租补贴券的穷人搬进私人住宅。

并不是所有的人都选择离开这座市区，他们甚至于不愿意离开自己的街区。仅仅有一半的人搬到了中产阶级的郊区去居住。西北大学的研究者们得出这样的结论：尽管房租券项目与工作培训无关，但是，当低收入的妇女搬到郊区之后，她们的就业和收入明显改善。新开发的郊区有更多的就业机会。那些家庭的儿童不太可能再辍学了。许多人说，住在中产阶级街区，使他们有了希望，得到工作，改善生活。90%的郊区青年有工作或者去上学，而在芝加哥市区，仅仅有74%的青年有工作或者去上学。

正像研究人员指出的那样，帮助穷人搬到郊区去是一个最好的方法。"它对于城市和郊区居民都是一次很好的机会，通过这类项目，低收入家庭的儿童进入了好的学校，穷人找到了比较好的劳动市场。"同时，通过住宅的多样性，创造一个健康和平等的区域。

在街区层次上实施住宅多样性的区域政策，常常受到来自左翼和右翼的批判。许多人认为，同一个民族的人应该尽可能地居住在一起，以保持他们的文化传统，形成他们政治权利的基础。同时，他们又认为，贫穷的分散化将使城市街区对"城市犯罪"更具有吸引力，这样导致穷人向郊区的搬迁，以致城市经济住宅需求总量衰退。

的确，低收入民族向整个区域的分散，有可能使他们失去了内部的社会联系，削弱了他们的民族特征和历史。但是，正如我们在芝加哥所看到的那样，并非每一个人都有机会搬到不同的街区去，事实上，有一些人并没有选择搬迁。如果民族的和社会的联系真的如此强大的话，包括中产阶级居民在内的许多人都将选择居住在他们民族的街区里。这是一个事实。公平分享住宅项目并不是希望削弱市区里的民族街区，而是希望在市区和郊区创造一种混合的街区。

城市中心的犯罪的确会使一些穷人搬出市区街区，这种批判恰恰提醒我们，需要在区域内制定更协调的住宅政策，需要真正对经济住宅的建设做出承诺。十多年以来，除了赤贫的街之外，我们完全限制了穷人获得经济住宅。我们不应当取消这个目标，它对郊区和市区都是有益处的。只要在市区和郊区分散建设适当的经济住宅，而且保持这些住宅之间在分布上的平衡，那么，市区的中产阶级化问题可能不是一个极端问题。显而易见，如果简单地把中产阶级搬到城里来，又不保护那些愿意留在城市中的低收入家庭的利益，区域的住宅战略是不会成功的。事实上，几十年以来，低收入居民拿着他们捉襟见肘的资产几乎不可能搬到郊区去，现在，给他们提供适当的选择也是返还他们那份长期拖欠的权利。

住宅与城市建设部的"一体化规划"项目，以及"6号希望工程"和"奔向机会"等项目，都是分散贫穷、提供经济住宅和通过增加就业机会以减少城市病的例子。在过去10年里，这些项目的成功说明，在更大的区域范围内推行这些战略是有可能和有希望的。

虽然分散贫穷和公平分享住宅似乎各有独立的目标，事实上，它们是交织在一起的，从根本上讲，它们有着共同的区域目标。甚至于某些企业家，例如硅谷那些老板们也已经开始支持高密度住宅、公共交通导向的住宅、增加住宅补贴。他们认识到，住宅的选择、街区的宜居性和经济的增长都是联系在一起的。他们承认，没有适当的住宅和基本的生活质量，他们就会在保持一个比较经济的劳动力队伍上遇到麻烦，最终使企业不可能扩张。所以，交通、经济发展、环境保护、区域形式都与住宅政策联系在一起。区域城市是一种都市星系，在那里，每一颗星星都要明亮耀眼，否则就会湮灭在那个星系中。

城市学校和区域教育协调

如果一个区域城市打算在街区层次上为人们提供真正的多样性，以及一组供人们选择的居住地，那么，区域城市就必须找到一种提供城市教育的方式。没有一个好的城市学校，那么，只有富裕的人们希望住在城里，因为他们可以购买私人教育，中产阶级的家庭将在郊区找到比较好的学校，而穷人别无选择。事实上，几十年来都是如此。城市学校的问题仍在继续，它是阻碍区域城市健康发展的一大障碍。

怎样恢复城市学校的问题是最困难的和最有争议的公共政策问题。许多教育专家和社会政策专家常常以孤立的而不是从区域城市的角度来看待这个问题。几十年的试验证明，仅仅提供校车是不妥当的，因为它使中产阶级的家庭搬到了郊区，仅仅把穷人与穷人拴在一起。现在，近郊区的人们看到了贫穷和移民家庭的风潮，看到了中产阶级愈搬愈远，因此，他们切身感受到了教育的日益衰退，正如很久以前发生在中心城区的情形一样。

城市教育问题包括两个方面：首先，贫穷家庭怎么才能够得到与中产阶级家庭与富裕家庭相同的选择（搬到郊区居住与购买私人学校）；其次，怎样增加中产阶级对教育体制的信任来稳定市区和近郊区街区。

正如我们在前一小节讨论的那样，区域的教育协调问题与区域的住宅协调问题是相关的。正如作家詹姆斯·特劳布(James Traub)在《纽约时报》中谈到的那样，学校并不是一个有力的社会机构。简单的理由是，孩子们受到的影响很大程度上是来自街区和他们的社区而不是来自学校。简单地把学校孤立出来，而不去正视因为贫穷集中而产生的街区问题，是不可能找到正确答案的。如果在郊区提供更多的住宅机会，那么，贫穷的孩子就不再集中在市区学校里。当然，必须改善市区学校，以便给希望留在城市的穷人以选择，或者吸引中产阶级的家庭返回到市区街区。

区域的教育协调政策与区域的住宅协调政策都有可能改善城市教育，而它们都会强化区域城市。首先是那些公立学校，家长们对学校的教育方式和运行具有管理权，即使穷孩子在这样的公立学校上学，这类城市公立学校也能够取信于中产阶级。通过家长更多地参与到学校的管理中来，能够强化地理上的社区意识，而这常常是我们今天的教育所缺少的东西。其次，更有争议的但更具有意义的做法是，通过使用学校优惠券的方式，在地理位置上，有选择地强化城市街区和城市公立学校。家长得到一张优惠券，这张优惠券的价值大约是他们孩子教育的全部费用（通常4 000~8 000 美元），他们拿这笔钱到任何一所学校去付费，无论是公立的还是私立的，它不是一定要求家长把他们的孩子送到自己居住的那个地方的公立学校。直到今天为止，收入水平决定谁可以得到这种优惠券，或者根据整个城市的规模来决定谁可以得到这种优惠券。这类优惠券的目标是使市区内的街区人口构成具有多样性，吸引郊区中产阶级搬回到城里来，同时使那里现有的居民具有更多的选择。

传统自由派人士常常反对优惠券制度，他们认为，这种优惠券制度会降低公共教育的质量，而传统的保守派人士支持这种优惠券制度，他们认为，任何一个家长都能够使用优惠券为他们的孩子选择学校。从区域城市的角度看，优惠券制度使市区街区和市区学校具有潜在的战略优势，优惠券持有者可以在地理上选择市区街区和市区学校。

也许约翰·诺尔奎斯特（John Norquist）是美国城市学校优惠券制度的开创者，"家长所要求的是为他们的孩子选择一个好学校的机会，而不是仅仅为他们的孩子选择一个学校，富裕的家长正在选择一个他们希望居住的地方，即郊区。如果他们不希望搬到城外去，优惠券制度将给所有的家长一个相同的选择权"。

约翰·诺尔奎斯特是一个中心城市的市长，他仅仅能够在市政府层次上执行优惠券制度。如果能够用学校优惠券来促进闲置土地填充和更新改造，实现街区间的平等和多样性的目标，学校优惠券确实有可能推动区域发展战略。住在郊区的家长们有能力把他们的孩子送到现在他们的孩子所在的学校，因此，他们不需要优惠券。但是，那些生活在市区和近郊区里的富人或穷人，如果他们住在那些需要社会和经济多样性的街区，他们应该得到这种优惠券。只要优惠券制度以区域协调为目标，它便有可能改善公立学校的水平，让公立学校处在竞争的环境当中。同时，这个制度也将支持低收入家庭，通过优惠券制度帮助他们的孩子完成教育。

许多人担心，执行优惠券制度可能会减少公立学校的预算，使最好的学生离开公立学校，因此最终损害公立学校本身。当然，在优惠券发放区内的公立学校必须改善它们的办学条件，与其他的内城学校在经济和争夺学生方面竞争。但是，公立学校所拥有的设施实际上已经让它们占据了优势，其他学校要追赶上来也需要费一番周折。同时，不能允许其他学校只选择最好的学生，而把最困难的学生留给公立学校。在一项对密尔沃基市执行优惠券制的分析中，研究人员发现，公立学校能够应对挑战，改善它们的教育水平。

对于许多人来讲，学校优惠券与给富人和中产阶级的税收优惠没有两样，不过是为了在学校教育方面实现经济和种族融合目标的一个让步。但是，不平等已经是现实。中产阶级和富裕的家庭总是使用他们的经济权力去为他们的孩子获得比较好的郊区学校教育。学校优惠券制度的地理目标就是协调整个区域的教育场所。

尽管几十年来人们听到的都是郊区如何有利于孩子，这样一个项目可以帮助家长认识到，城市和老郊区对孩子和家庭也具有很大的价值。除非街区支持学校，否则学校不可能完成他们的工作。许多年以来，大部分人都认为富裕的郊区街区能够对学校提供适当的支持，然而，除了那些贫穷聚集的街区，那些宜居和具有多样性的城市街区也可以给教育提供很大的帮助，而且比郊区还要做得更好。约翰·诺尔奎斯特写道："选择学校将会使大城市成为家长想要居住的地方，只有在一个大都市区的中心才能给人们提供全面的教育选择。城市是金融、工业、艺术和文化的中心，城市也是高质量教育的中心，从幼儿园到 12 年级。"

区域的税收和社会平等

协调住宅和教育的区域战略是重要的，但是，仅仅通过住宅和教育相协调还不足以克服半个世纪以来由蔓延所产生的所有不平等。地方税收和财政体制也需要在区域层次上有一个统一的框架，这个统一的框架将使得地方政府能够一起工作，解决区域经济和社会问题，而不是鼓励地方政府为争取纳税户而展开各种破坏性竞争。

为了追求一个不协调的城市土地使用政策，大部分州的现行地方政府税收体制给每个行政区以优惠。只要市、县、镇和村庄能够吸引商业或者零售发展，它们在这个市场上就是赢家，因为零售业和商业能够交纳更多的税收，而不需要政府提供太多的公共服务。如果他们允许大量开发住宅，就会在税收上成为输家，因为住宅提供的税收与零售业和商业提供的税收相同，而且他们还要承担较高的公共服务费用。在加利福尼亚、科罗拉多和华盛顿州，这类问题特别明显。那里征收的房地产税有限，这就迫使地方去追求比较大的营业税，如零售店，而忽视了经济住宅。其他一些州也存在这种问题，商业或者零售发展能够产生大量的税收，所以，地方政府能够从中获得效益。

这种税收制度是建立在这样一个假定上，即每个行政区都是自我运行的，那里的住宅、商店、办公室、工厂和其他的土地使用都被合理地协调在一起。这是一个理想状态，在这个理想状态下，每个行政区都能够获得支撑他们社区运行的税收。

但是，在一个典型区域里，现实并非如此。住房、购物和劳动力市场都是在一个比较大的尺度上运行的，通常在10~30英里（约16~48千米）半径范围内。这个规模已经超出了行政区边界。这样在提供公共服务的不同地方政府之间，产生税收的活动很少与税收在地理上分布有关。

这种不协调迫使地方行政区使用土地去增加税收，特别是向零售商和办公区提供土地。不过，不同于其他的市场优惠政策，这种竞争不会产生好结果。赢家通常是能够开发巨大市场的富裕的郊区、那些考虑公共补贴的旧的城市，以及希望留住商业的郊区。

其实，那些赢家也常常是输家。为了吸引零售商和工商企业而给它们以补贴的社区常常最终还是蒙受财政损失，至少在财政收入方面收益不大。实际上，许多行政区给了大卖场零售商好处，而当地居民的日常生活并不依赖大卖场所提供的商业服务。但是，那些地方政府担心如果不这样做，下一个镇就会出现。换句话说，税收分配制度鼓励地方政府去从其他的地方抢夺机会。但是，这常常是抢夺它们自己的机会，它们获得的只是一个暂时的胜利。

这种把工商业和零售业放在地方税收中心的做法，既损害了社区，同时也损害了作为整体的区域。这些郊区政府认为住宅建设不利于财政收入，不应该得到鼓励，甚至于应该在规划上把住宅抹去。这里不仅仅是针对经济住宅，对中产阶级的住宅也是一样，因为中产阶级的住宅并没有偿付提供给他们的社会服务。许多社区在分区规划上划出大量的商业和工业用地，工商业只允许建设高档住宅，甚至于把一些重要的地块保留起来，不让它们进入市场，以希望得到零售商或商业开发的机会。

为了竞争税收而不是分享税收，那些行政区通常规划出大量商业和工业用地，这并非所希望的结果。那些行政区相信，他们必须保留大量的可利用的土地，以便用于那些能够产生更高税收的开发项目。当然，市场或者合理的区域规划不支持这种做法，因为这些土地离开了市场，导致了"储备"开发，这就使它们失去了提供所需要的住宅开发的机会。在许多情况下，这些土地都被保存下来等待商业开发。事实上，如果这些地方用作住宅、工作和服务的混合开发会更好些。

　　加利福尼亚的弗里蒙特市就是这种"财政分区规划"（把社区设计为获得最好税收而不是创造协调的区域）的最好例子，那里有 900 英亩（约 364 公顷）没有开发的土地，本可以用于包括住宅、就业中心在内的混合使用开发。但是，弗里蒙特市把这个地方规划为办公区和工业区，不允许做多样性的开发。事实上，因为没有市场需求，那个地方需要大约 20 年的时间才可能建成一个完整的商业区。因为税收与区域是分开的，所以，这个城市的分区规划不利于发展。

　　当行政区追求工作机会和零售而不希望开发住宅时，工作机会、住宅和税收之间的平衡就完全被打乱了。许多工人必须忍受长途奔波去上班，这种情况不仅对工人本身，对老板和环境都是一种损害。市区、近郊区常常是最大的输家，它们变成了经济滑坡的牺牲者，因为所有能产生就业岗位的商业、较高收入的居民和零售业都逃出了那些老地方，给那里的市政府留下非常少的税收，同时也留下了一个庞大的社会服务需求。当那些行政区提高税收以填补这个收支空白时，更多的工商业离开了那里。要保留或者吸引工商业的唯一办法就是提供更多的公共补贴，但是这将引起更大的财政损失。

　　要想打破这种怪圈，只能依靠重建税收制度，以便在区域内或者子区域内让税收得到公平的分布。最简单的方式就是，把地方营业税和房地产税放到区域的银库中一起计算，然后，重新在区域内以人口和需要为基础来进行分配。这种税收分享制度能够纠正社会需要和税收之间的不协调，消除以蔓延而产生的税收好处，结束不必要的竞争，这种税收分享制度是结束"财政分区规划"的唯一方式。

　　明尼阿波利斯－圣保罗区域在区域税收分享制度方面进行了很好的试验。几乎 30 年以来，那里的地方政府都把它们的房地产税放到区域的银库中加以重新分配。现在，这个区域每年都能够分享将近 50 亿美元的房地产税。当然，通过重新分配税收以减少区域的不平等还有很长的路要走。如果不去分享税收，最富和最穷社区之间的税收比例将是 50 ∶ 1。如果有了税收分享的协议，这个税收的比例就可以减少到 20 ∶ 1。

通过分享税收，那些正在衰退的区域能够在它们影响整个区域之前就得到所需要的重建费用。这样一种制度也消除了那种与相邻社区在工作机会和零售开发上的竞争。这样，一个社区在经济上的成功就会变成整个区域的成功，而不会让另一个社区落伍。

奇怪的是，地方政府常常反对分享税收，即使是那些在竞争中败下阵来的地方政府。郊区行政区常常认为它们正在补贴市区。明尼阿波利斯－圣保罗的试验表明，很难预测究竟谁在补贴谁。20 世纪 70 年代，那里的郊区确实补贴过两个城区；到了 20 世纪 80 年代，两个中心城区反过来补贴那些郊区，这也是事实；到了 20 世纪 90 年代，许多近郊区正在衰退，所以近郊区需要从整个区域得到帮助。

当区域实际上成为一个全球经济单元时，如果一个区域的社区正在为土地使用和税收而战，显而易见，这样的区域城市不可能在世界市场上具有竞争性。正如"在区域里生活"一章中所讲的，如果那里的条件不是很优惠的话，全球性的企业能够在一个区域内选择任何一个社区作为它的立脚点。如果一个区域因为竞争、蔓延和不平等而变得越来越不具有竞争性的话，短期的税收优势不会让一个社区获得长期的收益。

结论

正如我们已经提到的那样，蔓延和不平等是相关联的。如果区域城市同时关注这两个问题，那么，区域城市会步入健康和富裕的行列。区域边界、合理的土地使用和交通政策等机制能为可生活的社区、有效的基础设施、生态保护提供一个形体设计的结构。一系列的区域政策，如区域分摊税基的制度、公平分享住宅、教育改革，都提供了必要的社会结构，以便在区域框架内协调社会平等和经济富裕。

这些政策常常受到来自工商业、政治领导者和人们的抵触，这是可以理解的。但是，这种抵触是短视的。从长远的角度来看，对于每一个希望成功的地方，必须认识到区域城市是紧凑的、健康的和公平的。尽管存在各种各样的政治障碍，美国许多区域已经开始重新按照我们这里描绘的区域城市方式进行调整。

第五章
联邦政府在区域发展中的角色

在构造区域城市中，联邦政府的角色有时很模糊，不过，联邦政府对区域城市的影响的确意义重大。20世纪30年代以来，联邦政府的政策和投资为建设现在这个蔓延的大都市提供了基础。现在，除非重新制定联邦政府的政策、把联邦政府的投资转向"区域城市"，否则蔓延城市的发展模式不会得到改变。

从传统上讲，华盛顿在制定土地使用政策上总是采取回避态度的。在美国，制定土地政策仍然是州政府的权力，特别是地方政府的权力。我们并不主张联邦政府把它的触角直接伸到地方土地使用政策上去，但是，如果没有认识到联邦政府在社区建设——交通、环境质量、住宅等方面所扮演的重要角色，则是很不明智的。所以，片面的土地使用和发展政策导致了蔓延和不平等，在这种情况下，联邦政府通常是要付出更大的投资，如更大的交通投资、更多的清理环境的投资、更多的住宅基金，以帮助那些没有从整个区域的发展中得到好处的贫穷社区。

从这些不容置疑的事实出发，联邦政府应当认真考虑它的投资方向是否正确，它的投资是否可以在这个区域中得到"回报"。更简单地讲，如同任何一个工商企业的运行一样，那些使用联邦政府的钱去创造一个有效的区域城市的区域，应当得到奖励，而把钱用到蔓延上的那些区域应当受到惩罚。

如果使用联邦政府的权力去推行区域城市的理论，那就需要有一个包括各式各样的联邦机构和联邦项目在内的综合协调机制，在"智慧型增长"项目中已经有了这种机制，包括联邦环境保护局、联邦住宅和城市建设部。

当然，这种努力，特别是在以下 4 个方面的努力，还需要时间：

·在交通运输领域，联邦政府必须继续放弃对公路项目的倾斜，改革交通运输系统的分析方式，把公交线建设同公交导向的发展项目结合起来。

·在环境政策方面，必须把实际帮助一个区域建立开放空间系统同保护空气质量、野生动植物、开放空间的法规和联邦投资项目结合起来。

·在为私人住宅项目提供信贷时，联邦政府必须放弃过去提出的一般住宅形式，而转向鼓励建造多户共同使用的联排式住宅、城市更新改造、混合使用开发等革新项目上。

·为了振兴社区，联邦政府必须把注意力放到保护和提高城市社区的多样性、可步行性和我们的街区历史 3 个方面，而不是推行大规模的"砖瓦灰砂石"式的城市更新方式。

交通投资

交通投资是一个联邦政府鼓励大都市区向区域城市过渡的"胡萝卜"。联邦政府每年为地方和区域的交通建设和维护所支出的资金大约为 500 亿美元。这是大部分地区所能得到的最大资源。为了支持区域城市，这些资源必须用来建设和维护一个紧凑的区域、可以步行的街区、运行良好的公交系统。这不仅要改变联邦政府的交通政策（其实，联邦政府的交通政策已经在许多方面有了改变），而且也要在整个美国改变各州政府和地方交通部门执行政策的方式。

过去 40 年，联邦政府交通政策已经发生了很大的变化。20 世纪50—60 年代，交通政策的导向是建立交通"能力"。整个注意力是放在建立一个交通系统，特别是高速公路系统，以便承载更多的车辆运行。

从20世纪70年代开始，联邦政府便开始投入大量资金建立公交系统，这个时候的注意力是放在了"可移动性"上。美国的交通问题不能仅仅靠建立更大的高速公路"能力"来解决，如果仅仅依靠提高小轿车在高速公路上的运行速度，也不可能让更多的人从一个地方搬迁到另一个地方。

1991年的《地面交通换乘效率法》（ISTEA）第一版显示，联邦政府交通政策的核心已经开始转为"可达性"。"可达性"的目标不是让汽车或者人做长距离的旅行，而是保证人们能够容易和便捷地接近他们需要的商品和服务，或者他们要去的地方，换句话说，就是把人们需要的商品和服务放到离他们最近的地方。

"可达性"与整个区域城市概念体系联系在一起。作为一个政策目标，《21世纪交通公平法案》中有了"可达性"的概念，并在1998年的《地面交通换乘效率法》（ISTEA）新版中保留下来。当然，很不幸的是，尽管联邦政府的政策取向是"可达性"，但是在这些政策的实际执行过程中，人们仍然把20世纪五六十年代的交通能力建设作为核心，特别是州公路局的官员们。他们至今把建立更多的高速公路和道路看成是解决交通拥堵问题的办法。

这种过时的认识没有真正看到蔓延和不公平这样一些事实。他们也没有把改善环境的问题（例如空气污染和能量消费）与大规模的汽车使用结合起来。如果把交通能力的建设看作唯一的方向，那么，我们所面临的问题只会更严重。在大部分的都市区，通过简单建设更多的高速路或快速车道几乎是不能长期解决交通拥堵问题，因为新的车道很快就被堵塞了。同时，维持和增加对汽车依赖性的交通能力模式也没有考虑因汽车过多而产生的环境问题。

目前，联邦政府的交通政策正在转向，因此，必须改变执行这些政策的方式。若干个战略能够帮助我们改变执行政策的方式。首先，对于那些把渐进的土地管理政策与建立区域城市结合起来的区域和州，应该给予奖励，如俄勒冈和华盛顿州（参见第三部分"区域规划的兴起"有关波特兰和西雅图的案例）；对于那些鼓励在整个都市区内协调工作机会、住宅和鼓励公交导向开发的州，应当首先得到公路和公交系统建设投资。当然，在大多数的情况下，那些工作做得不好的州反而得到了奖励：蔓延和交通拥堵的那些州，得到了更多的道路投资，于是形成了一个恶性循环。

应对联邦政府优先政策的简单方式是，使用每人每年在区域内旅行的公里数（VMT）作为衡量标准。减少每人每年在区域内旅行公里数的应该得到奖励，反之则应当受到惩罚。这种方式允许区域城市在没有详细的区域执行战略的条件下就可以实现目标。这种衡量方式的价值是明显的。自从波特兰和西雅图开始实现向区域城市的转化以来，那里每人每年在区域内旅行的公里数明显减少。而那些还在蔓延的州，如亚特兰大，对私家车的依赖不成比例的增加。

最后，对交通方式的选择进行分析时，必须同时对土地使用的可能影响进行分析，这也许是最重要的。最明显的例子是，我们需要全面考察大型投资研究的方法，这类研究通常都为联邦政府对都市区域交通投资提供背景分析。

事实上，在《综合运输能力法案》和《21世纪交通公平法案》等法案的指导下，都市区域在决定怎样使用联邦政府投资上已经有了很大的弹性。例如，决定怎样使用联邦政府的交通投资的都市规划部，能够决定如何划分联邦政府的交通投资，比方说决定把公路建设费用放到公共交通项目的建设上。但是，在决定建设特殊的交通走廊时，联邦政府仍然要求其对所做变更提交公正评估报告以及费用和效益分析报告。公正评估即是大型投资研究（MIS）。

MIS是一件好事，因为对于交通体系的研究它能够支持合理的区域规划，但是，与《综合运输能力法案》和《21世纪交通公平法案》等法案指导下的其他方法一样，MIS 通常只反映了以公路建设为目标的意见和因循守旧的工程师的意见。使用 MIS 分析公交系统时，他们的选择是增加高速公路的能力，而很少考虑调整土地使用。因为那里是传统的郊区，拥有低密度住宅和不相关的土地使用方式，所以，在大多数情况下，土地使用都被假定为不能变更的因素。

大型投资研究通常是由工程师来指导的，他们乐于讨论硬件的解决方式而不愿讨论土地使用政策。交通官员和交通工程咨询人员对于讨论公共政策也是很勉强的，他们认为土地政策的政治性很强，不易通过沿路各地方政府来解决。传统上讲，沿路各地方立法机构有权决定土地政策。所以，他们在大型投资分析中的选项只能是画线或增加车行道等，而公交不可能作为选项，因为土地战略并不支持它。例如，最近的一个大型投资研究花费了 400 万美元，但是，用在土地研究上的仅仅花费了 10 万美元，而且这项研究根本没有讨论现存的分区规划。根据这些理由，大型投资研究通常服从这个法则：以更多的高速路支持更多的低密度郊区的开发。

在一些研究中，土地分析的结果是令人鼓舞的。例如，人们研究了旧金山以北的索诺马和马林县的 101 公路段，这项研究发现，仅仅改变那里 5% 的土地的使用，便可以使一个待建的轻轨交通线增加两倍的载客量。土地使用功能上的微小变更就可以大大减少增加公路通行能力的需要。增加公路通行能力一是昂贵，二是破坏了环境（第四部分将详细讨论索诺马和马林县案例）。

大型投资研究仅仅是一个例子，联邦政府交通规划和投资能够有助于把一个都市区转化为真正的区域城市。《综合运输能力法案》和《21 世纪交通公平法案》等法案没有提出分析土地使用的要求，但是，它们是支持土地使用分析的。交通分析不只是一项工程研究，要想获得成功，还要对社区的未来发展做出选择。

环境政策和开放空间投资

如果说交通是联邦政府改变区域增长模式的"胡萝卜",那么环境政策就是一种胶粘剂。正像交通投资影响决定大都市地区的城市形式和交通模式那样,环境法规将塑造形成都市增长边界的开放空间模式。

与许多联邦政府影响都市增长模式的项目相比,联邦政府环境政策的权力要大得多。《清洁空气法》可能是涉及面最广的环境法。因为《清洁空气法》控制着都市区的空气质量,所以,它的要求会对交通投资的增长与开发模式产生重大影响。《濒危物种法》是最严格的联邦环境法,它要求毫无例外地和没有时限地严格保护野生动植物。通过建立联邦政府对湿地和水域附近地区的开发规则,《清洁水法》也会直接影响土地使用模式。通过每年购买有价值的开放空间,各种联邦政府机构有意无意地在许多地方创造了都市增长边界。

这类政策能够有助于形成每一个都市区的绿带——自然系统和被保护的土地,它们形成了城市增长的自然的和地形上的边界。到目前为止,这些联邦政府环境机构很少把自己的工作看作是一件影响城市增长边界的事情,他们只是履行政府机构的相关职责、保护环境。联邦政府在考虑环境问题时很少考虑到这些土地使用模式对区域形式的影响,结果导致了土地使用模式的混合。

这种倾向也许有一个例外,在执行《清洁空气法》的过程中,它越来越成为处理大都市区增长和发展模式的工具。像许多其他联邦法律一样,《清洁空气法》并不直接处理土地使用的问题,但是,它对增长模式的间接影响是巨大的,特别是当它与联邦政府的交通政策同时发挥作用时。

《清洁空气法》确定了全美国都市区的空气质量标准,并为那些非都市区域实现它所确定的空气质量标准建立了时间表。虽然不同的污染源都在产生空气污染，但是，大多数的都市区的空气污染主要是臭氧烟尘，而这些臭氧烟尘是由汽车和卡车的尾气所产生的。在许多州，特别是加利福尼亚和东北部的那些州，空气污染法规的核心在于改善排气管的技术。

尽管排气标准已经有了巨大的改善（有时减少了99%），但是仅仅依靠技术是不能根本解决空气污染问题的。原因很简单：在一个典型的都市区，旅行量（汽车旅行的公里数）正在快速地增加，而这个增量大大超出了人们所能减少的尾气排放量。所以，环境保护局越来越认识到，除非区域增长模式发生变化，否则空气质量是不可能达到标准的。

因为联邦政府的交通政策与《综合运输能力法案》中提出的空气质量要求相关，所以环境政策和交通政策的联系变得越来越重要。在《综合运输能力法案》（和现在的《21世纪交通公平法案》）指导下，每一个都市区必须按照《清洁空气法》要求制定区域空气质量规划，然后，按照区域空气质量规划去使用联邦政府交通基金。简单地讲，如果这个区域有空气污染，它就不能再使用联邦政府的交通基金去修建道路和公路。如果它不能满足空气污染法的规定，那么联邦政府可能做出选择，不给这个区域发放交通基金。

这就是为什么佐治亚州在1998年通过了一项影响广泛的法令，使州有更大的权力去决定交通和土地使用。无论从什么规模上讲，亚特兰大都市蔓延都是最糟糕的。在亚特兰大，平均上下班的里程是35英里（约56千米）。这个数目是美国平均数目的两倍，从联邦政府的角度看，亚特兰大有最严重的空气污染问题，而那些蔓延目前还不受《清洁空气法》的约束。20世纪90年代末期是达到《清洁空气法》标准的最后期限，但是，亚特兰大几乎没有机会去满足标准的要求。就这样到了2005年，亚特兰大可能面临失去超过10亿美元的联邦交通基金。

因此，这个州成立了佐治亚区域交通局（GRTA）。于是，在控制亚特兰大都市区主要交通和土地使用方面，州长有了更大的权力。同时，佐治亚区域交通局有权把高速公路的费用与公共交通费用分开，可以否决公路局提出的修建新的高速公路的计划，也可以否决那些计划把购物中心建在绿色地带或城市边缘上的地方政府的决定。因为佐治亚州的这项法令是个新事物，我们现在还很难讲它是否能够成功地把亚特兰大变成一个区域城市。当然，《清洁空气法》毫无疑问地对这个州建立相关法律有着重要的影响。

如《清洁空气法》一样，《濒危物种法》和《清洁水法》也不直接控制地方土地使用，但是，它们对土地和水的政策会影响大都市的增长。就像联邦土地管理局（BLM）所承担的责任一样，森林管理局（USDA）和其他那些拥有土地的机构也能对土地实行管理。当然，从传统上讲，这些联邦机构在执行这些法律的时候，仅仅是在比较窄的视角上来执行法律，他们很少考虑整个都市的增长方式。

例如，在许多西部城市，像拉斯维加斯，联邦土地管理机构通常拥有城市边缘的土地，他们把那些土地卖掉，再到农村购买更具有生态价值的土地。这样，事实上他们鼓励了大都市的蔓延。相似地，联邦政府环境机构限制或者禁止在许多大都市区自然敏感区开展城市开发活动，甚至于当这些建设可能对区域的形成具有意义时也不例外。这些限制通常也出现在美国鱼类和野生生物栖息地管理机构颁发的限令中，出现在美国工程兵保护的湿地的限制中。所以，若干个联邦机构都在保护自然环境，但是，结果则不尽人意，这些限制往往因城市之间的分隔和缺少联系而产生诸多问题。

过去的几十年里，在以整体方式来管理区域环境和保护规划方面，若干联邦机构已经有了进步，他们认识到必须保护整个生态系统，而不仅仅是某些敏感的土地，或者由一个个开发项目所影响到的区域。保护整个生态系统的倾向是可喜的，但是，联邦环境官员们还是没有看到，他们所剪裁的那些被保护的开放空间，正在改变着城市的区域和自然的区域，他们正在做着景观建筑师所做的事情。所以，仅仅追求保护某一块土地，而不提出保护它的原因是没有意义的，蔓延、低人口密度开发、私家车导向的交通模式，都对生态环境敏感区构成基本威胁。

联邦环境官员常常发现他们的行动跟不上增长和开发的速度，他们不能够切实地控制环境恶化的问题。出台区域导向的空气质量标准、在《清洁空气法》和《21世纪交通公平法案》之间建立联系，都给联邦政府提供了机会，使用环境政策在全国范围内实现区域规划的目标。但是，必须考虑到一个个独立的环境保护政策对都市增长产生的影响，例如，不考虑整个蔓延的增加、交通拥堵、空气污染等所产生的效果，仅仅保护一小块湿地或者某块动植物栖息地是没有意义的。联邦环境政策必须有意识地帮助设计区域城市，把设计区域城市看成一项生态保护的工作。联邦环境政策必须把许许多多与政策相关的单一项目协调起来，还必须和地方的区域发展目标协调起来。

住宅资助

近70年来，联邦政府对美国大都市住房模式产生了很大的影响。从罗斯福新政开始，为了稳定住房市场、扩大家庭拥有住房，联邦政府实施了各种各样的财政、税收和贷款项目，对住房市场产生了重要影响，特别是在扩大家庭拥有住房方面，取得了极大的成功。现在，几乎2/3的美国家庭拥有自己的房子——这是世界上和历史上的最高比例。然而，对于希望拥有独门独院住宅的人们，采用相同的信贷政策，事实上，鼓励了大都市地区的蔓延，扩大了大都市地区之间的不平等，尤其对于那些传统的郊区社区而言。

就像我们在本书中反复讲到的那样，为了使区域和街区都能够繁荣起来，"区域城市"必须在每一个街区都有不同类型的住房供给。如同其他联邦政策那样，联邦政府的住房信贷政策应该有利于减少大都市的蔓延和不平等，而不是加剧那里的蔓延和不平等。这就意味着联邦政府应该更多地强调住房形式的多样性，包括在同一个街区为不同收入的家庭提供他们需要的住宅、强调街区的混合使用，这些有助于为街区带来多样性。

当然，联邦政府的传统角色恰恰与此相反。20 世纪 30 年代，联邦政府涉足住房拥有权问题，从那时开始，联邦政府一直都在鼓励创造独门独院的郊区住宅。那里的社区以私家车为交通导向，采用功能分区。随后的几十年，联邦住房部（FHA）和退役老兵委员会（VA）只为独门独院郊区住宅提供贷款。联邦国民抵押贷款协会即"房利美"，以及其他联邦政府授权的次贷公司，始终坚持传统的独门独院郊区住宅是"好"住宅，由这些住宅组成的街区是"好"街区。

联邦国民抵押贷款协会（Fannie Mae：Federal National Mortgage Association）和它的姐妹机构，通过建立次贷市场，在创造更多住房机会中发挥了重要作用。次贷市场通过从全国的多家金融机构购买贷款，来保证全国住宅资本的供给。但是，在联邦国民抵押贷款协会的记录上，我们可以看到，它的住房贷款对象主要是那些独门独院的郊区住宅，所以，它的次贷市场十分狭窄。最近几年，联邦国民抵押贷款协会已经创造了若干个新的项目，鼓励多户共用住宅。我们看到，联邦国民抵押贷款协会对多户共用住宅提供的贷款令人印象深刻。例如，1998 年，联邦国民抵押贷款协会为多户共用住宅的购买者提供贷款，向全国多家金融机构购买贷款达到将近 26 亿美元，其总价值达 120 亿美元。

然而，这些数据隐瞒了这样一个事实，联邦国民抵押贷款协会为多户共用住宅的购买者所提供的贷款仅占联邦国民抵押贷款协会运营市场中一个非常小的部分。1998 年，联邦国民抵押贷款协会为多个家庭共用住宅的购买者所提供的贷款为 26 亿美元，只占整个协会购买量的 1.4%，剩下的 1 860 亿美元仍然是提供给了购买独门独院郊区住宅的人们。1998 年，联邦国民抵押贷款协会为多个家庭共用住宅购买者提供贷款购买的房产总价值为 110 亿美金，勉强占这个机构提供贷款购买的房产总价值的 3%，而提供给购买独门独院郊区住宅部分的价值超过 4 000 亿美元。尽管联邦国民抵押贷款协会从 20 世纪 90 年代初期开始，就宣称它正在为多户共用住宅的购买者增加贷款，但令人惊讶的是，此项贷款占它发放的住房贷款总额的比例明显下降。1994 年，联邦国民抵押贷款协会贷给街区的贷款占总贷款额的 7.2%，远远高于现在的 1.4%。

此外，多户共用住宅的购买者的贷款数字与用于建设混合使用街区项目的贷款数字相比，差距更大。实际上，就建设多样的和充满活力的街区而言，混合使用项目与多户项目一样重要，都是建设区域城市所需要的。然而，几乎没有几个私人贷款机构会为混合使用项目提供贷款，因为它们只认定郊区时代建立起来的土地使用功能分区。联邦政府在鼓励私人信贷为这些项目提供财政支持方面几乎没有起到什么作用。

联邦政府能够而且应该通过扩大次贷市场为多户共用住宅的购买者提供贷款。通过创造一个新的次贷市场为混合使用街区的项目提供贷款，联邦政府能够在这个方面发挥重要作用。在大萧条时期，联邦政府为了稳定住房市场，扩大了为独门独院郊区住宅所提供的贷款。现在，联邦政府可以做同样的事情，即鼓励对混合收入多人口家庭项目和混合用途项目提供贷款，以便把大都市区转变成真正的区域城市。

由于几乎不存在为多户共用住宅和土地混合使用项目提供贷款的次贷市场，在经济萧条的情况下，一手放贷机构可能陷入困境，所以进入次贷市场的贷款一般都贷给了那些借贷数额大、信誉好、有现金在手的开发项目。但是，多户共用住宅和土地混合使用的项目被认为是"非标准"项目，因此，它们通常不能满足一手放贷机构的标准。

过去几十年里，美国住宅和城市建设部的确为建设廉价房提供了基金。虽然联邦政府对引导私人公司的资金是非常有力的，但是，这个基金受制于联邦政府拨款程序的摇摆不定。对于联邦政府而言，一个显而易见的解决办法是，建立一个类似联邦国民抵押贷款协会的独立机构，专门从金融机构购买贷款，然后建立一个保险基金，再卖给市场上的投资者。为了使这个保险基金具有吸引力，强调这个贷款可以得到联邦政府住宅行政当局的一定程度的担保，如同联邦国民抵押贷款协会已经提供给独门独院郊区住宅的贷款方式。

联邦政府在建设多户共用住宅和其他类型开发项目上采用了种种联邦信贷政策，我们很容易轻视那些政策的重要性。但是，"形式跟着钱转"是区域增长的一个公理。交通基金可能是城市增长的"胡萝卜"，环境法规可能是一个胶粘剂，而刺激街区多类型住宅开发的信贷政策能够从私人资本那里借到资金来推进区域城市的建设，否则，那些资金会流入郊区蔓延之中。

城市复苏项目

半个世纪以来，在联邦政府涉及大都市问题的项目中，城市政策受到的关注或批判最多。从1949年《住宅法》公布以来，联邦政府已经推行了一系列项目，希望缓解甚至消除旧城中心地区那些贫困人口日益增加的孤独感。然而并非所有的项目都能达到预期目标。事实上，有一些项目甚至成了一场灾难，譬如 20 世纪 50—60 年代的城市更新项目和公共住宅项目。

这些项目用高速公路来建立城市方格、用超级街区建设城市结构、用住宅项目带动街区建设、用零售中心作为主要街道、用高楼作为市政标志，导致了不成功的城市郊区化。因为联邦政府的郊区理论，忽视了整体的多样性、忽视了社区的意义、忽视了所有成功的街区所需要的对历史的尊重，这些项目直接加剧了城区贫困人口的孤立和集中。

这种经历已经使许多评论家得出这样的结论，联邦政府不要尝试去做城市复苏的工作，它应该把城市复苏的任务交给私人市场。当然，与我们在本章中讨论的其他政策一样，联邦政府在城市复苏进程中将扮演一个角色。城市衰退是一个重要的问题，它需要联邦政府的参与。甚至在 20 世纪 80 年代里根的保守政策下，联邦政府的城市政策也不能回避这个问题。

现在，美国住房和城市建设部每年有 200 亿美元的预算，所以联邦住宅和城市建设部成为美国城市街区最重要的投资者。城市和住宅部在公共住宅方面一年花费 30 亿美元，在社区发展项目中一年花费 50 亿美元。30 年以来，社区发展项目一直鼓励地方的积极性，并且得到了议会两党的共同支持。

正像其他的政策一样，问题不是联邦政府是否应该有一项城市复苏的政策，而是应该有一项什么样的政策，特别是这项政策如何去解决大都市蔓延和不公平这两个问题，鼓励大都市区域真正地变成区域城市。不同于把精力放到行政体制上，联邦政府的城市政策过去一直把它的注意力放在街区和社区上，特别是一个社区内的社会的、经济的和人力的资本上。20 世纪 90 年代克林顿行政当局的住宅和城市建设部接受了这个基本纲领。

由于克林顿时代时常发生的政治危机和经常变换的政策重点，城市复苏的新方式不一定总能得到总统和行政当局中其他人的相应重视。当然，无论未来谁当总统，这种方式毕竟还是为联邦城市政策提供了一个非常优秀的范本。

1994年也许是城市复苏的最好年代，当时住宅与城市建设部要求社区编制一份《收缩计划》，即一份执行住宅与城市建设部各种项目的社区规划。该社区规划综合了今天许多联邦政府市区振兴的战略，而且把联邦政府城市政策扩大到一个比较宽泛的和更具有凝聚力的框架内，使那些政策能够贯彻到国家的基石上——街区和社区。

过去若干年我们已经看到，联邦政府在使用这个城市复苏概念时，有时是不一致的。这种不一致体现在两个方面：首先，在寻求改善贫穷街区条件的项目中使用了城市复苏的概念；其次，在寻求把穷人与他们所生活的都市区域重新联系起来的项目中使用了城市复苏的概念。

联邦政府住宅与城市建设部的《收缩计划》中综合计划的内容将在第四部分中详细讨论。现在我们只要充分注意到，在使贫穷街区向好的方面转变中已经有了一整套联邦项目，有一些是由民主党提供的，有一些是由共和党提供的，他们都有一个共同承诺，那就是把这些街区引出孤独，让它们回到城市和区域中来。在这些项目中，最重要的一个项目是"六号希望工程"。这个工程的目标是重新设计和振兴赤贫的城市街区。这部分赤贫者痛苦不堪地生活在城市的高层建筑中。"六号希望工程"也将在第四部分详细讨论。这里我们要说的是，"六号希望工程"是联邦政府以综合的方式建设社区的最好例证。不同于简单地把穷人装进高层建筑，"六号希望工程"已经更替了6万个公共住房单元，那些被更换的单元有着很好的设计，以人的尺度把住宅和周围的社区结合起来。联邦政府住宅与城市建设部鼓励蓝领住进"六号希望工程"的住宅中，以结束贫穷家庭的过分集中和孤独。

近些年来，其他的一些项目承诺改善中心城市那些穷人集聚的社区。

例如联邦的"获得能力分区"（EZ）和"企业社区"（EC）项目已经提供了数百亿美元来帮助城市中心的经济增长。这个项目是"企业分区规划"的一个变种，20世纪80年代共和党第一次提出了这个概念，用这种方式为企业主提供税收优惠，让企业返回城区。为了坚持《收缩计划》的原则，联邦"获得能力分区"和"企业社区"项目通过社区愿景和战略规划得以开展。然后社区使用大量的优惠政策，例如做社区服务工作、打扫环境等，便可以减少个人应交税款和获得其他的货币奖励。这个项目已经吸引了100多亿美元的公共和私人投资款，用来建设社区。

与此相似，联邦住宅和住宅与城市建设部还推行了一个"私人住宅分区规划"。这个项目承诺在城区创造混合收入的自住住宅区，其目标是增加城区的稳定性，使用这个"私人住宅分区规划"项目在美国十几个城市中建造35 000套新的住宅单元。这个举措是极其重要的。正如我们前面谈到的那样，如果它能够与联邦政府住房贷款政策结合起来，就会变得更有力。

住宅部和环境保护局已经提出了一个叫作"灰色区域"的项目，这个项目由政府提供帮助去评估和清除城市中那些被污染的老工业用地。然后把这些地方变成住宅、商业中心或者工厂。这个项目的困难在于如何在中心城市创造一个好的条件，以便与老郊区展开竞争。联邦政府希望通过把政府办公室迁入这些旧城区的街区中，来使旧城区更具竞争性。这项政策实际上是按克林顿所签署的一个命令来执行的。

尽管不是所有城区的改善项目都达到了预期目标，例如，联邦政府住宅与城市建设部和环境保护部没有在灰色区域项目上很好地协调，许多联邦政府的办公室也没有按克林顿所签署的那个命令迁入这些旧城区的街区中，但是，所有的这些项目都在推进联邦政府住宅与城市建设部的《收缩计划》方向上有所前进。

联邦政府必须推进老街区的改善，与此同时，联邦政府还必须想办法让穷人与整个区域重新联系起来。住宅与城市建设部利用它在住宅和社区发展方面的特殊地位，努力让穷人与整个区域重新联系起来。例如，住宅与城市建设部的"搬家寻找新机会"项目帮助了芝加哥接近 5 000 个贫穷家庭搬到了新的街区。1999 年，对执行"搬家寻找新机会"项目的五年评估揭示，大部分家庭有了巨大的进步，他们搬进有影响力的社区的频率要大大高于过去的"第八条款"项目。"搬家寻找新机会"项目给未来的联邦政府住宅项目提供了一种模式。特别是住宅与城市建设部不仅是公共住宅项目的主要业主，也是丧失抵押品赎取权的郊区住宅的主要业主。

最近，住宅与城市建设部建立了一个 1 亿美元的区域连接项目，这个项目是"社区发展地块补助"项目的一部分。它提供了一种方式去帮助社区建立涉及经济发展、经济住房和其他有关消除都市不平等和蔓延的各类战略。

从过去半个世纪的经验来看，似乎可以说，联邦政府应当简单地从城市复苏和其他一些社区建设的项目中撤出来。但是，这种方式是不现实的。联邦政府的大规模项目毕竟对建设区域和街区起到一定的作用。联邦政府参与的目标应当是强化区域城市的观念、鼓励以整体的方式处理城市更新、创造一个不受蔓延和不平等破坏的区域，或者说，鼓励联邦政府抛弃"苦尽甘来"的幻想，而去努力解决因联邦政府的政策和资助而引起的问题。

第三部分
区域规划的兴起

　　每个区域都有自己的历史、生态、地理、经济、政治体制、社会和文化背景。这意味着区域城市会有许多不同的形式，以便使形式适合于每个区域的独特条件。

　　我们在本书里描述的区域城市不只是一种理论，越来越多的美国大都市区正在变成区域的城市。过去几年里，美国大多数大都市区已经在区域规划、区域愿景的设想或区域协调方面做了不少工作。

　　在本书的这一部分，我们把重点放在9个区域，它们从这个方面或那个方面寻求解决自己的区域问题。第六章涉及那些正在迈向真正的区域城市的大都市，如波特兰、盐湖城和西雅图。它们都制定了大都市规划或形成了包括区域城市理论概念的远景设想。第七章描述了"超级区域"，如纽约、芝加哥和旧金山，它们已经在巨大尺度上思考了区域问题。第八章涉及3个"州政府领导下的区域规划"的例子，如佛罗里达、马里兰和明尼苏达，它们通过州里的法律来处理大都市尺度上的问题。

　　当我们对这些案例区域的经验进行评估时，有一点是毫无疑问的，美国的区域城市还处于孕育阶段，不同的区域正在尝试不同的方式、观念和实施战略。还有一点也是清楚的，即使区域城市的原理已经贯彻于区域规划之中，但是，也没有一个普遍适用的解决方案或步骤。每个区域都有自己的历史、生态、地理、经济、政治模式和社会文化背景。例如，每个区域都要在地方和区域管理之间做出不同的协调，特别是在土地使用问题上。土地使用问题常常是区域问题的核心。这就意味着"区域城市"终将有不同的形式以适应每个区域本身的条件。

　　尽管存在各种差异，但这些案例都反映了一个共同的主题：建立一个区域的形体设计方案，然后使用这个形体设计方案来指导未来的发展，总是重要的。

　　对于大多数成功的区域设计来讲，这个主题总是明显的，例如波特兰和西雅图。这两个区域直接提出了两个形体设计的问题：①选择区域的边界（波兰特是城市增长边界，西雅图则是城市增长区）；②建立边界内具有选择性和公平性的土地利用和交通政策。盐湖城提出了若干个不同的形体设计方案，目前整个区域还在讨论这些方案。

值得注意的是，有些地方把区域规划仅仅当成政策问题，即使这样，形体设计问题仍会出现。在许多地方，如美国南部的佛罗里达、双城、新泽西，州和区域的规划领导人都得出一个结论：除非有一个区域未来的形体的远景设想，否则，他们不能完成以政策为导向的区域规划。所以，这些区域的行政的和政治的领导人，正在开展新一轮的区域规划，它集形体设计的远景设想和反城市蔓延的政策于一体。还有另外一类地区，例如芝加哥，一旦对区域蔓延和不公正问题的研究进入实施阶段，立即使他们把注意力集中到形体设计上，希望有一个形体的远景设想。

这些案例研究证明了我们的一个基本的论点：若要成功，就少不了一个有意识的设计过程，它以形式作为手段，一并考虑区域尺度上的问题——生态、经济、文化、社会公平，甚至于区域的历史和政治倾向等。

第六章
设计区域：波特兰、盐湖城和西雅图

近些年来，在参与美国区域规划试点的都市区域中，盐湖城、西雅图、波特兰这三个地区堪称典范。每个区域的行政和政治领导人都引领该区迈入了设计一个区域城市的形体和执行这些形体设计方案的阶段。它们都沿着这样的技术路线前进，即把地理、形体设计、社会和经济基础设施整合成一个综合的、整体的未来发展蓝图。在波特兰和西雅图，我们已经可以看到一些显著的变化：政府决策的方式、私营工商业的投资方式和人们的生活方式。

盐湖城、西雅图、波特兰这三个区域都有建设区域城市的某些优势，这使它们在创造区域城市时稍微容易一些。首先，它们都在美国的西部，从区域整体讲，还有条件接受人口的增长，富足的经济为那里的区域发展奠定了基础。事实上，经济停滞的地区很难像它们那样去做。再者，三个区域都比较小（100万~300万人口），区域状况比较均衡，当然，西雅图比其他两个城市稍大一点，区域状况稍复杂一些。最后，这三个地区的市政管理者，无论是政府机构内部的还是代理的，大家都从区域的尺度考虑当地的问题，乐于对区域问题进行磋商。

显而易见，并非每个都市区都有幸具有这些优势。虽然如此，在全国范围内讨论区域城市时，波兰特、盐湖城和西雅图依然不失为重要典范。相比之下，其他区域可能更大、更多元化，有更多经济上的麻烦。但是，从规模上讲，美国增长最快的都市区大体上与这里描述的三个区域差不多。

波特兰的区域管理机构

1973年，俄勒冈州通过了一套州级的规划法案，按照这些规划法案，议会批准了《波特兰城市空间增长边界》（UGB：Urban Growth Boundary），1976年开始试用，1979年正式实施。当时，为了避免土地投机和开发，以保护农田为目标而确定了波特兰城市空间增长边界，它的确达到了这样的目的。城市扩展边界抑制了蔓延，但没有转变蔓延的性质——也没有打算去改变它。尽管1979年专门成立了一个区域管理机构来处理城市扩展边界问题，但是，这个区域管理机构还不足以改变郊区发展的蔓延属性。

从这个意义上讲，俄勒冈州人基本上误解了《波特兰城市空间增长边界》。他们并非想用《波特兰城市空间增长边界》来改变边界内的发展方式。事实上，确定下来的城市扩展边界是不固定的，在法律上已经为改变那些边界留下了余地。城市扩展边界必须随着人口密度和人口增长速度这些关键变量定期调整，以便适应未来20年内土地增长的需要。假设一个区域采用低人口密度和高人口增长率的发展方式，它的边界会非常宽泛，那么，确定下来的城市边界就失去了边界的意义。事实上，1976年建立的波特兰城市空间增长边界很宽松，特别是20世纪80年代的经济萧条（1983年波特兰区域实际上减少了人口），也许需要20年的发展才会到达这条边界。

即使有了《波特兰城市空间增长边界》，这个区域的土地使用和基础设施投资仍然是随心所欲的。直到20世纪80年代末，事实越来越清楚，这种随心所欲的土地使用方式和无拘无束的投资需要改变。许多人都认识到，保存开放空间和农田是重要的，但是，对于一个有效的地方规划而言，仅有这样的认识是不够的。同样明显的是，社区形式与适当的交通设施之间的重新连接，对于保护自然系统和农田从而形成健康的环境也是不可或缺的。

20 世纪 90 年代初，人们开始提出调整政策的若干设想，同时，提出了区域远景的具体内容。俄勒冈州新的《交通规划规则》要求，人口大于 25 000 人的城市需要修正自己的交通规划，以提供更多的交通方式供人们选择，它还要求以易于步行的方式设计沿公交线的步行道和街区内的连通道。俄勒冈州的 4 个都市规划组织必须制定它们的减少人均汽车旅行英里数的交通规划。另外，俄勒冈州区域管理机构在《区域城市增长的目标和宗旨》中提出了人均汽车旅行英里数（VMT）的增量，同时，提出制定新的区域规划的任务。1992 年，俄勒冈州区域管理机构开始制定《区域 2040》。1988 年，非盈利性的市民环境保护团体俄勒冈州千友会对在该区域西部修建一条新高速公路的计划提出了异议，并在 1991 年开始研究自己的土地使用和交通战略。俄勒冈州千友会还打算提出波特兰城市空间增长边界内的区域形式。

土地利用、交通、空气质量的联系（LUTRAQ）

俄勒冈州千友会的最初目标是保护波特兰的城市增长边界和农田，然而几年后，千友会的成员意识到，保护波特兰城市增长边界和农田是不能与更宽泛意义上的发展和交通政策分割开来的。20 世纪 80 年代，俄勒冈州千友会四处奔走，宣扬应当在州和区域尺度上考虑开发密度的主张。20 世纪 90 年代早期，俄勒冈州千友会综合研究了交通问题，寻求西部外线高速公路的替代方案。

随着经济萧条的结束，华盛顿县成了该区域发展的先锋。它计划在

2010 年前后，在 100 平方英里（约 259 平方千米）的市区内新增 15 万居民和 10 万个就业岗位。这个 100 平方英里（约 259 平方千米）的市区是一个典型的由住宅区、办公园区和购物中心组成的区域，仅有 3% 的工作出行使用公共交通工具，而就整个区域而言，平均仅有 7% 的工作出行使用公共交通工具。俄勒冈州交通部（ODOT）预计，以后的 20 年里，那里的人口将翻两倍，交通拥堵也必然会恶化，因此，需要建一条新公路来解除拥挤。然而，俄勒冈州区域管理机构把这个计划纳入了《区域交通规划规则》之中。从高速公路的合理长度考虑，计划中的高速公路，即西部外线高速公路，超出了城市扩展边界，那里的发展必然威胁到那些被保留下来的土地。

俄勒冈州千友会认识到，简单地反对修建这条公路在政治上是不会成功的，还需要提出一个替代方案。他们的设想是，没有蔓延，也没有高速公路，这就需要确定未来增长的性质和布局，确定如何使用不同的交通投资。他们于 1991 年开展这项工作，直到 1997 年才完成。最终助成了用一条新的轻轨系统替代西部外线高速公路，同时采用了"开发以公交为导向"的模式。俄勒冈州千友会的这个研究项目称为"土地利用、交通、空气质量的联系"，即"LUTRAQ"。

《土地利用、交通、空气质量的联系》的目标是，通过对交通方案的环境分析来确定最终选择。正如我们在第五章解释的那样，联邦政府允许在做出这类研究后考虑土地利用的变更，当然，几乎没有多少这样的案例。由于在交通走廊或次区域层次上考虑土地使用有很大的政治风险，因此，由一个非盈利市民团体承担这类任务是有道理的。非盈利的民间组织能够担当得起与当地政府抗争以修改总体规划的风险，作为新观念的提倡者，非盈利的民间组织能够用他们的新思维去引导公众。

《土地利用、交通、空气质量的联系》的核心与"开发以公交为导向"

的新发展模式相一致,延长轻轨线路,在轻轨车站周边增设公共汽车站点,同时改善地方道路干线。1990年,在萨克拉门托的总体规划修编时,首次应用了"开发以公交为导向"的概念,大约与此同时,圣迭戈县将其作为设计指南而采用。当然,他们当时还没有精确和深入地研究该模式中有关区域发展的战略内涵。

"开发以公交为导向"的中心概念是,把工作、服务和住宅集中到由公共交通提供服务的地方,以便给人们提供除使用私家车之外的其他出行方式:步行、骑车、面包车、公共汽车以及铁路。当然,"开发以公交为导向"在土地利用上的意义不只是简单簇团,其远景在于建设相互连接的街区,建设集工作、服务和住宅区为一体的区域,那里既适合步行,也适合私家车的通行。波兰特有许多旧的但非常有价值的"有轨电车街区",它们都具有以公交为导向的特质。

《土地利用、交通、空气质量的联系》提出了"开发以公交为导向"的3种类型。这3种类型的共同特征是,可以步行和在土地使用上实行功能混合,但是,不同地区的人口密度会有所不同。从某种意义上讲,3种类型在布局上是相似的,我们在第三章"区域的构建"中对此有过描述。第一种类型是"混合使用中心",它的人口密度最大和就业岗位最多,处于现有的城镇中心,由轻轨提供交通服务。在改造城镇中心时,混合使用中心的居住密度是每英亩20~50个居住单位。这些混合使用中心是那个次区域的主要商业中心,而那里新增的45%的就业岗位就在这个中心里。第二种类型是"城市型以公交为导向的开发",它通常直接与市中心边缘的公交站毗邻,就业岗位与住宅结合,居住密度大约是每英亩15个居住单位。第三种类型是"街区型以公交为导向的开发",它的规模一般是轻轨车站2英里(约3.22千米)半径内,那里是可步行的,土地和空间的使用是混合的,人们可以方便地乘坐公共汽车回家,或骑自行车回家；反之，从家乘公共汽车或骑自行车到轻轨车站，再换乘轻轨去工作或学习。那里的居住密度大约是每英亩 8 个居住单位，有零售和市政服务。

为了把"开发以公交为导向"变成一个可供选择的土地利用模式，《土地利用、交通、空气质量的联系》研究了俄勒冈州人口变化趋向、住宅、就业市场以及可利用的土地的容量。这些研究表明，像许多郊区一样，华盛顿县没有提供足够的供多户共用的住宅。单身家庭以及随之而来的空房数量的增加，以及大批的暂住人口（由工作原因而迁入临时住房）的增加，引起了较高密度的住宅的供应不足，"开发以公交为导向"则有可能满足这个要求。此外，这个研究发现，零售业工作机会的大量增加能为"开发以公交为导向"提供土地与空间混合使用的基础。最后，这些对土地的分析研究显示，华盛顿县的增长边界还有超过 22 000 英亩（约 8903 公顷）的空地或未充分利用的土地，大约是华盛顿县的增长边界内土地面积的 1/3。总而言之，这些研究表明，一种强有力的人口和市场需求正在推动"开发以公交为导向"的模式，同时，可以利用的土地也很充足。

《土地利用、交通、空气质量的联系》所提出的方案为整个华盛顿县创造了一种把标准发展方式与公交为导向的开发结合起来的规划方式，以适应人口和就业岗位的增加。根据需求强弱和可以利用的交通条件，不同类型的公交为导向的模式遍布全县。那些不适于执行以公交为导向模式的剩余土地仍然用于低密度的住宅和工业开发。

采用这种选择性的土地使用规划导致了一系列的交通调整，如该区域的轻轨运营公司"TriMet"，已经开始研究轻轨线的延长计划。这个计划包括：现在已经完成的到希尔斯伯勒的西线、从比弗顿到图阿拉丁（Tualatin）的南线。这个核心交通系统由几条与边远地区主要活动中心相通的快速公共汽车路线加以补充，同时，在快速公共汽车沿线还设有公共汽车支线，它们可把人们带到快速公共汽车路线上。

与这些传统的公交交通系统相关的是人们常常忽视了步行道和自行车道。《土地利用、交通、空气质量的联系》认为，一个公交系统要想运行起来，必须在它的起点和终点安排步行友好的区域，有合理的步行和自行车安排，甚至独立的交通系统也能减少私家车的使用量。最后，《土地利用、交通、空气质量的联系》所提出的方案要求，改进现有的公路和道路干线网络，这也是适当的和至关重要的。如同多种土地使用计划那样，《土地利用、交通、空气质量的联系》的交通计划也提供了多种交通模式：私家车、公交系统、步行和自行车。

正如我们已经指出的那样，区域性交通规划的最大问题是很少考虑其他土地的使用选择。如果土地使用的其他模式真地被加以考虑，另一个问题又出现了，传统的计算机交通规划模型一般对包括步行、自行车和公交系统在内的城市设计战略元素不敏感。

对于那个完全依靠汽车的时代，郊区开发全盛时期出现的交通模式似乎是合理的，但是，按照那种交通模式来设计未来肯定会是一场灾难，因为那些旧的交通模式意味着要不断建设新的公路，而与土地混合使用、人车分离、公交系统、步行和自行车都没有关系。实际上，交通规划模型所需要的数据中没有步行和自行车出行分类。公交出行主要取决于家庭收入和住宅密度，同时，它还受到这样一种规划观念的影响：一个人能买得起独门独院的住宅，他一定有能力使用私家车。但是，这种观点没有计算因道路而产生的其他出行选择，也没有把"开发以公交为导向"的作用放在眼里。

当然，《土地利用、交通、空气质量的联系》的交通方案需要实际考虑"模式分离"中的差异，从每一类家庭每天使用不同交通方式的百分比，到不同"开发以公交为导向"模式下的出行模式，用于高速路设计的现存的计算机模型做不到这一点。因此《土地利用、交通、空气质量的联系》的研究者——俄勒冈州区域管理机构的官员，开始增加软件、改善模型，更细致地描述混合使用环境下的区别和步行友好的模式。他们开发了《步行环境因子》（PEF），使自己的模型能更加精确地预测步行或者骑自行车出行的百分比。步行环境因子有 4 个变量：穿越街道的难易程度、人行道的连续性、地方街道的连接性、地形。不难设想，人们会更喜欢行走在没有主干道的地区和连续的人行道上，而不喜欢钻死胡同和爬坡。他们的分析还显示，在"步行环境因子"最高的地区，家庭驾车出行里程数不及在"步行环境因子"最低的地区家庭驾车出行里程数的 50%。当家庭大小和收入一定时，步行环境质量对出行的影响很大。

对一些新的开发类型的分析还有许多其他因素必须考虑，"步行环境因子"只是一个起点。在俄勒冈州区域管理机构随后完成的一项研究中，就业岗位密度（用来反映当地步行目的地）成为把步行和骑车分开考查的一个附加因素。这个关于目的地的测量与一个简单的可步行性的测量相结合，即街道交叉点密度，由此产生"城市指数"。这一因子后来被证明比"步行环境因子"更具有预测功能，而且更易于使用。

除了鼓励步行和骑车，人行道和交通枢纽的设计也能影响使用私家车出行的距离和数量。把工作和服务聚集在一起会使那些主要的目的地更加靠近，并且允许出行者将多份差事合成一次出行。

不考虑模拟的复杂性，对于所有用来评估的标准而言，《土地利用、交通、空气质量的联系》的方案比"外线高速公路"方案表现得更好：一个人驾车去工作的出行比例减少了 22.5%，走路或骑车或乘公交车去工作的比例增加了 27%。相比"外线高速公路"方案，不用建设任何公路，《土地利用、交通、空气质量的联系》的方案甚至将公路拥挤总量减少了18％。同时，《土地利用、交通、空气质量的联系》的方案还保障了更少的空气污染（-6％~-8.7％）、更少的温室气体排放（-7.9％）和更少的能源消耗（-7.9％）。这些好处对位于公交导向区中的家庭和公司来说也受益匪浅。在一个公交导向区里，每个家庭乘公交车出行的平均数量从使用公路的8.8％增加到28.2％。同时，一个人驾车去工作的出行比例下降到不足50％，相比之下，在标准开发模式下，一个人驾车去工作的出行的可能性为75％。

《土地利用、交通、空气质量的联系》最终取得了胜利。1990年，俄勒冈州交通部只认可"外线高速公路"而不会采纳其他方案。1992年，在《土地利用、交通、空气质量的联系》公布之后，迫于公众压力，"外线高速公路"方案加进了一个环境影响评估程序。1995年，这个评估程序规定了对包括"外线高速公路"方案和《土地利用、交通、空气质量的联系》方案在内的5个方案展开环境影响评估。结果表明《土地利用、交通、空气质量的联系》提出的策略是唯一选择，因为它符合联邦政府《清洁空气法》和俄勒冈州区域发展管理政策的规定。

1996年，俄勒冈州交通部推荐了一个关于"外线高速公路"的改进方案，这一方案使用《土地利用、交通、空气质量的联系》中的有关土地使用的建议，同时许诺建设一条新的轻轨线。1999年这条新的轻轨线投入使用。俄勒冈州区域管理机构的《2040规划纲要》与《土地利用、交通、空气质量的联系》都得到了俄勒冈州千友会的政治支持。《土地利用、交通、空气质量的联系》的概念也在州级层次影响了《区域交通规划规则》，这一规则推行紧凑型步行和公交友好的开发，它也要求在所有的交通规划中考虑其他的土地使用方案。

《区域 2040》：决定明天

俄勒冈州区域管理机构于1992年开始审查《波特兰城市增长边界》，重新考虑所有关于波特兰的区域发展设想。不同于俄勒冈州千友会，俄勒冈州区域管理机构没有也不可能从一个愿景或一种倾向展开调查，它的工作就是在波特兰区域内找到开发的性质、数量和位置的交集。为了获得成功，俄勒冈州区域管理机构需要得到市民及 27 个地方城镇和 3 个县的广泛支持。虽然俄勒冈州区域管理机构可以动用州里的权力来管理区域发展，但是，它还是需要地方的支持才能制定和执行区域发展政策。俄勒冈州区域管理机构还受到州里的法律制约，必须提供 20 年间波特兰城市增长边界内可用于开发的土地总量。至于住宅开发密度、工作性质、住宅和工作的合适地理位置都是听其自然的。

在区域规划中，公众交流向着两个方向发展：一个方向是从市民到选举出来的官员和公务员，另一个方向是从规划师到市民。在此过程中，选举出来的官员和规划师了解到了公众想要什么，或者更重要的是公众想要多少。选举出来的官员和规划师也同样寻找驱动人口和经济发展的动力。从原则上讲，公众在交流中得到的是，他们可以做出选择以及用什么来替换那些选择。公众通常有机会了解和思考那些他们不曾知道的选择，而且通过全方位的介绍，公众开始了解不同选择之下的不同未来的意义。

俄勒冈州区域管理机构的审查过程是从评估一般价值和公众愿望开始的，随后经过一系列的民意测验，列举出越来越多需要选择的特殊问题。综合调查的结果不出所料。在街区层次上，人们认为便利、可达和安静最有价值；在区域层次上，他们把开放空间和优美的风景看得比区域里的人更重要。实际上，39％的人看重美丽的风景，14％的人看重环境质量，而只有 19% 的人重视社区里的人或社区意义。虽然只有 20% 的人向往乡村生活方式，但大部分的人仍认为波特兰区域的小镇氛围具有价值。人们厌恶的事物也相当一致：33% 的人认为交通是最大的问题，他们的其他担心包括环境污染、安全问题以及这个区域发展过快。综合调查表明，人们对未来前景的看法参差不齐。认为生活质量会变得越来越差的人不在少数，与那些不发表意见或对未来持乐观态度的人相比，持悲观态度的人多出 3 倍，同样多的人对波特兰区域人们的素质忧心忡忡。

经过进一步的调查，俄勒冈州区域管理机构发现人们在许多关键问题上存在分歧。后来，调查者逐渐发现，人们不明白他们个人想要的东西往往未必能让所有人满意。尽管一些人也许可以生活在 1 英亩规模的宅基地上，5 分钟就可以到达市区，但是，不是每个人都可以做到这一点。这个理想不仅是无法承受的，而且还会限制其他的生活方式。这就形成了一种双重标准："我不喜欢蔓延，但是不想改变自己的街区的蔓延形态。""我喜欢公共交通，但通常还是开车出行。""我不想城市再增长下去，但希望有雄厚的经济实力。"为了消除这种矛盾的心态，接下来的调查提供了一套选择方案，例如：

· 应该在现存的街区里开发还是在新的地区开发？

· 应该将投资用到高速公路上，还是用到公共交通上？

· 商业按典型的郊区模式发展，还是应该更多地集中到城市中心？

· 住宅区与商业区应该混合起来，还是分隔开来？

· 应该有一条公共政策来鼓励建设经济住宅，还是由市场来决定价格？

这个更加深入调查的结果相当出人意料。只有 14% 的人愿意把投资用到道路上而不是公共交通上，13% 的人认为开发应该在新区展开。然而，只有 37% 的人认为应该靠公共政策来鼓励建设经济用房，32% 的人认为应该由市场来决定，这是一个平衡的分裂。在其他的选择中，人们似乎总想把两种选择折中一下：43%的人认为商业应该在郊区和城区同时展开，40%的人认为住宅区与商业区应该混合起来，而其余的人认为住宅区与商业区应该分开。这些结果似乎支持了《波特兰城市空间增长边界》，从投资到公共交通，制定一系列混合的土地使用政策以允许不同的开发模式。

完成这些调查之后，俄勒冈州区域管理机构开始研究波特兰区域、波特兰现有的特征，以及未来的发展趋势。按照假设的适当开发速度，波特兰地区的人口在未来50年内将会由1990年的140万增长到250万。这个地区现有的平均人口密度为每平方英里3 000人，纳什维尔为1 200人、旧金山为4 300人、多伦多为7 500人。俄勒冈州区域管理机构发现在城市扩展边界内的234 000英亩（约94 696公顷）土地中，12万英亩（约48 562公顷）已经被开发了，61 000英亩（约24 686公顷）是街道和开放空间，53 000英亩（约21 448公顷）是空地，因此，城市扩展边界内有一个相当好的填空开发机会。

俄勒冈州区域管理机构发现，在现存的分区规划与开发模式之间有很大程度的不协调。例如，35%的独门独院的宅基地被认为是小的（约1523平方米以下），在这种情况下，只有20%的新开发区被分区规划确定为小块宅基地分区。

类似地，目前尽管只有16%的土地用于工业发展，然而，这个区域27%的土地已经被规划为工业用地，与此同时，90%的新的就业岗位是由非制造业提供的。事实上，俄勒冈州区域管理机构发现，在波特兰区域内，工业就业岗位仅占1/3，而商业就业岗位占55%，居住区里的就业岗位占12%。家庭办公室已经成了一种有意义的模式。换句话说，现在的居住和工作分区规划没有考虑历史模式，也没有合理地考虑到未来。

2040 概念规划

接下来，俄勒冈州区域管理机构的官员和顾问们制定和分析了一个"未来发展最低方案"和相关的 3 种选择。这个"未来发展最低方案"简单地围绕当前分区规划的再扩展城市边界约 10 万英亩（约 40 469 公顷）展开。3 种选择中的每一种都寻求实现州和区域有关土地保护和减少交通事故的目标。在华盛顿正在展开的《土地利用、交通、空气质量的联系》对俄勒冈州区域管理机构构成了挑战，保护环境和提高空气质量涉及到的不只是中心城区，而是更大的城市区域，因此，与此相关的政策就成了俄勒冈州区域管理机构发展的推动力。

1991 年，俄勒冈州区域管理机构采纳的《区域城市增长远景和目标》不仅在土地使用和交通上具有发展性，而且还是一个可以操作的战略或具有形体的远景。《区域 2040》是实现那些政策的手段，也提供了一个更为明确的区域远景。此外，州里制定的《交通发展规则》中包括了减少每人每年在区域内旅行的公里数、缓解交通拥挤和改善空气质量等雄心勃勃的目标。这些政策和样板的结合迫使俄勒冈州区域管理机构在《区域 2040》的所有选项中推行使用"公交导向的发展"形式。这些选择有效地改变了由《土地利用、交通、空气质量的联系》设定的方向。但是，所要达到的共识要广泛得多，也更需要行动上的协调一致。

这个方案演变成三个选择。选择 A：稳步地扩展分界。选择 B：保持分界线不动。选择 C：用"卫星城"来吸收部分增长。简单围绕当前分区规划，再把城市边界扩展 10 万（约 40 469 公顷）英亩。根据这个"未来发展最低方案"，选择 A 需要 42 000 英亩（约 16 997 公顷）；选择 C，使用其他城镇的土地，仅需要 17 000 英亩（约 6 880 公顷）；而选择 B 不需要增加城市用地。这些变化因土地开发不同而导致人口密度不同，当然，结果并非不可思议。"未来发展最低方案"假设 70% 的住宅是独门独院的，这样的话，选择 B 的人口密度最高；假定 60% 的住宅是独门独院的，在高密度住宅条件下，容积率从 7.4% 上升到 11.2%。另外一个影响整体土地面积的因素是，究竟预计有多少新的开发土地。对于选择 A，更新改造的土地为零，但是，如果采用选择 B，更新改造的土地面积占 18%，这样做无疑是决策上的一个重大转变。在密度和土地面积上的根本变化实际上是"增长还是消亡"的选择。

所有这些选择在不同程度上使用了混合使用和公交导向的概念，与"未来发展最低方案"在新开发区不使用混合形式相比，选择 A、B、C 分别有 24%、30%、27% 的面积具有可步行的环境，在接近公交站的地方，选择 A、B、C 具有相似的形式。就可步行环境的面积讲，选择 B 比选择 A 大两倍。城市规划的其他计算方式大体相似。与中心城市密度和形式相同的地区从 48 英亩（约 19 公顷）到 100 英亩（约 40 公顷），而且商业中心用地从 2 300 英亩（约 931 公顷）到 5 300 英亩（约 2 145 公顷）。对于混合使用区来讲，公交导向的区和市区的变化也可以提出另一个选择：是为汽车建造独立的停车环境，还是为行人和公交换乘站建造混合使用的地方。

交通、空气质量和公交导向的选择显示出重大差异。在选择 A 和选择 B 之间，后者比前者人均驱车出行里程减少 20%、使用公交和步行的出行率增加 50%，正如人们所关心的，选择 B 对空气污染影响最小。在这些选择中，不同土地使用结构所产生的出行量的数量和类型在一定程度上决定交通拥挤量，当然，新的道路和改善投资也在一定程度上决定交通拥挤量。建设更多的公路可以在短期内减少道路拥堵。选择 A 增加近 1 500 英里（约 2 414 千米）的新道路，而选择 B 只增加了 257 英里（约 414 千米）的新道路。尽管如此，选择 B 只为高峰时的拥堵附加了 152

英里（约245千米）新线。换一种说法，选择A附加了1 200英里（约1 931千米）新线，却仅仅减少了150英里（约241千米）长路段的道路拥堵。

这些不同选择方案显示，这个区域的居民有若干重要的和可行的选择。这个区域的居民可以通过一组支持填充式开发、更新改造的政策，居住在现存的城市边界内，而且会提高主要区域中心的人口密度。如果这样，通过支持公交导向开发的政策，这个区域的居民可以减少空气质量负面影响，节约扩建新道路的投资。

从这些选择方案的反馈中，可以得出一些很有价值的经验。周边城镇不是那么青睐选择C的"卫星城"方案，它们没有兴趣去吸收失衡的区域增长份额。实际上，这些城镇凸显了城市边界内外的永久性绿带，把不同社区分割开来。保留居住街区现存品质和保护现存的城市增长边界，这是不断涌现的一个很强大的呼声。

城市设计案例研究

让大规模的区域理论具体落实到小规模的地方研究上是十分重要的，这是区域设计过程的一部分，也是公众理解《区域2040》的一部分。公众需要亲身体验区域远景对他们的街区的意义。当然，同样重要的是，他们需要检验那些相对新的设计观念。地方居民需要具体了解《区域2040》对于他们社区的未来意味着什么，《区域2040》需要通过地方案例研究来证明什么是可行的、什么是不可行的。这是一个重要的双向学习过程。

我们从波特兰区域选择了6个案例（图4—图11是其中4个案例）。每个案例都代表了一类社区的条件，那里表达的观念可以用到其他地方。

针对每个案例，负责具体规划的专题小组允许地方参与者自己动手为他们那个地区制定规划。另外，他们利用开放的展示厅和地方参与者专题小组来探讨未来土地使用模式、建筑尺度和体积、公共建筑的特征和区位、交通模式和历史保护。大约有 500 人参加了这些讲座。使用规划说明和鸟瞰图等方法，使得这些规划方案承载了地方居民的愿望。在大多数案例研究中，填充式开发把那些零散的土地结合了起来，使那些没有充分利用的地方成为了新的步行街区。

4 个案例研究都是典型的郊区情况。比弗顿（Beaverton）（图 10、图 11）是第二次世界大战以后建立起来的郊区城镇，那条历史性主街没有对这个城镇起太大作用。随着时间的推移，那条历史性主街变成了一条典型的带状商业区，小地块上无规律地排列着商店和商业建筑，它们的生意依赖于公路进出口。克拉卡马斯镇中心是一个典型的子区域购物中心，由巨大的停车场包围着，人们认识它是因为东尼亚·哈丁曾经在那里溜过冰。希尔斯代尔案例研究（图 6、图 7）展示了区域规划对一个小城镇零售中心的影响。最后，奥兰克（图 8、图 9）是一个只有200 户人家的小村庄，在分区规划上，它是主要的工业发展区，地处我们称为波特兰的"硅谷森林"的核心。

这些案例说明，在不断出现的区域城市的背景下，区域设计正在面临创造不同类型的增长模式的挑战。《城市增长边界》、轻轨和《2040规划》改变了每一个地方的发展机制，它们为不同情况下的高密度开发和改造提供了奖励。除了奥兰克，其他 3 个案例都显示了填空和更新改造的机会。比弗顿体现了在一些破败地区开展更新改造所面临的挑战。希尔斯代尔说明了如何在一个小地方把带状商业区改变成可以步行的城镇中心。最后，奥兰克说明了怎样把一个单一功能的分区转换成混合功能的街区。

2040 纲要规划：区域增长的一个新远景

所有这些准备都是为了制定一个可以操作的规划。这个纲要规划（图2、3、12）很像 B 方案，把发展集中在城市增长边界内，使用城市中心和公交导向方式实现所需要的开发密度和道路网络。但是，与 B 方案不同的是，这个规划纲要增加了重要的开放空间元素。在那些敏感的开放空间里保留了乡村用地和绿带，绿带既设置在城市增长边界内的现存的城镇之间，也设置在城市增长边界外。因为城市增长边界可能由未来的几代人来调整，所以，保留乡村为实现这个规划所要求的关键开放空间元素提供了保证。保留乡村一般都选择那些受到不适当开发威胁的地方，它们能够形成社区的隔离带或者用来保存重要的自然资源。在这个规划中，在城市增长边界内，保留了大约 35 000 英亩（约 14 164 公顷）的绿带、河流和开放空间。

为了保护现存的街区，这个规划确定了近郊区和远郊区的开发密度，其中一类开发密度为每个地块平均面积为 5 720 平方英尺（约 531 平方米），而其他类开发密度为每个地块平均面积为 7 560 平方英尺（约 702 平方米）。该指标提出了市场对小宅基地的需求和远郊行政区划分大地块之间的不协调问题。事实上，街区密度的增加量是很小的。近郊街区从现有的每英亩11 人增加到 14 人，远郊街区从每英亩 10 人增加到 13 人。在新街区，包括那些开发机会在内，这个适度变化密度可以提供整个区域 38% 的新住宅用地。

受到增加人口密度影响最大的是市区和交通走廊，而不是街区。这里有一个分类，作为指导，第一类地区是位于波特兰核心的"城市中心分区"，这个分区的就业人口占整个区域就业人口的 22%，其平均人口密度将从现在的每英亩 150 人增加到 250 人，继续执行波特兰规划中有关步行友好的规划。第二类地区包括 6 个区域中心，是大都市范围内的现存城镇。它们的人口密度只有市中心区人口密度的 1/3，不过，提高后的人口密度是现在这些小镇人口密度的 3 倍。这些区域中心都在公交线上和高速公路旁。第三类地区是城镇中心，它们通常是郊区的中心。每个城镇中心都将变成一个商业中心，商业中心的市场在 2.5 英里（约 4 千米）半径范围内。这些中心都是功能混合且可以步行的。

这个规划的另一个元素是各式各样的走廊，从轻轨干线到主街。这些衰落的商业带都具有功能混合的使用特征，它们是历史的商业街，都有新的轻轨车站，都有可能改善那些地区的现况，又不影响现存的居住街区。规划中的走廊常常与上述中心叠加，这些走廊的基本功能之一是把开发保持在城市增长边界之内。

从整体上讲，那些靠近城市中心的走廊会产生工作机会，大体可以包括新增就业岗位的 19%，市区大约可以包括新增就业岗位的 22%，其他中心可以包括新增就业岗位的 16%。那些交通走廊将提供新的住宅单元，大约占整个新建住宅单元的 30%，而内城街区新建住宅单元数目大约只有21%，远郊区仅为 17%。这个区域基本的变化是，那些商业带和灰色地带成为了功能混合的节点，享受公交服务。区域里现存的大街几乎都是由第二次世界大战之前的有轨电车线演化而来的。这些历史的功能混合区应该给予保护和提升。

通过这个紧凑的结构，到 2040 年，预计公共交通的乘客将提高到每天 57 万人。步行、骑车、公共交通相结合，将构成整个区域出行的13%，现在仅为 8%。在那些临近中心的街区，不使用小轿车的出行率将从 25% 上升到 50%。这个规划包括了公共汽车和区域道路系统沿着轻轨线路协调扩张。

俄勒冈州区域管理机构的"纲领规划"为这个区域设立了一个新的方向，

确立了一个围绕中心和公交线路"增长但不向外扩张"的远景。高速公路过去一直支配着这个区域的发展，而在《2040规划纲要》中，公共交通走廊成为新的发展基础，确立这个远景意义深远，它意味着一场革命性的变革。但是，对于俄勒冈州区域管理机构来讲，执行这个规划仍然面临挑战。

2040 实施规划

《2040规划》本身是协调开放空间和发展、协调公共交通和道路的产物，所以，它的实施也是一种协调。即使人们希望看到从上到下颁布俄勒冈的土地管理法规，实际上，任何规划都必须通过市民、地方政府和俄勒冈州区域管理机构之间的合作来制定和执行。市民和地方政府的参与对于制定规划，特别是对于实施规划，都是十分重要的。

依据从地方政府得来的反馈，俄勒冈州区域管理机构制定了它的实施规划，作为执行《2040纲领规划》的一种方式。实施规划由11个部分组成，从每一个镇内的一般住宅和就业岗位增长目标，到具体推荐意见，如对停车场的限制。每一个组成部分都有两个实施选项：第一个选项是标准选项，它是规范性的；第二个选项是地方选项，允许地方行政当局根据自己的情况选择合适的方式来实现所希望的结果。

第一项：对住宅和就业岗位的要求。这个第一要素确定了那个城镇预定的承载能力，当然，这个指标建立在一系列详细分析的基础上，分析内容包括城镇特征、该城镇在区域中的位置和功能、需要被填充和更新改造的空地、开发能力等。然后，在中心、走廊和街区的规划层面确定每一个地方的人口密度。为了实现这个设定的承载能力，城市和县都要求确定现存规划分区内的最小人口居住密度。开发尽可能满足允许的承载能力，与适合居住的地方靠近，例如，一个开发区位于轻轨车站附近，肯定不允许以低于它的承载能力去开发。这个最小人口密度是现存规划分区所确定的最大人口密度的80%。另外，地方政府可以允许在新的或现存的独门独院的宅基地上开发公寓式住宅。

第一项：强制性选项，在实施过程中的选择是，对已有的分区规划进行调整，以便与《2040规划》相配合，或者证明这个镇自己编制的规划能够实现预定的目标。城市和县都可以选择不同密度的分区规划，但是，必须提交一份分析报告，说明在最低密度情况下的开发承载能力，或者证明它们能够编制更为详细的分区规划，求得所有分区规划下开发的平均人口密度。这里所发生的根本变化是，取消分区的规划规定，代之以最小人口密度和最大人口密度。这样，一个地方实际上有不多的发展机会，或许有很多的发展机会。

随着这个区域规划的执行，城市增长边界的可行性和一定数目的公共交通投资要求在一些地区必须达到适当的人口密度。这样可能避免围绕着公交站和区域中心的那些土地和空间的浪费。实施规划设立了标准，以阻止那些低人口密度的开发。但是，折中方案也很明显，一些本来具有较高承载能力的地方却允许保留开放空间和保持现存街区不变。那些有较高人口密度和功能混合的地方，主要是沿交通走廊或者许多规划的地区中心，那些地区的开发和改造旨在以不影响附近的居民为前提去改善那里的现状条件。

虽然承载能力是实施规划的核心，但是，俄勒冈州区域管理机构还制定了另外一些标准来指导开发项目和地方政府。这些标准中有两条是必须执行的，即开放空间的网络和绿带。第三条标准：为水质和洪水管理保护建立了漫滩和河岸的开发标准。这是一个简单的环境标准，它对于创造绿带，特别是沿着河流和小溪的区域是有影响的。同时，它保护了水质，阻止了昂贵的防洪开发项目。第五条标准是有关在城市发展边界外要保护的乡村土地，以阻止沿高速路与街区相连的道路的开发。这些将为社区创造永久性的隔离带。

《2040 规划》有两个部分涉及私家车、道路和停车场。第六条标准：区域交通规划为城市中心、区域中心和车站地区建立了不同的目标，同时，调整那些重要地区可以允许的服务水平的标准。在城市地区允许有较高程度的交通拥堵，这个程度依赖于公共交通和行人。这个规划要求街道至少每英里有 8 个连通口；对于新开发的和实施更新改造的地区，增加交叉路口似乎是一个很简单的标准，实际上，在任何条件下和对所有使用来讲，这个简单标准对开发性质产生重要影响。俄勒冈州区域管理机构的研究发现，实现可以步行和公共交通友好的环境的关键变量之一，就是交叉路口的出现频率。交叉路口出现的频率越高，在地方街道上步行或者骑自行车的可能性就越大。如果街道网络设计合理，使用小轿车在地方出行就有可能使用地方支路，而把主干道留给过境车辆。这样就需要建设更密集的街道网络，以便减少地方的交通拥堵，指导开发朝可步行方向发展。

第二项：区域停车政策。它涉及商业和混合使用区停车的数量。大部分的地方规划原则上只建立了停车场的最小数目而不是最大数目，而这个最小数目常常是非常大的。所以，停车场对土地的浪费相当巨大，停车场对于步行者也是不适当的。另外，它也暗暗地补贴了私家车。在公共交通服务良好的地方，该政策要求降低停车车位标准，使用最大停车车位标准。在那些很容易步行的地方，该政策鼓励停车场分享。在功能混合的城镇中心将有"只停一次"规则。不要求每个商业单位自建停车位，人们把车停在簇团式或共享停车场里，然后步行到城镇中心的目的地去。另外，俄勒冈州区域管理机构制定和公布了一套新的街道标准，目标是确认行人和自行车能够在那些紧凑的街道上有通行优先权。

结果

1996 年，实施规划通过了。虽然这个规划实施过程是非常缓慢的，但是，新的开发模式正在显示出重要变化。人们开始认识这个规划的基本精神。波特兰区域在没有产生特别高的住宅费用的条件下以更为紧凑的方式增长。公共交通系统的乘车率超出了预计，市场正在接受以公共交通为导向的开发。虽然这个规划并不完美，但是，在执行过程中，它已经证明波特兰区域的未来一定会发生非常重要的变化。

区域轻轨系统的发展如日中天，丝毫不落后于公共汽车或其他形式的公交系统。然而，1990—1998 年，波特兰区域的人口净增了 17%，而轻轨系统乘客数增加了 59%。在同一时期内，轻轨乘客人数上升了 65%，公共汽车乘客人数上升了 57%。与其相反地，轨道交通没有完全替代公共汽车，运输系统是作为一个整体而发展的。轻轨东线的乘客数从开始运营时的 18 000 人增加到了 1999 年的 39 000 人。轻轨西线 1999 年开始运营时的乘客数为 21 000 人，一年后就增加到了 25 000 人。

与此同时，波特兰区域交通堵塞的增长开始减缓。根据得克萨斯运输研究院的分析，波特兰区域已经在解决长期困扰它的交通问题上走出了一条路，领先于那些倾向于建设更多道路的城市。波特兰在没有建设任何新公路的情况下，在美国交通堵塞排名中从 1993 年的第 12 位降至第 16 位。得克萨斯交通研究所的工程师蒂姆·洛马克斯下了这样的结论：这个区域把土地使用规划和交通规划联系起来而得到了回报。蒂姆说，"我喜欢波特兰的做法。别的地方的确有必要从长远的角度关注波特兰的所作所为。"

沿着旧的轻轨东线的东部地区，以及沿着新的轻轨西线的西部地区，与公共交通相关的开发已经强有力地展开。价值 19 亿美元的发展项目正在建设中或者已经完成，这项开发紧靠波特兰轻轨东线。开发商前前后已经建设了 2 046 个多家庭共用住宅单元。自从决定建设西部线路以来，靠近车站的新开发投资已经高达 5 亿美元以上，在以公共交通为导向的新社区里，有近 7 000 户的新住宅正在建设中。

以公共交通为导向的发展也适用于零售商业。商业部门发现，由于波特兰轻轨的发展，销售量和步行出行都在增加。在 1999 年的一次调查中，靠近波特兰轻轨沿线的 54 家商户中，66% 的商户表明，靠近波特兰轻轨的地理位置对他们的生意有帮助。更具体地讲，54% 的商户表明，他们的销售量的增加是因为靠近波特兰轻轨。

规划中保护城市发展边界的战略，如填充式开发和改造等方针，似乎正在发挥作用。作为实施规划的一部分，俄勒冈州区域管理机构承诺监控填充式开发和改造的比例，这是按照美国 20 年供地法律的要求办事。俄勒冈州区域管理机构宣布，25% 的土地供应源来自更新改造。在两个独立的研究中，测量出的再发展比例分别为 25.4% 和 26.3%。由此可以推断，下一个 20 年，在波特兰地区超过 74 000 个住宅单元将通过市中心地区的更新改造而得到开发用地。

正如布鲁肯研究院在 1999 年一份报告中所说的那样，与其他大都市区相比，波特兰是城区新住房建设快速增长的城市之一。这项研究把波特兰市和其他 10 个大城市列为住房建设热点城市，在全区域住房存量中，这些市区的住房存量所占比例自 1986 年以来一直在上升。在包括 6 个县在内的整个区域住房市场中，波特兰市的占有率从 1986 年的 7.6% 上升到了 1998 年的 18.2%。

由于这些变化，这个紧凑式发展的区域没有发生住房危机。对于经济全面膨胀的西部城市来说，波特兰房价的上涨是正常的，这一点与一般主张正相反。在 20 世纪 90 年代，由于自由的边界扩张与一些区域住房市场的波动，丹佛和盐湖城区域已经使中间价位住宅的价格翻了一番，不过，只有波特兰的增长没有超出城市增长边界。

现在，波特兰区域仍然按着"增长但不向外扩展"方式发展。马里兰大学的地理学家杰弗里·G·马谢克和弗朗西斯·E·林赛使用美国资源卫星系统分析和比较了区域的形体增长。利用卫星数据，他们把波特兰和华盛顿特区做了对比，然后发现：华盛顿以每年新增 8.5 平方英里（约 22 平方千米）建设用地的速度发展，而波特兰则以每年新增 1.2 平方英里（约 3 平方千米）的速度发展。按人均土地来计算，华盛顿特区每新增一个人，便新增 480 平方米土地；而波特兰每新增一个人，仅新增 120 平方米的土地。这是 400% 的差异。1998 年的"房地产新倾向"在总结了波特兰的投资和发展期望后提出："谁说'增长边界'是个不雅的词汇？"

盐湖城区域

盐湖城瓦沙奇山前区的区域规划显示，与其说区域规划是一套政策或规划图，还不如说是一个过程。区域规划把研究、发现和教育结合在一起。这个过程本身可以从根本上重新梳理增长和社区问题，为区域制定一个经济和环境的新愿景。这个过程给人们充分的机会，从长远和全方位的角度去考虑问题。"犹他未来联盟"正是通过这个过程完成了他们的"犹他畅想"规划。

当市民了解到不同开发形式的综合效果时，他们对增长政策做出的反应不同于他们通过对项目的认识而对增长政策所做出的反应。一旦人们看到了整体，便会对局部开发做出明显不同的判断。从参与到开展他们自己未来的构造是一个很震撼的体验。

每个区域的生态、历史、经济和文化都有差异。认识这些差异是任何区域设计或愿景设想的基础。我们可以研究、定量描述和图示生态、历史和经济。一个地方独特的社会和价值结构即文化，很难把握，但是，掌握一个地方的文化也许是最重要的。

"犹他未来联盟"是盐湖城区域的民间组织，由区域里的企业、政治和民间领导人组成。"犹他未来联盟"非常倾向于社区参与和建立共识，用这种方式挑战区域规划。迄今为止，在这个称为"犹他畅想"的项目中，"犹他未来联盟"已经建立了100多个工作小组，指导了多种类型的民意调查。开始的时候，很少有人相信，这样一个保守的和推崇低居住密度的地方能够发生变化。但是，它的确有了改变。

"犹他畅想"是从一个叫作"评价体系"的调查开始的。在惠特灵集团指导下，这项调查旨在揭示那些引导人们做出政策选择的根本问题。实际上，惠特灵集团为里根竞选做过类似的全国性调查。有关华沙克区的"评价体系"调查产生了一张表达主要价值和次要价值的综合图，调查中这些判断似乎是明确的（需要头脑清醒地来看待价值的框架），但是，对于规划过程来讲，随后的证明是关键。

这个调查发现了4个"门槛价值"：安全和可靠的环境；个人和社区丰富多彩；私人时间和机会；金融的保证。这些价值看似一般，其实其强调的问题和表达的愿望对这个地方而言却是非常具体的。例如，安全和可靠并非简单地意味着更多的警力或更严厉的刑律，而表达的是需要一个更为有力的社区的愿望。更为有力的社区意味着，那里的人们更多地希望共享一个价值体系，而不是去追求收入水平上的一致，不是去追逐年龄和阶层方面的一致。与安全感相关的拥挤问题不仅涉及居住密度，还涉及缺乏容易接近的开放空间和道路拥堵，拥挤还与安全感有关。同样地，犯罪与贫穷的过度集中有关，而不一定与居住密度和执法力度有关。

"个人和社区的富裕"构成了另外一个根本价值和目标。这个价值与对社区的承诺有关，与形成街区"公共场所"的公共的、宗教的和开放空间等的元素相关。或许由于摩门教会的缘故，对分享一个价值体系的社区和街区的承诺在这个研究中出现了。

有两个问题与私人时间和机会相关。第一个问题是，交通拥堵及蔓延导致了时间的浪费和失去自由；第二个问题是，生活费用增加意味着需要更多的时间去工作或需要两份收入来维持一个家庭。这两个问题都导致社区和家庭时间成本的损失。每个门槛价值和它们的根源都给区域规划过程提出了一系列问题和一套评价区域规划的标准。

从长远的观点看，价值研究揭示了有关区域问题认识上的一些基本和关键的差别。最重要的是，盐湖城区域的人对现状的关注在意料之中，但是，他们对下一代人生活质量的关注则是始料未及的。在整个区域规划进程中，都可以看到他们在关注下一代人的生活质量。他们考虑到了下一代人的开放空间、空气质量，特别是下一代人的生活费用，他们对这些问题的关注超过了对自己的关注。不同于美国的其他地区，华沙克人希望下一代人还在这里生活，因此，他们更关心这个区域的未来。

"犹他未来联盟"组织了一系列有操作任务的公众研讨小组，鼓励人们直接参与进来解决自身特殊的增长问题。这些小组不是提出问题和给出抽象的命题，而是为参与者提供规划工具，并且用这些工具来规划他们的未来。第一个专题小组叫作"我们在哪里发展？"，专题小组给每个参与者提供了区域图和一盒与图成比例的纸片，这些纸片用来代表不同地块，专题小组的任务是，在现有居住密度下，增加100万人口。这些区域图展示了现在的建成区和这个区域里所有的环境资产。从这个区域的现实出发，参与者很快地了解到居住密度必须提高，更新改造和填充式开发将在未来的发展中扮演重要的角色。这一点我们已经在引言中描述过。把所有参与者的工作加以平均后，发现42%~77%的纸片是放在建成区的空地上，或者更新改造的土地上。

第二个专题小组讨论了"我们应当怎样发展？"这样一个论点。在这种情况下，这些图是一样的，但是，这些纸片变得更精确、更具描述性。参与者不仅能够选择未来发展的位置，还能够选择发展的类型。第二个专题小组确定了 7 种发展方式以供选择，其中 4 种是标准的开发方式，另外 3 种是新的开发方式。新的开发方式由不同居住密度的步行街区组成：村庄、城镇和市区。这些新型开发方式的特征是功能混合开发。它们把不同类型的住宅、工作、商店和公共服务设施整合到一个可以步行的环境中。在市区地块上，平均每英亩建设 50 个住宅单元，这种密度很容易通过低密度住宅建设来实现。在城镇地块上，平均每英亩建设 15 个住宅单元，这种密度很容易通过两层楼的公寓、小楼、联排且有凉台的住宅、小宅基地的独门独院的住宅等建筑形式的结合来实现，具有经典美国小城镇住宅的特征。村庄地块虽然具有城镇特征，但是它的平均居住密度仅为每英亩 8 个住宅单元。

4 个"不能步行的"开发类型类似现在郊区的标准项目：大型宅基地、标准宅基地、办公或工业园区、活动中心。所有参与者都熟悉前三个发展类型，它们形成了现在的居民生活和工作环境。这种活动中心类型可能在郊区有了一些变化，包括了购物中心或者一个由若干公寓和办公园区组成的中心。当然，这些郊区是功能混合的，并且有了相对高的居住密度。但是，由于每一种功能之间没有联系，主要道路穿过了这个地区，因此，它们都是不能够步行的。这些活动中心既具有城镇的密度，又具有典型的市区布局形式。

工作小组对全区域内 7 种开发类型做了一个复杂和充满智慧的布局，也对敏感的开放空间和交通设施做了安排。"犹他畅想"正在寻找区域增长的模式和观点，以便对可能的选项进行分析和比较。"犹他未来联盟"

不是简单地把这些选项拼凑在一起，他们把专题小组的成果当作一个规划指南。第二专题小组表明，可步行的开发类型比标准开发类型和大家熟悉的开发类型要好。这个小组还证明，人们认识到人口密度、步行和公共交通之间的关系，大部分可步行的开发被安排在沿公交走廊的地方。参与者还用色彩来表达需要保护的开放空间和农业地区。所有这些材料，都被用来展开研究，而且最终制定出两个方案。

除了区域制图小组外，"犹他未来联盟"还安排了其他一些活动，希望弄清楚人们对于在自己社区里进行开发的态度。"社区设计选择"调查希望更多的人能够参与进来，提供有关开发的定性的讨论，了解人们喜欢的和不喜欢的建筑环境是怎样的；7个工作组的参与者都被要求按他们的好恶给一组图片打分，分值从 −5 到 +5；同时，要求他们填一张表格，回答相关开发和设计的一些问题，结果再次显示，他们都希望有一个新的方向。

对于有关图片的选项，人们给能够步行的环境打了较高的分数。如房前是门廊而不是车库、主干道零售区而不是线、街区公园、混合使用这些选项都得到了比传统郊区选项更高的分数。在许多情况下，高密度居住的地方，其得分比低密度居住的地方要高，因为高密度居住的地方总有一些历史性的建筑，尺度更近人，或者因为这些地方是步行友好的。很有意思的是，在一个市区的布局中，人们给比较窄小的林荫街道打了高分，而给那些宽阔的道路打了低分。在所有情况下，由汽车支配的环境都得到了比可步行环境低的分数。密度并不是一个引起人们关注的设计问题。

在一份问卷调查中，大部分专题小组的成员都同意这样的政策，建立具有凝聚力的社区精神是重要的。有公众聚会的场所、适于步行、接近公交、混合使用土地与空间，以及比较有凝聚力的社区精神，都是一个街区的基本属性。70% 的人喜欢独门独院的居住方式。79% 的人认为，应当把街区内的住宅设计得适合于不同收入和年龄的人群居住。只有 7% 的人提出了对独门独院的居住方式和开放空间的怀疑，他们认为新的发展区应该位于交通枢纽附近，并以绿色植物作为区域的隔离带，以便形成与增长区的差别。只有 36% 的人认为，为了缓解人口增长的压力，新城市的发展应当远离现有的城市。有 21% 的人支持使用耕地来建设城市。

最令人吃惊的结果是，那些一贯反对政府规则的地方保守势力，竟然也主张政府应当对此有所作为。城镇应当管理新的增长，但是，必须以创新的方式来进行。85% 以上的人认为，政府应该鼓励土地混合使用型的发展和减少对汽车的依赖性。这次调查似乎确认了那些专题小组所建立的路线图。

4 个方案

根据不同专题小组的意见和在民意调查中收集的一些观点，形成了这个区域的 4 个发展方案。两个方案依据战后的标准开发模式，另外两个方案依据紧密型、可步行的开发模式。这样做的目的是让人们认识到，对于这个区域发展的各种选择可能会出现的综合远景以及每个选择的结果，为了简单起见，我们以新开发的土地数量作为开发影响力大小的计量方式。

方案 A 是使用低密度城市郊区开发标准模式的一种方案。在市区，降低分区规模，以便清除市区内的公寓、联排小楼和有阳台的房子，同时，在郊区划出大块宅基地开发住宅和小型牧场。市民对当前城市发展中的这种趋势不满，他们希望不要在自己的社区再增加开发强度，解决的办法是减少在那里的开发。另一方面，低收入居民和住宅降低了城市税收，以致在很多情况下，税收不能维持新住宅所需要的公共服务。这就产生了低于历史平均水平的居住密度，甚至比当前分区规划要求的居住密度还要低。

这个地区历史的平均居住密度是比较高的，因为它包括了战前的住宅，这些比较老的住宅比那些战后的住宅要紧凑些，更不用说，比现在按大块宅基地居住模式建设的住宅要紧凑很多。为了容纳 100 万的新增人口，按照方案 A，需要新开发 409 平方英里（约 1 059 平方千米）的土地，其中174 平方英里（约 451 平方千米）要占用农田。相比较而言，目前 160 万居民使用了 320 平方英里（约 829 平方千米）土地。

　　方案 B 使用了标准的城市郊区宅基地划分、办公园区、购物中心的分区规划模式，但是，它执行了现行分区规划规定的密度要求。每个城市的总体规划被调整到一张区域土地使用图上，然后，使用这张图在县与县的层面吸收未来的新增人口。增长并没有用尽所有规划上划定的开发用地，暴露出许多总体规划为获得税收而过多规划的商业分区。没有人认为这个方案具有政治"倾向"或市场"趋势"，它只是地方规划方案的简单总和。现存分区规划的密度要高于方案 A，但是，仍然没能满足多家庭共用住宅和小宅基地的市场需求。这个方案需要新开发 325 平方英里（约 842 平方千米），其中包括 143 平方英里（约 370 平方千米）的农用地。

　　方案 C 和方案 D 是建立在工作小组有关可步行的混合型街区的原则上的。这两个方案设想的都是簇团式街区，把靠近服务设施和其他开发的填充开发场地与开发不足的场地结合起来。每个街区都提供了建造各类住房的机会，包括独门独院的住宅、多户共同使用的住宅；每个街区都做商业和零售业混合开发，保证大多数人可以在步行距离内得到他们需要的服务；每个街区都沿街布置，让人们可以步行去购物和到公园散步。这两个方案基本上背离了标准开发模式和分区规划，然而，作为建设社区的另一种方式，方案 C 和方案 D 似乎也是合理和可行的。

　　可步行的开发模式比那些城市郊区标准开发模式要更紧凑些，因此，可步行的开发模式既可以提供更多的绿色空间，也可以为下一代人提供广泛的住房类型。方案 C 为 70% 的新增人口提供可步行的街区，方案 D 则可以为 83% 的新增人口提供"可步行的街区"。相比较而言，方案 A 没有可步行的特征，而方案 B 只可以为 4% 的新增人口提供"可步行的街区"。就土地使用量而言，4 个方案的区别是巨大的。方案 C 仅需要新开发 126 平方英里（约 326 平方千米）的土地（只是方案 A 的 30%），其中只有 65 平方英里（约 168 平方千米）的农业用地。方案 D 的居住密度最大，它只需要新开发 85 平方英里（约 220 平方千米）的土地就可以容纳下新增的 100 万人口。

这些方案对未来的影响是巨大的。从方案 A 到方案 D，在用地面积上有了 300 平方英里（约 777 平方千米）的差距，因而在基础设施投入和对环境产生的影响上也是明显不同的。例如，从方案 A 到方案 C，人均每日用水量从 303 加仑（约 1 147 升）降到 230 加仑（约 871 升）。这些方案对空气质量的影响不是线性的，取决于地方产业性质以及整个区域向外延伸的方位。温室效应气体的排放总量、分布以及与人的接近程度，对人体健康的影响是有区别的，如果以温室效应气体排放对人体健康的影响来排序，方案 A 最大，为 9 分；方案 C 最小，为 6 分。有趣的是，方案 D 竟然居中，为 8 分。这些数据表明，居住密度不一定总能够降低人对环境的影响。

由于电脑软件对于模拟"可步行"的效果有困难，所以，交通分析受到了限制。但是，从趋势分析来看（如果不从绝对意义上讲），结果还是非常清楚的：紧凑发展可以减少人均使用车辆出行的公里数。

这个分析得到的最引人注目的结论是，不同方案的基础设施投入大不相同。基础设施投入包括私人开发商以及市政设施建设项目的投入，如街道、公路、公交系统以及供水排水系统上的投资，这里还不包括土地投资和公共服务设施的投资，如警察和消防，也不包括建筑投资。不同方案的基础设施投入分别为：方案 A 为 376 亿美元；方案 C 为 221 亿美元；方案 D 为 230 亿美元。这再一次表明，不同方案所涉及的因素与基础设施投入并非简单的线性关系，因为方案 D 在公共交通方面的投入比方案 C 要多。然而，从整体上来说，方案 A 和方案 C 有 155 亿美元的投资差别，这一点当时就引起了州政府以及地方政府的注意。

最后，这些方案以概要的形式在地方报纸上被公布于众，同时，还附带一张反馈调查表。每个方案都有定性描述和一个综合影响表。"犹他规划"收到了 18 000 封回复。这张反馈调查表要求答卷人给这 4 个方案排序，同时指出该地区所面临的最大挑战是什么。绝大多数反馈都趋向于方案 C 和方案 D。这个选择是真正不夹杂个人因素的。当他们依据收入和人口与那里基本条件的相互关系，来对这些结果进行修改时，调整后的结果与调整前的结果相似。

质量增长方案

在专题小组的调查和分析的基础上，第二年，"犹他畅想"又衍生了一个"质量增长方案"。这个"质量增长方案"是以图示的方式对以上方案的影响和投资进行了分析。结果显示"质量增长方案"在所有方面都比方案 C 好。

尽管区域规划不易过细，但是它必须有明确的目标、战略以及清晰的空间形体图式。这只是一种空间构图，不一定有多少渲染。在很多情况下，规划目标与政策常常是含糊和容易被误解的。更重要的是，这些规划有可能成为一个孤立的项目，缺少整体和全面的意义。

"犹他畅想"的最终成果并非一张简单的图，而是一系列的分层图。

这些具体的图层（图13—图16）用一系列执行战略和政策加以补充。这些分层图确定了区域的三个基本地理目标：开放空间、填空区和新增长区、社区中心和走廊。

这些分层图背后的观点都是经过专题小组讨论、居民调查以及对不同方案分析的产物。例如，专题小组的成员使用绿笔来确定大规模开放空间系统。后来，这些绿色图斑成为了开放空间图层的基础。在一个专题小组，许多参与者自发地减少了村庄或镇，而且把减少的村庄或镇并入那些社区中心，这张图成为"中心、区域、走廊"图层的基础。几乎所有的专题小组都把新增长区和较高土地使用密度的街区安排在可能的公交沿线上，从而形成交通图层。另外，所有专题小组普遍认为，应当更新改造和再投资那些市区中的空地。"质量增长方案"中诸多图层结合了最受欢迎的方案C，以及经地方规划师专业处理的因素和社区加入的因素。

在"质量增长方案"中，每一张图和每一个图层都是独立的。这些图层并不是完全不可改变的，地方上有充分的处理权。但是，它们清楚地表明了社区之间和问题之间的关系。分开看，每一张图和每一个图层都是制定政策的指南，但是，把所有的图和图层合在一起，便形成了整个区域的总图。

规划中的每张图或每个图层都是由若干部分组成的。开放空间图层（图14）由6个元素组成：社区间隔离带、河流走廊、农田、湿地、湖泊沿岸泄洪区和具有历史意义的大盐湖博纳维尔湖岸线。与每个层次相结合，这6个元素中的每一个都可以成为独立的项目以及可以操作的政策。把它们结合起来，便形成了一个综合、严格的区域开放空间系统。不通过这种全方位的方式，我们不可能弄清开放空间基本元素之间存在的可能联系，如小径和社区间隔离带。

大盐湖古老的湖岸线位于海拔4 800英尺（约1 463米），是山脚开发限制的标志线。博纳维尔湖岸线除了限制山坡开发的等级外，它也能提供 100 英里（约 30 米）公共小径的空间，这样，通过山脚整个区域从北到南连通起来了。

对山麓保护线的直接补充是连续的湖岸线保护区。沿着大盐湖和犹他湖周围建立一个公共开放空间休闲地，以保证公众可以到达那里，湿地得到保护，水质不会受到影响。山脚下和湖岸边的开放空间把区域内两个主要的自然景观整合到区域规划中。

与这些重要自然景观相衔接的是区域内的河流和小溪。尽管沿着盐湖城约旦河的大部分土地已经被开发，但是保护未被开发的土地和可能索回的土地，仍是区域的重要目标。在整个讨论过程中，参与者们都表明，盐湖城约旦河和它的支流是十分重要的开放空间或小径系统。此外，湿地会扩展这一岸边系统，与农田联系起来。

所有的专题小组都呼吁保护盐湖城区域北部和南部边缘地带的农业。在许多情况下，如果没有公共投资，保护这种农田景观是十分困难的。幸运的是，被划入保护范围内的大多数农田并没有受到即刻开发的威胁。

比保护自然土地和农田更困难的是保护社区间的那些未开发的地方。开发这些相对没有严格限制的土地容易受到来自各方的攻击，但是，利用这些土地建设社区的隔离带还是有可能的。公众的整个参与过程有一个明确的目标，那就是防止摊大饼式的郊区开发模式，让社区间具有明显的界线。"犹他畅想"提出的策略是，采用市场的力量而不是公共投资来解决这个问题。"犹他畅想"提出，划分出大型地块，开放空间以组团式建设场地。这既可创造社区间隔离区，又可满足市场对乡村生活方式的需求。例如，8 个 5 英亩（约 2 公顷）的地块可以形成一个乡村居民点。每片地可以拿半英亩作为宅基地，留出 36 英亩（约 15 公顷）的开放空间，作为可以租赁的牧场或农田。这种方式既创造了社区间开敞的区域又满足了对乡村居所的需求，使每一个家庭都可与永久性开放空间联系起来。

还有两张区域分层图，一个分层是填充空白、更新改造和新增长区，另一个分层是中心、区和走廊。这两张区域分层都涉及提高这个区域的开发品质和定位问题。这些分层图不能规定地方政府如何使用土地，它们只能从类型和位置角度提供新的发展路径。尽管这些分层图不能要求地方政府去遵照执行，但是，它们能够清楚地从类型和位置等方面倡导一种新的发展方式。

通过新旧观念的结合、地方目标和区域目标的结合，来实现协调发展。在许多情况下，"质量增长方案"都兼顾了地方社区的现存目标，并把那些目标转换成城市设计的内容。在许多地方，"质量增长方案"留下了充分的发展空间，一些地方使用了标准开发模式。在专题小组的讨论中，填充空白式开发、公共交通走廊、混合使用中心都成为重要战略选项。最后，在"质量增长方案"中，采用可步行的和功能混合开发的住宅占这个区域未来住宅开发总量的52%，采用可步行的和功能混合开发的地方可能产生的就业岗位达到新增就业岗位的57%。另外，办公园区和工业园区的开发，以及坚持标准宅基地的开发仍然会存在，但是，这些开发都不在关键公共交通服务区内，也不在各式各样的社区中心里。

中心、区、交通走廊图层（图15）上的3个元素叠加起来产生了重大影响。交通走廊通过填充区、特殊区和社区中心，关于是否通过社区中心是有例外的。虽然不是所有的社区中心都能够处于主要交通线路上，但是，许多社区中心都处于快速公交汽车线路上。所以，在区域规划中，中心、区和交通走廊在区域规划中是分开的，不过，中心、区和交通走廊相互作用，都以产生实际意义的方式被叠加在一起。

这张中心、区和走廊分层图显示，轨道交通必须与可选支线和重要快速汽车走廊相衔接。轨道交通是把公共汽车、轨道交通和面包车联系在一起的多交通模式的系统。沿着现存的和没有被充分利用的那些线路扩张新的轻轨系统有可能最终形成区域轨道交通系统。盐湖城区域的线状结构对公共交通开发相当有利，这种线状结构的形成一方面是因为地形，另一方面是因为历史上建设的铁路线。旧的轨道线横穿盐湖城区域大部分比较大的城镇，因此，把旧的轨道线转换成公交线路很有利。

与公共交通走廊和特殊区互补的元素是各类社区中心。许多参与讨论的市民都认为，应该在他们现存的社区中心安排一个村或镇。他们希望把过去那些以私家车为导向的社区中心改造成可以步行的、具有人的尺度的社区中心。出于这种想法，"犹他畅想"涉及了种类繁多的中心，从盐湖城的市区中心到村庄中心，专题小组把许多设想的社区中心放到了需要填充的空地或需要更新改造的土地上，例如，把设想的社区中心放到那些衰退了的购物中心，或者，把设想的社区中心放到那些社会不稳定的历史街区上，专题小组还把许多设想的社区中心安排在可能的公共交通节点上。

像开放空间分层图一样，社区中心的确认和再开发相伴着有力的后继政策。社区中心把抽象的区域结构置于地方的一个关键点上，它在构造区域方面有着重要的功能。

"质量增长方案"的第三张图显示了新增长区、填充和更新改造区（图16）。在盐湖城区域，这些填充和更新改造区无处不在。从盐湖城市中心到边远的小镇，这个区域原先采用的最低密度开发模式为填充开发提供了重要机会。由布里格姆·杨（Brigham Young）开创的大街大宅基的传统为盐湖城区域留下了许多更新改造的机会来重新使用。事实上，布里格姆·杨的规划中的许多地块，已经从10个1英亩场地变成了各种各样尺寸的场地。

如果把可以填充的场地放到图中去，我们会发现那些沿街的商业带和早已荒废的老工业区提供了潜在的再开发机会。这个区域的许多棕色区都在盐湖城南部轻轨线路通过的同一个走廊上。那些旧的铁路和工业区对于美国城市来说都有着巨大的开发潜力。当工作小组的参与者把新增人口放到这些地方时，再开发的潜力就主导了"犹他畅想"的制定。

城市设计案例研究

正如波特兰《2040 规划》一样，地方社区设计的特征和性质是构造区域规划的基本模块，与此相同，"犹他畅想"也把地方社区设计的特征和性质看成构造区域规划的核心。市民们必须认识到区域远景对地方的各种影响和意义。"可以步行的街区"听起来不错，可是，"可以步行的街区"要实现的是什么呢？"可以步行的街区"看上去究竟怎样呢？为了回答这些问题，我们选择了 6 个研究场所来表达这个区域的典型状况。在研究这些场所时，我们邀请了当地居民来加入社区专题小组，以制定他们自己的规划。这些专题小组有区域尺度的规划，他们以 8~10 人为一组。给他们一些工具，让他们去做自己的规划。每一个小组写下他们所关心的问题。另外，他们有多种多样的小纸块，这些小纸块代表了不同类型的开发方式，他们可以选择如何开发那些场地。

在大多数情况下，这些专题小组都提出了混合使用规划。没有任何一个专题小组提出不开发或者把整个的场所用于单一功能。在重点和土地使用比例上，这些专题小组之间当然是有差异的。不过，所有的专题小组都认为，建设一个可以步行的街区是根本目标，那里包括了不同的土地使用方式，以便使其成为地方焦点，形成具有人的尺度的道路系统。

图 17—图 20 上的 4 个场地可以组成同样简单的土地使用分类，它们是区域工作小组的选择：村庄、城镇和城市中心。森特维尔在混合使用和

居住密度上像一个村庄。而西谷城和普罗沃在居住密度上更像一个镇，它们每一个都有开发的可能。另外一个场地比较特别，它跨越桑迪和米德韦尔的边界，新轻轨线的一个车站将建在那里。

这些城市设计案例研究不仅体现了这个区域各种不同的自然条件，它们还显示了这个区域各种不同的社会和经济状态。这些案例研究证实了城市规划的不同形式和目标，它们都是混合使用和可以步行的，但是，它们又是不同的。每一个社区专题小组都同意多样性和步行平等这样一些基本原则。可是，每一个社区专题小组都增加了自己的特殊标准，当然也本应如此。城市规划并不是一个公式或者一个标准的汇集，它必须面对不同时间、不同地点和不同的社区。在区域规划的框架内，正是因为社区间客观存在的差异，我们在规划上才有了选择，才通过规划形成不同社区的独特标志。

影响

"犹他畅想"制定过程的第一年，犹他州立法院通过了 1999 年《质量增长法》。这部法律建立了一个由 13 人组成的"质量增长委员会"，以帮助地方政府去获得基金、管理土地保护基金、研究若干与增长相关的问题。

当然，比这部法律更重要的是，市民、官员和决策者在一起对话。通过公众参与和媒体宣传的对话过程，居民和地方政治家开始讨论多种多样的问题，讨论不同的增长形式所产生的结果，他们不仅关注一个地段或者是一个项目对地方的影响，更加关注那些开发和决策对区域产生的广泛影响。地方社区正在致力于推进保护他们的开放空间，复苏那些被遗忘的市中心，甚至于地方社区与邻近的行政区一起协调增长和规划，从这一点上讲，一个远景正在被创造出来，一个过程正在被展开。

区域规划

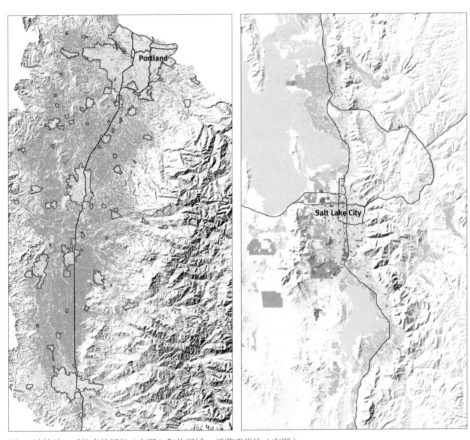

图 1　波特兰 – 威拉米特河谷（左图）和盐湖城 – 沃萨奇岸边（右图）

以上两张图分别是威拉米特河谷（Willamette Valley）区域和沃萨奇岸边（Wasatch Front）区域。威拉米特河谷区域与沃萨奇岸边区域在规模和经济增长方面大同小异。两个区域大约都有 100 英里（约 161 千米）长，在 20 世纪 90 年代都有了重要的经济发展。自 1976 年俄勒冈州通过《波特兰城市扩展边界》以来，这里的区域结构已经变得更为紧凑了，220 万人生活在规定的边界内。相比较而言，整个沃萨奇岸边区域只有 170 万总人口，这个数目与波特兰大都市组团的人口相当。按照《波特兰城市扩展边界》的规定，在威拉米特河谷全境保留农田，在一个个独立社区间建立绿色缓冲区。但是，盐湖城在城市蔓延中消耗了历史城镇间许多敏感的开放空间。当然，在以私家车为导向的郊区发展中，土地使用功能总是分离的，在这一点上，二者的蔓延式城镇发展模式十分相似。必须说明的是，这两个区域最近以不同于蔓延的方式，制定了区域规划和社区规模上的规划。

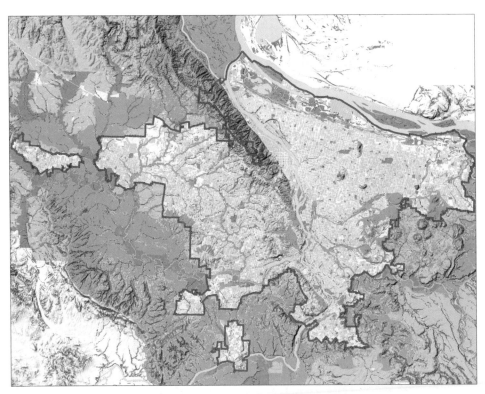

图 2 波特兰大都市区开放空间

绿带
城市建成区
泄洪区和湿地
乡村居民点
斜坡
水域
—— 城市扩展边界

俄勒冈州

《2040 布局规划》的开放空间图层表明了波特兰城市扩展边界内外不同的元素。值得注意的是，《2040 布局规划》在城市扩展边界外增加了乡村保护用地，它的功能可能是社区隔离带、风景走廊和保护有价值的动植物。在城市扩展边界里，一旦执行水源地和泄洪区保护标准，必然产生一个由区域的河流和小溪构成的开放空间网络。在城市扩展边界内的整个开放空间接近 35 000 英亩（约 14 164 公顷），而这个修订后的规划仅仅在整个开放空间内为未来 20 年的增长预留了 3 500 英亩（约 1 416 公顷）土地。

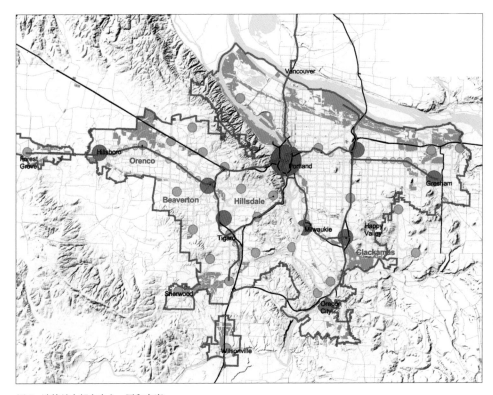

图 3 波特兰大都市中心、区和走廊

●	市中心
●	区域中心
●	小城镇中心
·	村庄 / 公交中转站
⋯	交通线
▨	就业中心
▬	主要高速路

俄勒冈州

这是指导城市发展的《2040 布局规划》的一个图层，它包括了不同等级的中心：城市中心、6 个区域中心、小城镇中心和以公共交通为导向的中心。市中心和区域中心通常是交通枢纽和发展热点，《区域 2040》中的市中心和区域中心计划吸引未来 38% 的新工作岗位。沿轻轨线、公共交通导向中心和小城镇中心采用功能混合式的土地使用模式。公共交通线路和传统商业街也是区域内的交通走廊。沿轻轨线、公共交通导向中心、小城镇中心、公共交通线路和传统商业街大约可以吸引未来 19% 的新工作岗位，同时，在那里安排整个区域的 1/3 新住宅用地。建设这些紧凑型中心和走廊，旨在把本地区公交乘客人数提高 4 倍。

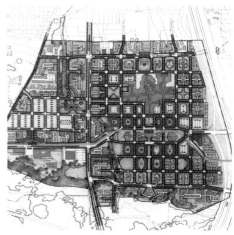

- ▨ 开放空间
- ▨ 公共场所
- ▨ 就业场所
- ▨ 独门独院的住宅
- ▨ 住宅单元楼
- ▨ 商业

图 4 克拉克默斯县

俄勒冈州

克拉克默斯是波特兰区域的 6 个区域中心之一。克拉克默斯县城镇中心规划为重新开发潜在的郊区灰色地带提供了一个范例。这个场地成为按照《2040 规划》进行社区城市设计的试点之一。规划师把那里的传统的步行商业广场和一条商业街改造成混合使用的小城镇中心，包括不同档次的住宅、公园、市政建设、零售商和办公室。

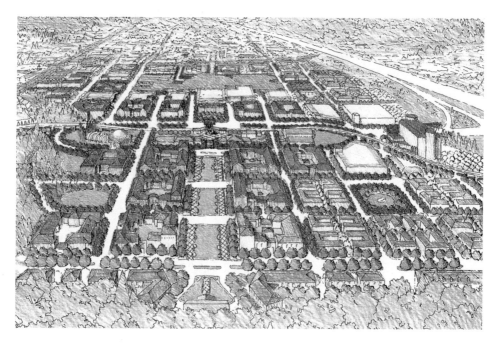

图 5　克拉克默斯县

俄勒冈州

传统的步行商业广场的核心部分被保留下来,然后采用与波特兰市中心相同规模的地块,把这个步行商业广场的核心部分包围起来。每个街区内部都设有停车场。他们把原先的主干道分割成两条单向的车道,以便适合于步行者。在两条单向道路之间,安排了轻轨车站和若干公共建筑,使人们容易到达。许多开发商把它称作"乌托邦",但是,自从该规划完成之后,美国的许多商业广场都看好类似的开发规划,他们把停车场改造成具有人的尺度的、多用途的环境。最著名的是佛罗里达州的米茨纳(Mizner)公园,正如上图,他们拆除了旧的商业广场,把那里改建成由公园环绕的、功能混合的地方。

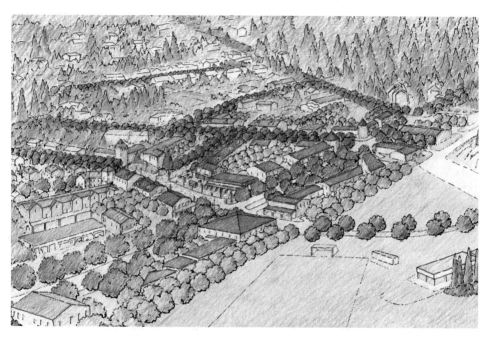

图 6 希尔斯代尔村

俄勒冈州

这个案例适合于那些由商业街和一些传统建筑支配的小村庄中心。这个设计表明了如何在只做一些小小的填充开发而不改变场地规模的前提下，形成一个社区中心的特征。通过减缓交通量和有选择地重建南边的商业区，从而把原先的马路改造成一个商业街。在原先空着的村庄拐弯处增加商店。经过这些改造，一个乡村变成了一个适合于步行和混合使用的综合体。

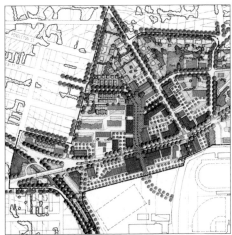

■ 开放空间

■ 公共场所

□ 就业场所

□ 独门独院的住宅

■ 住宅单元楼

■ 商业

图 7 希尔斯代尔村

俄勒冈州

穿过这条马路就是一条新的步行街，不经允许，车辆不许进入。这条步行街从北端的新住宅区出发，经过新的混合使用的建筑物，最后到达地方学校的操场。独门独院的住宅、连体小楼式住宅、楼下商店楼上公寓式建筑，大大增加了这个三角街区中心的住房面积。

俄勒冈州

奥兰克场地的设计是一个向绿地挑战的典型案例。即使是在一个合理的城市发展边界内，从区域整体上讲，绿地仍然起着重要作用。奥兰克场地是一个围绕着老火车站逐步形成的居民点。这条铁路线已经是波特兰新西部轻轨系统的一部分。这个居民点的北部被规划为办公园区、总部园区和轻工业园区。松下陶瓷已经使用了一个主要地块，并且计划未来进一步扩大制造业。该地区被确定为主要就业中心，当然，需要协调住宅与服务业之间的关系。

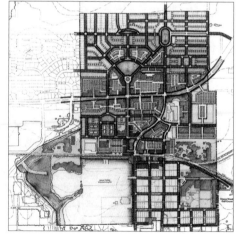

图8 奥兰克

 开放空间　 公共场所　 就业场所　 独门独院的住宅　 住宅单元楼　 商业

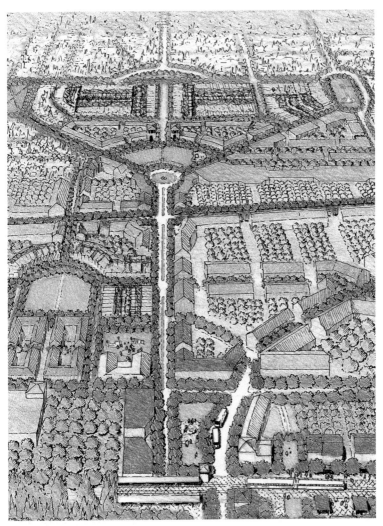

图 9 奥兰克

俄勒冈州

这项设计研究说明了乐如何把这些完全不同的构件——乡村居民点、主流工业、新住宅和服务业——沿着轻轨线而设计在一起。在新火车站，在传统商业广场上对着铁路建起了一个狭长的公园。整个公园和乘车设施从站前移开，为新的火车站前集中服务腾出空间。在把混合使用的住宅沿一条通往新火车站的道路展开时，与这条路垂直相交的东西主干道用于商业开发。此后，这个区域有了合理的发展。这个被命名为"奥兰克车站"的项目已经多次获得创新奖。

图 10 比弗顿

俄勒冈州

比弗顿规划展示了在商业街布局下如何建设小城镇。比弗顿是《2040规划》中"区域中心"部分所提倡的大规模重新开发的又一个范例。波特兰西线轻轨在比弗顿的北部设了两个车站，这就产生了重新思考这个小城镇的规模、混合使用和建设城市外环线的机会。在建设两个新轻轨车站的同时，在它们附近混合布置较高密度的商业、居住和市政事务。这个设计证明，即使在那些地块零乱的地区，也可以把一个商业走廊改变成一个可步行的城镇中心。

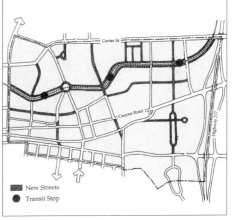

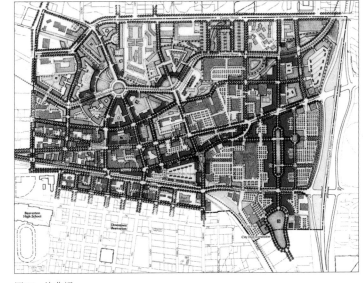

开放空间

公共场所

就业场所

独门独院的住宅

住宅单元楼

商业

图 11 比弗顿

俄勒冈州

如同相似地区，这里的一个突出问题是缺少街道网络。比弗顿原来仅有一条东西走向的主干道，那里布满停车场，总是交通拥挤。这个规划设计了一个新的街道网络系统，使拥挤的交通分流，建设更多的人的尺度的街道，以便实现土地和空间的混合使用。沿着轻轨线修建了一条新大道，原先的主干道被分成两条单行线穿过这个历史城市的核心。许多老式建筑被保留了下来，更多的步行导向的开发沿着新街道网络展开。

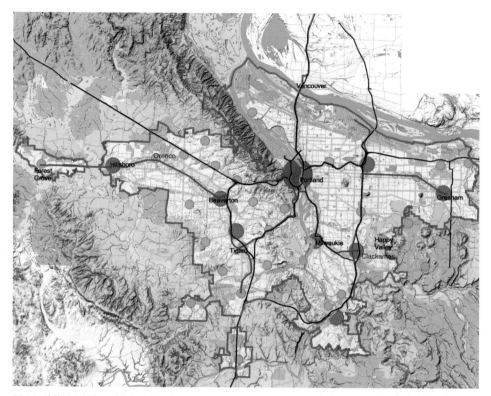

图 12 波特兰大都市区总体规划图

俄勒冈州

与沃萨奇岸边线状的区域形态相比，波特兰的区域形态呈放射状，它以城市中心为圆心，在每个方向上向外延伸大约 15 英里（约 24 千米）。波特兰的大部分地区都可以通过城市中心转换而到达，因此，放射状布局模式有利于强化它的城市中心。这张总体规划图把人工的和自然的图层结合起来，这是任何一个区域规划必不可少的图层。城市增长边界把城市的土地与自然和乡村的土地分开。这张地图很清晰地表明了交通（高速公路、铁路和公交道路）和认定为城市使用的土地之间的关系。

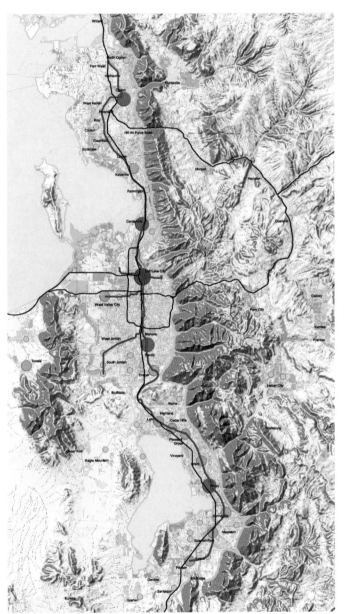

图 13　盐湖城地区总体规划图

犹他州

与波特兰区域相比，瓦沙奇岸边区域沿着一条山地和湖泊之间较狭窄的河床延伸 100 英里（约 161 千米），瓦沙奇区域规划呈线状和分散的布局模式。从盐湖城出发，沿着南北轴线，距离递增地设置了地区的亚中心，如普罗沃、桑迪、布里格姆，这些城市在就业中心和交通中转上将可能起到举足轻重的作用。在大盐湖和犹他湖之间的区域面积大体与波特兰都市区的面积相同。山区和湖泊形成了这个区域的自然增长边界，该地区未被充分利用的基础设施为连接若干个老城镇创造了机会。

□ 绿带

▨ 城市建成区

▨ 泄洪区和湿地

▨ 乡村居民点

▧ 斜坡

□ 水域

犹他州

这个地区可以利用湿地、湖泊、山坡等地貌和联邦政府的土地限制蔓延，而不需要设置一个城市增长边界。在质量增长方案中，开放空间图层由6个因素组成：湖岸走廊、湿地、湖岸缓冲区、山坡、耕地和社区隔离带。这些因素都能成为环境保护项目的目标，但是，把它们联系在一起，就能形成一个综合性的区域开放系统。地貌规定了前4个因素，后两个因素——耕地和社区隔离带由分区规划指定。由于赎买社区隔离带土地所需费用较高，所以，分区规划把隔离带划分为乡村居住用地，但是，附加条件是乡村居住用地必须组团式开发，以便提供更多的开放空间。

图14 盐湖地区开放空间

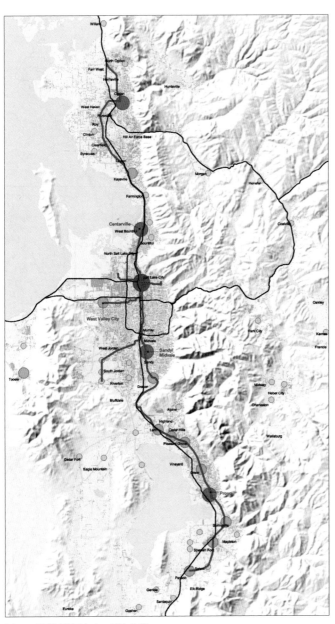

图 15　盐湖城地区中心、区和走廊

市中心

区域中心

小城镇中心

村庄 / 公交中转站

交通线

就业中心

主要高速路

犹他州

这个地区的规划在一定程度上依赖于在原有的老城镇和沿铁路线车站基础上填充和再开发。填补空白，以及建设交通走廊和混合使用的中心都要求公众参与，采取不同于标准开发的政策。在这个方案中，各种混合使用中心将提供未来 52% 的住房开发和 57% 的就业岗位。地貌和这条历史遗留的铁路线决定了这个地区线状的布局结构，线状布局结构有利于交通。低效率的轨道交通线穿过大多数城镇的中心。从盐湖城的商业中心到边远的农村或者山区村落，各式各样的社区中心与这个交通走廊相得益彰。

□ 绿带
■ 城市建成区
— 干道
— 主要高速路

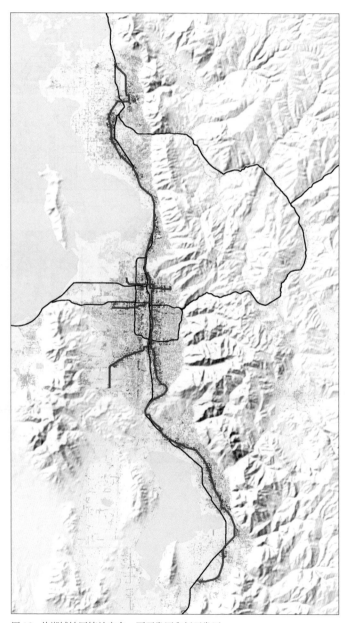

犹他州

这是质量增长方案的第三个图层，它展示了新增长区、填补空白区、再开发区和新开发区。从盐湖城到最远的小城镇，整个地区原先低密度和跳跃式的布局为填充和再开发提供了机会。同时，沿着旧铁路线的那些似乎没有尽头的商业走廊和不景气的工业场地也为填充和再开发提供了机会。新增长区主要在交通东西向扩展沿线。这个方案保留了瓦沙奇丛林背后的希尔斯代尔村，几乎不允许那里发展。

图16 盐湖城地区填补空白、再开发区和新开发区

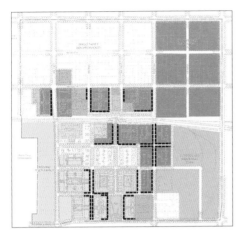
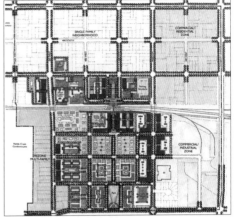

 开放空间

公共场所

就业场所

独门独院的住宅

住宅单元楼

商业

图 17 普罗沃

犹他州

普罗沃位于盐湖城以南 45 英里（约 72 千米），是盐湖城区域的第二大城市中心。那里有布里格姆青年大学和犹他州最有特征的传统市中心。这个案例场地就在市中心规划火车站南边，面向规划火车站。以前，那里的土地利用率低下，因此，在这个地块上开发包括住宅、市政服务和商业在内的建筑，规划密度大幅度提高，以便充分开发交通枢纽的潜力。当然，这个地块以北的独门独院街区不变，以保持混合使用的状态。在那里，较高密度的全面重建与现存社区的愿望之间曾经有过冲突。

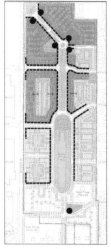

图 18 森特维尔

犹他州

森特维尔是一个距盐湖城以北 10 英里（约 16 千米）的郊区社区，有 15 000 人口。这个案例场地有 54 英亩（约 4 公顷）空地，位于一个以高速路为导向的购物中心和一个以公寓楼为主的社区之间。这个示意规划图表明了如何协调若干家业主，在这个"城郊宿舍区"里建起一个新的中心。在北端的购物区设计了一个绿色的景观街头公园，通过短短的商业街，与广场、电影院、老人活动中心和社区剧院相连接。楼上居住、楼下工作的建筑面对着一个线状公园，从而在购物区和城市公园之间形成一种有力的开放空间的联系。这个位于场地中部、占地 4 英亩（约 2 公顷）的城市公园和图书馆形成了邻近的中心，成为新街区的核心。

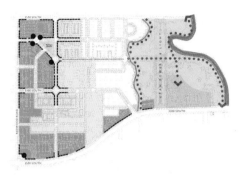

■ 开放空间

■ 公共场所

■ 就业场所

□ 独门独院的住宅

■ 住宅单元楼

■ 商业

图19 西谷城

犹他州

西谷城的案例场地比森特维尔的在规模上要大得多。这个在约旦河旁的案例场地有商业建筑和多样化的住宅。这个规划来自那里的社区工作小组，他们计划建立两个区，西区是功能混合区，东区是市政办公和娱乐活动区，一直延伸到约旦河边。西谷城具有多元文化的特征，一些民族社区希望有户内和户外的文化设施。规划师最后在约旦河公园和文化中心外的高地上安排了住房、办公室和零售用地。

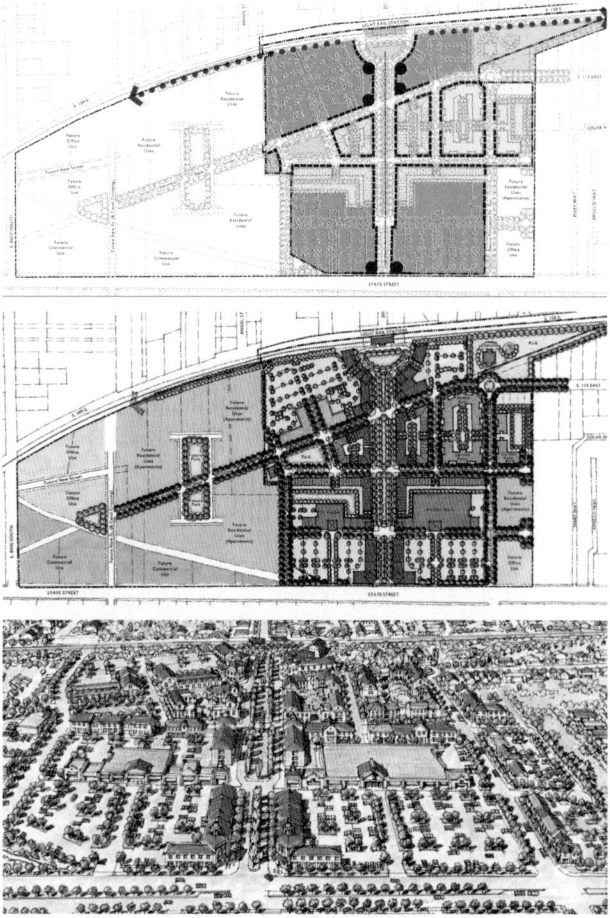

图 20　桑迪 / 米德韦尔

犹他州

犹他州公交公司在参地和米佛之间的新轻轨铁路附近拥有一片规模较大的未被充分开发的土地。尽管原来没有打算在这个地方设置车站，但是，一旦增加这里的土地混合开发强度，就有可能设置一个车站。社区工作小组表现出对"以公交为导向的开发"的热情。规划图上表示了如何安排这个新车站以及混合使用这个地块，以及如何安排周围其他建筑物。一条林荫大道从高速路直通这个地段，在车站附近的地段采用高密度开发。这个规划演示了怎样把一个由私家车为导向的土地使用模式改变成以步行和公交为导向的土地使用模式的过程。

皮吉特湾区域

在 20 世纪 90 年代空前的经济繁荣下，西雅图这个太平洋西北岸城市区域感到了城市增长的巨大压力，与波特兰一样，西雅图也在以真正的区域城市的形象出现。西雅图虽然是波特兰的"学生"，但是，与波特兰相比，西雅图向区域城市的转变更加步履维艰，需要的时间更长。

尽管西雅图与波特兰同处于美国西北部地区，但是，西雅图的区域规划试验面临着更大的增长压力。西雅图有 300 多万人口，是加利福尼亚以西最大的都市区。微软、星巴克和其他成功的公司推动了西雅图区域经济的发展，使西雅图承受了比波特兰历时长得多和大得多的增长压力。

这样，西雅图的区域主义与波特兰的区域主义相比有着许多不同。西雅图的"区域城市"是建立在法律、规划和政策的基础之上的，这些法律、规划和政策可以追溯到近 30 年以前。作为区域主义基础的"想象"超前于州里的法律，而不是跟在州里的法律之后，当然，州里的法律推动这些设想成为现实。由于区域规划必须把社区的目标与区域整体的目标协调起来，所以，那里的区域增长计划，以及随之而来的城市增长区的规划，要复杂和微妙得多。尽管如此，正如在前几章中所描述的那样，20 世纪 90 年代真正区域性城市的潮流已经产生了革命性影响，以我们在本书中所描述的方式，使区域也使街区正在发生转变。

通往区域规划的道路

20 世纪 70 年代的环境保护思潮、20 世纪 80 年代因房地产繁荣和超常建设所致的西雅图市区的交通拥堵，都是西雅图大都市地区形成自己特有的区域主义的源头。

像旧金山海湾区域和一些其他的西部大都市一样，20世纪70年代，西雅图的居民和民间领导人开始采取措施治理那里日趋恶化的环境。西雅图大都市地区有着美国战后郊区化的典型特征。在此期间，华盛顿州通过了《海岸保护法》以限制在海岸地区的城市开发。同时，通过了《环境评审法》（类似美国环境政策法），要求在绿地中的开发项目必须严格执行减少环境干扰的措施。《环境评审法》使环境保护成为华盛顿州地方规划的基本内容。20世纪70年代后期，西雅图市所在的国王县着手展开美国雄心勃勃的农田保护工作。第二次世界大战以后，西雅图的郊区开发已经占用了国王县2/3的基本农地。1979年，国王县的选民以压倒性票数通过了5 000万美元的预算，从农民那里购买土地开发权。国王县是美国第一批从农民那里购买土地开发权的县之一。在此后的10年里，国王县政府从大约200个农民家庭手里购买了12 000英亩（约4 856公顷）土地的开发权。政府用购买过来的开发权建设了围绕西雅图的绿带，这个绿带成为分割乡村和城市的边界。

然而，20世纪80年代，一个新的开发浪潮再次席卷了西雅图。国际贸易的增长使得西雅图成为世界主要港口之一。个人计算机的迅速发展很快地使微软公司成为美国领军公司之一。繁荣的办公楼建设在西雅图市区里引发了未曾预料的兴建摩天大楼的需求。

因此，20世纪80年代的西雅图既"向上"也"向外"地迅速扩展。西雅图市中心到处可见正在兴建的办公楼。开发商建造了50、60和70层高的建筑物——西部海岸上的一些最高的建筑物——使这个曾经的宜居城市失去了平衡。与此同时，更加繁荣的郊区办公园区的开发从根本上改变了一些近郊区，办公室园区和大学校园取代了那里小型商业服务。新就业岗位在近郊区增长，比如在雷特蒙德的微软公司，产生了对大城市边缘住宅需求增长的连锁反应。因为就业岗位的分散化，甚至住宅的分散化，使近郊区承受了一系列商业开发的压力，这样，居住增长给原先的乡村地区造成了压力。

这个"向上"和"向外"的现象使西雅图产生了两大不协调：区域内工作和住房的不协调，超大规模的市中心区、近郊区的超级就业中心和腹地里低密度住宅区之间的不协调。区域在许多方面都显现出消极的后果，最明显的莫过于交通了。交通拥塞已经达到了空前的水平。西雅图本来是一个以水为导向的城市，但是，20世纪80年代，西雅图成了美国最拥堵的大城市之一。在这个时期，西雅图的人口增长了22%，汽车行驶总里程翻了一番。

对于西雅图人尤其对于环境保护主义者而言，这样的结果预示着暴风雨就要到来，环境保护主义者们奔向投票站，希望解决由"向上"和"向外"造成的诸多问题。20世纪80年代后期，西雅图的选民们批准了这样一个方案，把分区规划确定的市区裁减1/2，禁止兴建更多的高层写字楼。随后，环境保护论者们提议，制定一部在全州行之有效的、严格的增长管理法，实行州对土地使用的集中管理。这部法律与俄勒冈州的一系列法案相似。

《远景2020》

这些令人忧虑的情形清楚地表明，西雅图需要用一种独特的和以区域为导向的方式来解决它的增长问题。从1987年开始，地方政府官员和来自全州倡导增长管理的人们开始制定一个区域规划，这个区域规划就是后来的《远景2020》。

《远景2020》基本上不是来自民间，而且是一个非正式的产物，实际上，《远景 2020》是一个专项提案，由"皮吉特湾政府会议"制定，没有得到任何州或联邦法律的授权。"皮吉特湾政府会议"是一个典型的区域规划机构，长期以来，它一直没有发挥什么作用。1989 年，区域规划批判者尼尔·皮尔斯甚至建议废除这个机构。

经过 3 年的努力，《远景 2020》形成了一张完全不同以往的西雅图区域的发展蓝图。正如前华盛顿大学城市规划与设计系主任加里·皮沃所说，《远景 2020》"是对多元化需求的反映：它提出了一系列发展战略以协调发展与保护开放空间，更好地利用公共交通和分流乘客，减少对私家车的依赖，以便更好地节能、减少污染等，寻求经济发展的均衡分布"。

换句话说，《远景 2020》提出了西雅图版的区域城市，包括本书中已经详细解释过的许多重要的概念：

·通过确定地域边界和地域开放空间系统，限制进一步的城市蔓延。

·把城市发展引向紧凑型社区开发模式上来，把城市开发集中于包括市区中心的全区域的"中心地"层次结构上。

·通过把乡村土地用于农业、林业、休闲娱乐和其他乡村使用，保护乡村地区。

·在整个区域内，提供多样性的住房选择，包括住宅单元、小楼、小地块独门独院住宅。

·制定一个区域交通战略，重点放在建设高频率、高速度的公共汽车和轨道公交系统，把城市中心连接起来。

西雅图区域的地方政府原先争论不断、难以协调，但是，这一次它完全赞同《远景 2020》。为了执行《远景 2020》，西雅图区域的地方政府用一个名为"皮吉特湾区域议会"的实体替代了原先的"皮吉特湾政府会议"。"皮吉特湾政府会议"通过给予现存的城市地区更多席位的方式，使城市地区对区域发展产生更大的影响。同时，为了使这个理事会更具代表性，华盛顿州交通部和3个主要港口都在"皮吉特港区域议会"中有代表。

即使如此，"皮吉特湾政府会议"仍然没有权力去执行或者强制推行《远景2020》的法则。建筑业对把西雅图转变成区域城市持反对意见。建筑师马克·欣肖原来是贝尔维尤市的规划官员，现在是《西雅图时报》城市规划与设计评论员，他说，"建筑业的人总在抱怨。太平洋西北地区的人们有谁想住在闹市区？谁想住在排楼里？谁想住在商店的楼上？谁会赶公交车而不开自己的四轮驱动？"

华盛顿州《增长管理法》

正当西雅图地区的地方官员们起草《远景2020》时，华盛顿州政府的官员正在采取另一个重要步骤帮助西雅图最终转变为区域城市。1990年春天，州政府立法委员会通过了制定《增长管理法》的法案。环境主义者曾在1990年的选举中提出一个激进的目标，但是，他们失败了。当时，州政府领导承诺采取法律的方式加强发展管理，而不赞成用其他方式来干预区域增长。

在《增长管理法》通过之前，华盛顿州有一个规划体制，它的工作重点是制定建房规则、批准市区边界外的开发，以及对开发项目做环境评估。新的《增长管理法》改变了这些旧的规划内容，提出了4个基本政策目标：

- 新发展必须集中在"城市发展区"即建成区。
- 除非交通和其他公共设施到位，否则不允许进行新的开发。
- 地方政府必须考虑建设经济适用房。
- 必须保护自然资源土地和环境敏感地区。

当然，尤其重要的是华盛顿州处理区域管理问题的方式。不同于俄勒冈州，华盛顿州没有把土地使用决策集中在同一个政府层次。实际上，上述 4 个目标都需要现存的地方政府来执行。3 个区域调解委员会，包括西雅图地区的一个调解委员会，负责解决地方规划和政策纠纷。区域调解委员会的成员包括城市规划师，他们经常面临棘手的问题，而其判断也不一定为非专业人士理解。但是，区域调解委员会提供了一种协调地方控制和区域目标的机制。

同时，《增长管理法》要求皮吉特湾东边的 3 个城市县（国王县、史挪合米许县和皮尔斯县）联合制定一个区域增长规划。这个要求无疑为《远景 2020》提供了一个发挥作用的绝佳机会。这 3 个县很快决定，使用现有的《远景 2020》（基沙普县也参与了进来，它位于皮吉特湾西边），在编制和依据州法律来监督区域增长问题上，给予"皮吉特湾区域会议"更大的权力。

实施区域规划

在不到 10 年的时间内，西雅图区域通过使用《远景 2020》中的政策，以及华盛顿州《增长管理法》赋予的权力，使西雅图迅速向区域城市转变。这个转变速度超出了 80 年代人的想象。西雅图之所以能够迅速向区域城市转变，是因为它集中实施了若干项区域政策，集中把地方政策与《远景 2020》的区域目标联系起来。

西雅图所推行的区域政策有：

· 设置区域边界，即西雅图的"城市发展区"。

· 确定和强化现有的城市中心。

· 对高效率、高速度、与城市中心连接的交通战略实施投资倾斜。

·改变开发标准，改变开发项目的类型和多样性。

·建立一个强有力的监督机制，通过说明与《远景2020》相关的区域变化和新发展，推进公众对于区域规划的理解。

城市发展区

在从城市向区域城市的转变中，西雅图采取的最重要步骤就是设置区域边界，建立起来的区域边界产生了一组"城市发展区"（UGA）。依据《远景2020》，地方政府原则上同意划定一个边界。但是，华盛顿州《发展管理法》要求县与城市一起，共同确定"城市发展区"。

西雅图是一个南北向的狭长都市区域。大多数的建成区都位于西雅图的东部区域，包括西雅图市东、南、北三个方向上的近郊区。但是，新郊区正在逐步向西雅图区域的腹地推进，它们常常跨越农田和开放空间，在与建成区不相连接的地方落脚，在行政区划上，那里是县辖区。

在确定"城市发展区"中，要求区域的地方行政当局对这个区域的形体形式达成一致意见。确定"城市发展区"的过程不一定是完美的，但是，它符合西雅图的建筑习惯，那里的地方政府在住宅建设上有严格的制度。同时，在"皮吉特湾区域议会"的帮助下，以及3个区域调解委员会的监督下，这个区域的市和县在"城市发展区"问题上最终达成了一致意见。西雅图区域覆盖面积为6 000平方英里（约15 540平方千米），其中"城市发展区"为1 000平方英里（约2 590平方千米），城市发展区占全区域总面积的15%，其容纳的人口却是区域人口的85%。

尽管从《远景2020》的规划图上看，城市发展区的边界好像不很清晰，实际上，城市增长区具有重要意义。例如，大部分的西雅图人口居住在皮吉特湾区的东部，城市发展区的边界沿着十几个现有城镇的边缘以及远离未建成区的几个地方而展开。这个城市发展区的边界还包围了许多不与西雅图市和郊区连接起来的现存的镇。如同"威拉米特河谷城市发展边界"（图1），皮吉特湾的"城市发展区"证实，城市分区不是也不应该是围绕中心城市的一个连续的圈。"城市发展区"是一系列城市场所，有些彼此相连，有些则不与其他城市场所连接。更重要的是，像任何区域边界一样，确定城市增长区的过程告诉决策者和活动家这样一个事实，区域有它的形体形式，这个形体形式可能因为区域政策和新的开发而被强化或者被削弱。

例如，自从以"祖父的权利"这样一个提法来设置"城市发展区"以来，西雅图每年建设完工的绝大多数新住房单元都在"城市发展区"里。1997年，仅有19%的住房单元获得批准，能够在城市发展边界外建设。自从建立"城市发展区"以来，在城市发展边界外建设的住宅数目逐年下降，具有"历史优先权"的项目已经完成。

"城市发展区"已经成为地方政府管理和制定政策的基础。虽然区域规划调解委员会处理着各式各样的纠纷，但是，还是由地方政府负责日常的开发决定，这些决策关系到区域城市的强弱。西雅图的区域规划已经以两种不同方式影响了地方政府。

第一，华盛顿州《发展管理法》鼓励合并或兼并城市边界外的城市社区。过去10年里，已经合并形成了13个新城市，现有的城市兼并了许多没有合并的地方。总的来说，居住在合并了的城市里的人口从50%增长到70%，这个合并发展趋势并不一定会导致紧凑发展，但是，它却使更多人对如何塑造他们的社区和区域有了选择权。

第二，正像《远景2020》表达的那样，"城市发展区"边界为地方政府提供了一个可以包含他们自己规划的区域框架。例如，雷特蒙德市位于二环郊区，是微软公司总部所在地。雷特蒙德市总体规划中包括了城市维护城市发展区的功能，"这个城市将不会兼并城市区以外的地区"，而且，更重要的是，雷特蒙德市总体规划承诺开发城市发展区内那些开发强度不够的土地。这类确认式的语言表达在西雅图地区是很典型的，它表明区域政策与地方政策之间的有力联系。

城市中心战略

通过《波特兰城市扩展边界》不足以把波特兰转变成一个区域城市，同样地，仅仅划出"城市发展区"是不能把西雅图转变成一个区域城市的。一系列其他影响"城市发展区"内部开发的政策同样重要，如"城市中心"战略。

《远景 2020》要求创造一个有层次的场所结构。"皮吉特湾区域议会"和地方政府确定了 21 个城市中心以及其他十多个城镇中心、工业和制造业中心。区域政策要求强化所有的这些中心，尤其是城市中心。

这些被确认的区域的城市中心事实上就是就业中心。21 个城市中心，包括西雅图的 5 个街区，如西雅图市中心；包括大部分近郊区的老城镇中心，如贝尔维尤、埃弗雷特、艾萨卡；包括正在出现的郊区就业中心，其中 6 个就业中心与郊区购物中心相邻。

无论它们是城市的还是郊区的、是旧的还是新的，这些中心都有比这个区域其他部分更高的开发密度，包含最多的就业岗位。虽然这些中心的土地面积仅占整个区域土地面积的非常小的部分，可是，这些中心拥有 40 万个就业岗位，是整个区域就业岗位的 30%。与此相反，在这些中心居住的居民很少（12 万人或占全区域人口的 4%），不过，那里的居住密度却是区域平均居住密度的两倍。

　　"城市中心"战略的目标是：确认什么位置是中心，怎样让这些城市中心成为新的增长点。区域政策要求，在今后20年里，这些城市中心在就业岗位上要增加50%。若干区域目标还要求，这些城市中心的住宅数量也应当有很大的增加。按照"皮吉特湾区域议会"的意见，这些地区能够容纳今后20年里新增人口的16%以上，也就是说，现有的21个城市中心的人口目前占整个区域人口的4%，而20年以后，这个比例将升至6.5%。因为21个城市中心的土地都被规划为高密度开发用地，所以，这个目标似乎可以实现。

　　这些城市中心聚焦就业岗位和住宅数量增长的目的是：让这个区域出行更为便利，较好地协调就业和居住。另外，期待这些城市中心成为当时正在开发的区域快速公交系统的主体。如果居民生活在一个城市中心，那么，他们就会有一个较短的上下班距离。21个城市中心中的17个已经成为或被设计为公共汽车交通中心、城市铁路车站或将在2006年开通的轻轨站。这样，把就业和居住集中在几个位置上不仅保护了开放空间、减少了上下班路上的时间，同时它也有助于建设一个区域公共交通系统，这是西雅图人几十年以来第一次真正拥有了区域公共交通系统。

健康的交通：区域交通战略

　　如果说"城市发展区"边界和"城市中心"战略为作为区域城市的西雅图提供了一个骨架的话，那么，"健康的交通"就为这个区域城市提供了一个脊柱，"健康的交通"是西雅图区域的交通战略。1995年，"皮吉特湾区域议会"接受了《大都市交通规划》，并且被选民批准。这个《大都市交通规划》大约涉及39亿美元的交通投资计划。

"健康的交通"是一个区域的公共交通系统，包括快速汽车、轻轨系统和区域内的城际轨道系统。特别值得注意的是，这个区域公交系统是沿着"城市发展区"的轮廓展开的，它的基本目标是把 21 个城市中心连接起来，3 个健康交通系统沿埃弗里特、西雅图、塔科马走廊南北向运行，快速汽车线和未来的轻轨系统将通过贝尔维尤南北向和东西向运行。

现在，《大都市交通规划》已经被选民批准，资金也已经到位，因此，这个系统正在快速建设中。实际上，这个系统中的公共汽车系统已经运营多年了，汽车使用专门的行车网络和大型公共汽车专用道在整个区域内运营。区域内的城际轨道系统于 2000 年开始运营。同时，这个区域的官员们同意开始建设集中在区域中心地区的轻轨系统，它将从西雅图的塔科马机场经西雅图市区到达华盛顿州立大学的校区。

通过把现存的城市中心联系起来，又照顾到"城市发展区域"边界，无论从哪个方面来讲，"健康的交通"的快速公交系统将是建设西雅图区域城市的最重要的政策。一旦"健康的交通"建立起来，这个区域就真正有了除私家车之外的可供选择的交通系统。进一步讲，除独门独院郊区住宅之外，也有了选择其他形式住宅的机会。

新开发政策和项目

在使西雅图向区域城市的转变中，改造整个区域是重要的，但是，从质量和特征上改造西雅图的内城街区和近郊区也是至关重要的。西雅图的内城街区和近郊区的显著变化正是西雅图向区域城市转变的结果。这些社区比原先更具有活力和更成功，同时，这些社区正在成功地吸纳和管理着那里生活方式的变迁。像其他的中心商业区一样，西雅图的中心商业区已经摆脱了那些没有生气的写字楼，向娱乐和零售中心的方向发展。中心商业区不仅能够为整个区域也能为内城街区提供服务。当西雅图的居民重新发现生活在城里的价值时，如步行到紧邻的商店、坐短途公共汽车到邻近的商业区、短距离开车就可以到达这个区域最好的文化和娱乐中心，内城街区就开始复苏了。

也许，近郊区的变化最重要。那里的社区大多有四五十年的历史，有着独特的魅力和便利性，但是，如果区域的蔓延继续把投资和活动从那里抽走，送到区域的边缘去，它们的消失指日可待。20世纪80年代，许多城市郊区是按"郊区活动中心"的模式开发的，人们设想，汽车导向的新的商务区，以及在高速公路的进出口旁所建造的大型的停车场和大型购物中心，将主导"郊区活动中心"，而原先那些小型商业中心和城郊商业中心会衰退。事实并非如此，许多郊区逐步把商业增长吸引回原有的商业中心。

甚至在实施"城市发展区"政策之前，贝尔维尤就有能力进入郊区写字楼市场，贝尔维尤把开发项目引进这个老城镇中心。这些开发项目改变了贝尔维尤的特征，因为许多新建筑的尺度远远大于原先郊区主街上那些一层楼的建筑。

还有一类"半路杀出来的"项目表明，在那些郊外办公园区附近，也可以建设高密度、混合使用的住宅。那些郊区把它们的老城镇中心改造成可步行区以适应向区域城市的转化，雷特蒙德仅仅调整了它的分区规划，便让那里发生了很大的变化。

正如雷特蒙德市的城市规划部主任罗伯塔·莱万多夫斯基所指出的那样：雷特蒙德制定了一个雷特蒙德城镇中心详细规划。这个规划把重点放到设计上，而不是用途上，这个规划鼓励混合利用，减少了业主80%的停车车位的需求。她说："在我们完成雷特蒙德城镇中心详细规划后，雷特蒙德城镇中心的所有空地立刻建满了餐馆。"这种变化也刺激了新的创新性项目，例如"狮门"。"狮门"位于雷特蒙德城镇中心，它不仅是一个混合使用的高密度住宅小区，同时，还给邻街的住户提供了商业空间。同样值得注意的是"雷特蒙德市中心"项目，它把零售与新办公楼、公寓住宅沿市中心的主街摆开。

通过维护村庄的氛围、注重城市设计的细节、加强与区域性公共交通系统的联系，近郊区的社区如贝尔维尤、柯克兰、雷特蒙德等，不仅改善了自身的环境，也强化了它们在区域结构中城市中心的地位，同时避免了"郊区活动中心"的模式。

监测区域的进步

西雅图的公众意识到，他们的大城市已经转变成了一个繁荣的区域城市，这种意识的建立很大程度上源于他们自愿监测西雅图的每一个进步。在监测区域进步这一点上，没有哪个区域可以与西雅图区域相比，这种监测明确了每一个积极的进步，并且把那些进步与创建区域城市联系起来。

从 1997 年开始，"皮吉特湾区域议会"编制了一份年度报告《监测皮吉特湾中心区域的变化》，"皮吉特湾区域议会"应用统计、图表特别是彩色图，为讨论西雅图向区域性城市过渡的进程奠定了基础。通过统计数据，"皮吉特湾区域议会"明确地提出了一些关键指标：

·在城市发展区内的新开发。

·区域公共交通乘客的增量（自从 20 世纪 80 年代中期以来，公共交通乘客增长了 50%）。

·比建成区多的保护性的公园〔980 平方英里（约 2 538 平方千米）〕，以及绿带和开放空间〔1 115 平方英里（约 2 888 平方千米）〕。

或许最重要的是，"皮吉特湾区域议会"发现，西雅图已经扭转了似乎无法控制的私家车交通量的增长。与20世纪80年代相比，90年代的汽车运行英里数仅增长了15%，近似于这个区域的人口增长率。

出于同样的检测目的，"皮吉特湾区域议会"每年都主办"《远景2020》奖"，以强调推进西雅图转变成区域城市的关键政策和项目。它用奖励和进展报告这两种方式把区域城市的目标始终放在"前沿"，引起公众和地方政治领导人的重视。

结论

如果没有争论或冲突，区域城市不会在西雅图出现。在大都市边缘的房产主和政治家仍然在抵制"城市发展区"，他们仍然青睐蔓延的开发模式。实际上，在"城市发展区"之外的许多乡村地区都在努力寻求摆脱它们的县，以便在州的法律之下，获得一种合法的权力，去创造自己的发展边界（这些努力在法庭上已经失败了）。尽管微软、星巴克公司的经济成功拉动了房价的上升是众所周知的事实，但是，建筑业仍然异口同声地争辩道，"城市发展区"应对房价的上升负责。

与俄勒冈州一样，《发展管理法》成为州反对派立法委员反复攻击的对象。地方听证委员会的决策受到了持续的攻击。不过，这些攻击常常是由乡村、县里出现的争执引起的，而不是源于西雅图地区本身。实际上，区域城市的概念已经在西雅图地区深入人心了。与俄勒冈州一样，"城市发展区"在州里大多数重要地区所获得的成功足以使这项政策得到政治支持，尽管政治对手的反复攻击从未减弱。

盐湖城的区域发展模源自一次综合考察，这次考察分析了不同方案会对盐湖城地区产生的长期影响；而西雅图的区域城市原则——如最重要的原则——边界、中心和公共交通，源自不断展开的区域对话。一次综合考察和不断展开的区域对话的功能大同小异。然而，西雅图与其他地方一样，这三套政策共同产生了一个区域形式和结构的长期设计愿景，这种方式可以成为美国许多大都市区域的发展模式。

在过去的 20 年里，西雅图区域的整个性质已经被根本改变了，这才是实质所在。正如建筑师马克·欣肖所说："整个区域的城镇中心都繁荣起来，繁忙的商店、剧院，密集的城市住宅。各种各样的新住宅形式都在建设中，即使这样，还是不能满足人们的需要。20 世纪 90 年代末繁荣的区域经济因为原先几乎不知道的选择而再上一层楼。我们才终于明白，生活在一个城市区域里究竟意味着什么。"

人们都知道，西雅图曾经是一个"金玉其外，败絮其中"的区域，那时，中心城区衰落，蔓延的郊区兴旺，人人都想冲出城去，没人愿意留在城里。现在，西雅图区域变得更紧凑了，更适合生活了，更易于掌握了，因为那里的蔓延正在减少，因为那里的市民和政府愿意把传统的大城市增长模式扔进太平洋，而让西雅图变成一个区域城市。

第七章
超级区域：纽约、芝加哥、旧金山

波特兰、西雅图和盐湖城正在成为区域城市，当然，它们只不过代表了一部分美国大都市。波特兰、西雅图和盐湖城区域都是中等规模的区域，人口在 100 万~300 万之间。实际上，更难以应对的是那些超级区域。美国有五六个这样的超级区域，那里的人口大约在 600 万以上。除了人口规模巨大之外，这些区域运行的地域规模也大大不同于那些规模通常在130~260 平方千米之间的较小区域。那些超级区域的巨大地域规模常常使生活在区域这一端的人很难想象，他们与生活在区域那一端的人同处于一个区域。这些区域具有更大的多样性，特别是因大量流动的移民所带来的多样性的民族差异。这样的超级区域不可能有中等规模区域那样完整的结构，或者说，那些区域里的人很难形成一种区域的认同感。另一个重大问题就是区域平等，富裕和贫穷在地理上有了很大的距离。

那些大都市区域是美国真正的"世界城市"，那里汇集了世界级的艺术、文化、教育、经济巨头。那里容纳了 5 000 万人，几乎是美国人口的20%。所以，讨论那些地方的区域规划，对美国乃至全世界，都具有重要意义。在考察超级区域时，我们选择了其中的 3 个城市：纽约、芝加哥和旧金山。它们分别展示了区域城市的一个重要方面。

纽约有着最悠久和最值得骄傲的区域规划传统，每一代能人，都在探寻更新它的区域特征和区域远景。芝加哥却不同，芝加哥也许是美国最大的不平等区域，是美国的超级种族隔离区，现在它正试图在区域城市寻找解决区域不平等和种族隔离问题的途径。包括硅谷和相邻地区的旧金山区域在 20 世纪 60—70 年代就已经形成了强大的区域意识，但是，为了维持这个区域，过去 20 年以来，那里的人们还是不断地做着各种努力。

这 3 个区域的发展给所有希望重新把自己都市地区改造成区域城市的美国大都市留下了许多经验教训。另外，大公司并不太在意特定的地理位置，但是，大公司的兼并已经侵蚀了最大城市里的市政领导人的基础。事实上，形体设计愿景对于从形体、经济和社会角度建立区域城市意识通常发挥着非常重要的作用。在超级区域中，形体设计还有另外一个功能，就是把那些不易被人认识的地方在一个地理区域上联系起来。即使有了一个明确的形体远景，居民和市政府领导还是难以认识整个区域。如果他们把区域城市看作是一个子区域的联邦，例如硅谷，他们也许会成功，子区域在规模和形式上可能比作为整体的超级区域更容易管理。

纽约和它的第三次区域规划

在美国，没有哪个大都市像纽约那样把自己看作一个区域城市，这样的看法差不多延续了一个世纪。在一个多世纪前，纽约市在试图解决区域问题时，把曼哈顿、布郎克斯、布鲁克林、昆斯、斯塔腾岛等组合在一起，建立了大纽约。大纽约是一个实体，它足够为这个区域提供现代化的城市服务，能够管理纽约地铁系统。20 世纪 20 年代，当这个大都市开始再次突破城市限度向外发展时，一群声望很高的市政领导人组建了"区域规划协会"（PRA）。这个协会花了整整 10 年的时间，制定了美国历史上第一部综合区域规划。

从那以后，"区域规划协会"已经为纽约都市区编制了三轮区域规划，包括 1996 年的区域规划。纽约的 3 个区域规划都明确地把纽约看作一个区域城市，都许诺建设一个世界级的超级区域，也都提出了建设这个世界级超级区域所面临的困难。

现在，整个纽约区域面积 33 678 平方千米，有 3 个州，那里包括了从乡村湿地到曼哈顿的摩天大楼，800 个城镇机构管理着整个纽约区域，当然，掌管纽约区域是不容易的。"区域规划协会"已经历史性地承担起了区域规划和设计的任务。

纽约的第一个区域规划是在 1929 年公布的。第一个区域规划看到了分散区域人口的必要，通过分散区域人口，推动在整个区域内安排居住和工业增长，顾及纽约大都市的自然特征和历史上的人口中心地位。除此之外，这个区域规划要求分散曼哈顿的人口，以便腾出空间发展商业。伟大的区域规划理论家刘易斯·芒福德认为，这个规划应该更积极地分散人口和工业。正如历史学家詹姆斯·文奇记载的那样，1929 年规划并没有完全被执行，但是，它为在区域内大规模投入资金，以及建设开放空间和高速公路奠定了基础。直到今天，那些高速公路和开放空间仍然是构成整个区域的组成部分。

1969 年，"区域规划协会"公布了第二个区域规划。当时，"区域规划协会"所面对的是一个非常不同的纽约。尽管纽约区域的人口已经分散了，但是，它以不同于第一个区域规划所预计的方式向外扩展。1929 年，第一个区域规划规定的城市平均建筑密度是每英亩 10 个住宅单元。郊区蔓延的问题摆在了第二个区域规划面前。纽约的第二个区域规划把纽约区域称为"发散的城市"。为了与"发散的城市"做斗争，"区域规划协会"要求对衰落的市中心迅速投资，如布鲁克林、布里奇波特、斯坦福德、怀特普莱恩斯、新不伦瑞克和纽瓦克。

虽然在旧的市中心有了一些投资，但是，在 20 世纪 70—80 年代，这个区域不能有效地执行第二个区域规划。抛开人口衰落的问题，两个规划能够预见其经济基础的不稳定。在 20 世纪 70—80 年代，这个区域向外的扩张势头与洛杉矶别无二致。这个时期，纽约 80% 的新建住宅是在这个区域的外环线上。同时，这个区域制造业的衰退削弱了纽约的经济基础。经济增长减缓，3 个州和 800 个地方政府都在加剧商业的竞争，竞相为经济开发增加公共的补贴。

换句话说，尽管纽约有巨大的规模和伟大的历史，但是，它变得越来越没有竞争性了。来自亚洲和拉丁美洲的移民让纽约都市区人口几十年以来第一次呈现增长的趋势。20 世纪 90 年代初，"区域规划协会"制定了纽约的第三个区域规划——《风险中的区域：纽约、新泽西、康涅狄格大都市区规划》。

1996 年《风险中的区域：纽约、新泽西、康涅狄格大都市区规划》被公布了。纽约的第三个区域规划提出了区域增长的远景，与前两个规划相比，它并没有实质性的差别。但是，《风险中的区域：纽约、新泽西、康涅狄格大都市区规划》再一次寻求使纽约更具有竞争性，以便创造、容纳和刺激整个区域的经济发展。这个区域规划提出了 5 个区域目标：

· 绿地：公园和开放空间规划。

· 中心：有关现存人口和工作中心的发展规划 。

· 流动：交通规划。

· 劳动力：有关劳动力教育以改善区域竞争性的规划。

· 管理：一系列有关改善区域管理和协调的建议。

《风险中的区域：纽约、新泽西、康涅狄格大都市区规划》涉及到 13 000 平方英里（约 33 670 平方千米），这是一个必要的尺度。但是，《风险中的区域：纽约、新泽西、康涅狄格大都市区规划》提出了区域设计意义上的一些问题，特别是有关绿地和中心的概念，它们从形体上提供了区域未来发展的方向。

绿地规划（采用了弗雷德里克·劳·奥姆斯特德和卡尔弗·特·沃克斯在描述他们的中央公园设计时使用的术语）指出了 11 个关键景观层次的生态系统和开放空间地区，总体覆盖面积为 250 万英亩（约 101 万公顷），作为整个"区域储备"系统的基础。这 11 个生态系统和开放空间地区包括了许多重要地区，如卡茨基尔山、大西洋海角、长岛以及纽约城以北和以西的山区和平原。

中心规划反映了这样一个不争的事实，尽管曼哈顿具有特别重要的意义，但是，纽约是一个多中心区域，有许多重要的卫星城镇，正如绿地规划所确定的 11 个需要保护的生态系统和开放空间地区一样，中心规划也确定了除曼哈顿和布鲁克林之外的 11 个区域城市中心，包括新泽西的纽瓦克和特伦敦，康涅狄格的纽黑文和布里奇波特，并号召对这些地区进行大规模投资。

交通规划的基础是"区域快速轨道交通系统"的"中心"概念，"区域快速轨道交通系统"将在现存区域内建设，覆盖整个的区域，"区域快速轨道交通系统"将使区域交通更为方便。

在《风险中的区域：纽约、新泽西、康涅狄格大都市区规划》公布后的短短几年内，这个规划对纽约区域所产生的重要影响已经从几个方面清晰地显露出来。绿地规划已经明确，许多区域要把保护开放空间作为一个重点，纽约州的奥兰治县购买了 15 800 英亩（约 6 394 公顷）森林，新泽西的州长许诺要花 10 亿美元来购买这个州 40% 的土地，永久性地保护起来。相似地，区域快速轻轨规划也刺激了新的交通项目，比如曼哈顿第二大街的地铁、与纽瓦克和肯尼迪国际机场相连的轨道线。许多新的民间联盟围绕这个规划中涉及的推荐意见而展开活动，例如商业－市民－环境联盟开始研究沿康涅狄格境内的 I-95 走廊的交通问题。

同时，执行《风险中的区域：纽约、新泽西、康涅狄格大都市区规划》

的过程显示，在超级区域的层次上讨论形体设计问题如何困难。尽管有许多相关的区域图，也有如何处理区域中心发展的设计手段，但是，《风险中的区域：纽约、新泽西、康涅狄格大都市区规划》并不是整个区域的形体设计规划，创造这样一个巨大地理区域的形体规划也许根本就不可能。《风险中的区域：纽约、新泽西、康涅狄格大都市区规划》似乎表明，在超级区域中，推进子区域的形体规划还是有可能的，比如新泽西的案例。但是，这有可能失去从整个区域思考的角度，其实这也是新泽西案例所揭示的教训。

在总结《风险中的区域：纽约、新泽西、康涅狄格大都市区规划》的经验时，"区域规划协会"的执行主任罗伯特·亚罗提出了3个T和3个P，即"事情需要时间"（Things Take Time）和"持久性、忍耐性、坚韧性"（Persistence, Patience, Perseverance）。例如，1929年第一个区域规划就提出购买斯特林森林，但是，70年来一直没有做到，而现在做到了，这片森林是建设这个区域形体的主要因素。纽约的经验证明，即使"事情需要时间"，我们还是可以提出一个涉及内容广泛的区域大纲，它可以为开展大都市形体结构讨论提供机会。

《芝加哥大都市 2020》

像纽约一样，芝加哥也是一个成熟的大都市，它具有独特的规划历史。最近这些年以来，芝加哥遭受了内城衰退和郊区蔓延的困难。当然，作为一个区域城市，芝加哥展示了不同于纽约的挑战。

最近几十年来，芝加哥的人口衰落，经济发展不平衡。但是，不同于纽约，芝加哥的经济增长是由市中心推动的，同时，它还有若干个就业中心。芝加哥许多地方的经济很落后，大都市仍然保留着极端的种族分离，人们用"超级分离"来指代芝加哥的种族状态。实际上，这个区域在政治上极端四分五裂。

虽然芝加哥是城市设计的先锋，但是，它并没有像纽约区域规划协会那样拥有丰富的区域规划的历史。丹尼尔·伯纳姆 1909 年为芝加哥商业俱乐部编制的芝加哥市规划，仍不失为城市美化运动时期的最好文件。通过一组公园和公园小路系统，特别是那些围绕密西根湖的设计，使芝加哥变得如此美妙。但是，这些美妙的东西正在神秘地消失。尽管有这样的成就，大都市芝加哥的城市结构仍然是分散的，而这样一种独特的分散结构加剧了整个区域的不协调，使整个区域的合作困难重重。

芝加哥习惯上被划分为两个区域，一个是芝加哥市，那里是高居住密度区，黑人居多；在芝加哥市区之外的 260 个郊区市，是另一个芝加哥，那里是低密度居住区，大部分是白人。种族隔离和不平等深深地刻在这个区域的结构中。大约有 150 万非洲裔美国人住在芝加哥都市区里，当然，他们仍然集中居住在高度分割的街区里，3/4 的黑人生活在芝加哥市区里，所以，芝加哥市区的那些街区几乎都是非洲裔美国人。

同时，整个区域的蔓延十分典型。在 20 世纪 70—90 年代，芝加哥的人口整体上几乎没有增长，但是在城市化的地区，人口却增加了 35%。理由很简单，大部分的区域人口（特别是白人中产阶级、上层中产阶级的居民）都移居到大都市的边缘，芝加哥市和近郊区失去了近 80 万居民，相反地，远郊区却增加了近 100 万人。芝加哥的不平等是爆炸性的，在最富有的和最贫穷的行政区之间，人均收入的差别是 20 世纪 80 年代的两倍。

虽然黑人仍然集中居住在芝加哥的市区，然而，其他的少数族裔主要是拉丁美洲人，已经开始向近郊区迁移，同时，那些近郊区开始成为典型的缺少土地的社区。从传统上讲，居住在近郊区的人不认为那里是城市，因为他们希望把自身与芝加哥分开。迈伦·奥菲尔德发现，按照财政能力，20世纪90年代的芝加哥至少可以分成5类社区。芝加哥市区每户的平均税基为83 000美元，仅为全区域户均税基127 000美元的2/3。在近郊区和大城区边缘地区，户均税基为1万美元。只有地处芝加哥西北部的富裕的老郊区，包括紧邻奥黑尔国际机场的肖姆伯格以及芝加哥南部正在增长的郊区，其户均税基超出了全区域户均税基。

城市蔓延和不平等是芝加哥地区众所周知的问题。20世纪90年代，当地的市政领导人和市民活动分子第一次认识到蔓延和不平等之间的联系，这也许是因为那里的问题已经越来越严重了。拉美裔人口的快速增长导致芝加哥人口迅速增长，其速度是过去几十年所没有的。那时，远郊低密度增长还在继续，受益者大都为白人。20世纪90年代，各类团体，如商业团体、社会团体和政府部门，已经开始采取措施来解决芝加哥区域的蔓延和不平等问题。

1995年，由"街区技术中心"领导的一个市民联盟制定了一个"市民交通规划"。这个规划提出了区域税收共享、加强填充式开发和公交导向的交通投资。1998年，芝加哥的区域规划机构"东北伊利诺伊规划委员会"提出了类似的推荐意见。对芝加哥区域规划推动最大的或许是"商业俱乐部"，它就是1909年的那个芝加哥"商业俱乐部"，它承担了一个区域评估项目，类似于纽约"区域规划协会"的《风险中的区域：纽约、新泽西、康涅狄格大都市区规划》。

就像丹尼尔·伯纳姆1909年制定芝加哥规划一样，"商业俱乐部"邀请市民领袖埃尔默·约翰逊领导这个项目，他是芝加哥的一位律师、原美国通用汽车公司的副总裁、一个扩大交通选项的积极拥护者。他的声望给予"商业俱乐部"很大的帮助，这是芝加哥在制定其他区域规划时所没有的。

《芝加哥大都市2020》不同于《风险中的区域：纽约、新泽西、康涅狄格大都市区规划》，后者没有把注意力放到区域形体设计所需要的大规模元素上。《芝加哥大都市2020》研究了地理差异和不平等，更重要的是，它把有关区域社会和经济问题的政策需要与区域整体的形体设计需要联系起来。《芝加哥大都市2020》强调了改革住宅、教育和税收平等的需要。这3个因素是实现区域平等的核心。

关于教育，《芝加哥大都市2020》要求更公平的税收和有更多学校来选择。芝加哥房地产税收是学校资金的来源。几十年来，芝加哥的房地产税收总是神秘的，地方政府评估并决定每一处房地产的税收，这里包括一系列复杂的计算。与此同时，地方房地产税体制的不公平导致这个区域出现了很大缺口。1990年，最富有的校区（占所有学校区域的10%）比最贫穷的校区（占所有学校区域的10%）的税基高出13倍。这个统计结果在一定程度上导致这个州修改了它的相关法律，学校基金按人头计算，但是，《芝加哥大都市2020》要求为学校提供更为广泛的资金计算基础，包括一个全州范围内的房地产税收共享体制。《芝加哥大都市2020》还提出，有必要让家长对学校有更大的控制权，有必要给市民更多选择学校的机会，至少在公立学校之间。

公平的住宅可能也是芝加哥社会矛盾的核心。就像先前的统计数字所表明的那样，几乎没有几个大都市区域像芝加哥那样在住房问题上存在种族歧视，从而影响了区域的发展。《芝加哥大都市2020》提出了一系列住宅公平政策，并且把这些政策划分为"供应"和"需求"。就供应而言，《芝加哥大都市2020》要求继续实施公共住宅的改革。芝加哥曾经推行过用高层建筑来解决贫困人口的住房问题，但是，这个方案失败了。后来又推行了我们在第四章所描述的6号希望工程，建设小规模建筑，让不同收入的居民混合居住。在需求方面，《芝加哥大都市2020》强调我们先前描述的"住房优惠券"制，扩展住宅优惠券的发放对象和使用方式，允许低收入家庭的流动。

这些设想的战略是区域城市概念的精髓。运用供应与需求的方式，《芝加哥大都市 2020》试图在全区域范围内实现住宅和收入间的协调。虽然这个规划里包含许多其他的建议，如用地与交通规划间的联系、创造一个区域的绿色系统。但是，那些建议都是针对芝加哥所特有的问题而提出的，如收入差异和超级隔离。目前，律师及旧房更新开发商乔治·兰尼正领导制定《芝加哥大都市 2020》的实施规划。

如同区域规划协会，在落实《芝加哥大都市 2020》规划中的那些观念上，这个规划的功能一直都是促进和引导。另外，这个都市区还取得了一些先期成果，包括把公司主管与社会服务机构的代表拉到一起，讨论怎样解决这个区域孩子的早期教育问题，重新安排这个区域各自为政的交通方式。过去，几家区域交通公司是按照那里的政治传统分配交通资源的。现在，在新的协议下，他们将共同合作，给区域规划分配更多的资源。

《芝加哥大都市 2020》的专题小组至今对"超级隔离"还是无所作为，这是芝加哥最困难也是最难掌控的一个问题。一份从下面反映上来的有关租房的报告揭示，芝加哥出租房屋市场相对紧张，因此，放松住宅优惠券的使用是可行的。

在芝加哥，区域城市的工作还只是一个开始，或许还需要很多年的时间来发展，显然，形体设计方式和社会经济政策应当结合起来。只有这样，才能把芝加哥转变为区域城市。毋庸置疑，在使用区域城市理论去评估芝加哥的根本问题上，工商业社团的作用十分重要。

旧金山海湾区域

　　除了纽约之外，只有旧金山海湾区的区域规划传统历时最长了。那里有很强的区域意识，这可能与那里的地势有关。传统的旧金山海湾地区包括旧金山海湾附近的 9 个县，那里是西海岸最重要的天然入海口，也是整个区域中最具自然特色的地方。事实上，那里的市民团体、工商团体和官员很早就有了区域意识，他们把那里看作一个区域城市。市民与规划相关的活动可以追溯到 20 世纪 50 年代。从一开始，市民团体就采用区域的方法去考虑开放空间和交通问题。

　　当然，不同于纽约和芝加哥，旧金山海湾地区的区域主义一定要看成是零散的和渐进的产物，是长期积累的成果。在 40 年的时间里，海湾地区积累了大量的规划、观念、实施策略和社区活动方面的经验，最终才在海湾地区形成一个区域城市。与美国其他大都市区域规划的工作相比，海湾区域提供了若干重要的经验，既涉及一般区域主义，也涉及超级区域里那些针对区域发展所做的工作。

　　首先，部分区域的市民和企业集团参与的区域规划活动为整个区域提供了有价值的经验。其次，由于州政府未能提供一个增长管理的纲领，所以，很难把州政府的相关部门特别是地方政府机关联合起来工作。第三，市民组织与地方政府机关在子区域上有了成功的合作，制定了南海湾（硅谷）和北海湾的详细规划设计。最后，过去 40 年的所有成功与失败，并没有挫败市民活动者与企业领导人努力提升整个区域水平的愿望。

　　除了海湾本身，海湾区域为 21 世纪大都市区域提供了一个典范。实际上，海湾区域并不只是由一个中心城市支配管辖的。虽然旧金山闻名遐迩，但它只是海湾区域的第二大城市，排在圣何塞之后、奥克兰之前，旧金山只能称为三大"中心城市"之一。海湾区域有 600 万人口，而这三座中心城市的人口都只占区域总人口的 13% 以下，当然，它们的人口总数超过区域总人口的 1/3。

20 世纪 50 年代，战后郊区蔓延的势头正在靠近旧金山以南的山边，围绕圣何塞市周边的大片农田正在受到威胁。20 世纪 50 年代后期和 70 年代早期，一些市民团体，如"保护开放空间"，现在叫"绿带联盟"，与其他一些以保护开放空间为目标的组织，积极推进从区域角度保护开放空间、提供公共交通、让出行方式有更多的选择等战略。所以，地方或州政府公共服务机构组成了区域性组织，如东海湾公园区和半岛开放空间区等，创造了一个区域性的东部和南部的开放空间系统。"海湾保护和发展委员会"制止旧金山海湾区的填海活动。由一个叫"海湾区快速公共交通"的交通公司建设了那里的第一个区域性的轨道交通系统。"海湾区政府协会"和"海湾区政府议会"开始推行城市和中心区域规划，其重点是对现存的城市区域做更新改造。"海湾区政府议会"这种区域组织形式在美国也是先锋。

正如许多城市规划历史学家指出的那样，比起美国其他的区域，无论是在这个时代还是在其他的时代，海湾区域在向区域城市方向上所迈进的步伐要大得多。虽然取得了一些成果，但是，海湾地区并没有完全成为一个区域城市。究其原因，对其他地区是具有借鉴意义的。也许更重要的是，20 年以来，海湾区域在区域政府应该具有什么形式的问题上展开了旷日持久的争论。其他地方也有类似争论，特别是在 20 世纪 60—70 年代，但是，海湾地区这类争论异常激烈。20 世纪 60 年代有人就提出建立一个真正的区域管理机构，它的行政地位高于所有地方当局，但是，这个提议没有被采纳。大约在 20 世纪 80 年代，另外一个委员会又提出了类似的建议，所不同的是，它要求把现存的政府机构合并到一起，把区域管理机构、区域交通、空气质量等机构都合并起来。由于对机构设置喋喋不休的争论，而不是有关区域远景的争论，使《海湾 2020》又被搁置起来了。

在没有一个区域远景或者没有一个真正的区域政府的前提下，海湾地区形成的是一种"非正式"的区域规划。市民组织如"绿带联盟"，开始制定自己的区域战略，并且试图一步步地加以实施。例如，"绿带联盟"制定了自己的规划，把开发集中在现存的城市中心，以保护开放空间。这个组织在区域内的许多城市进行了一系列的游说，推行它的战略。它的努力几乎是成功的，围绕这些城市的确形成了绿带。

同时，地方政府与市民和企业合作制定子区域层次上的愿景规划和实施战略。由于计算机行业的领导，硅谷做出了巨大的努力，它把自己看作一个真正的区域城市。那里的地方政府桑塔县和圣何塞城同意建立城市发展的边界。圣何塞和若干个其他的社区在它们的街区建设高密度的住宅，因此释放了大量的土地。硅谷地区的许多城市加入了这个战略，同意改变原有的工业用地分区规划，使其变为居住用地。它们还建设了新的轻轨系统，以便完成圣何塞中心的城市化。这些努力已经取得了成功。这些子区域就是一个个管理的单元，它们的规模接近于西雅图和盐湖城。

所有这些努力都是值得称赞的，它们保持了海湾地区在领导区域改造方面的领先地位。但是，它们也揭示出以"非正式"的方式去塑造区域城市的困难。市民团体可能追求一种特殊的解决办法，子区域的合作可能领导发展，但是作为整体的区域增长很少得到综合的考虑。地方和子区域的目标常常可以满足，但是，整个区域会变得越来越平衡。20世纪90年代，在硅谷繁荣时，圣克拉拉县每建造一个住宅便可以创造9个就业岗位。当硅谷刺激了其他地方的住宅建设时，许多社区为了控制发展而采取了限制住宅发展的措施，以保护那里的绿带。这些地方性的措施产生了一个假象。事实上，它把对经济住宅的建设推到了山里。

为了解决这些新的问题，海湾地区的"非正式"的区域规划中又增加了内容。最近，海湾地区中心盆地的地方官员们坐在一起，形成了一个"区域合作组织"，来处理他们的共同问题。尽管这些工作无可非议，但是，所有这些工作都没有成功地以形体形式来安排区域的发展。尽管地方政府、企业和市民团体用了40年的时间来推行区域发展，但到现在为止，他们还没有真正转到区域城市的设计方向上来，不像"犹他畅想"为盐湖城所做的区域设计一样，没有以综合的和形体的方式设计这个海湾区域。

在把海湾地区转换成一个真正区域城市的过程中，产生出来的一系列问题反映出这样一个事实，加利福尼亚州没有一个强有力的州领导来制定区域规划或区域远景。事实上，加利福尼亚州有许许多多的法律与土地使用、交通和环境保护相关。但是，不像其他一些州，如俄勒冈、华盛顿、佛罗里达和马里兰，加利福尼亚州从未领导制定全州范围内有关都市区域发展的原则和政策。因为没有全州范围的工作框架，地方政府只能追逐它们自己的目标，而不考虑那些目标可能对整个区域产生的影响。因为缺少州政府领导下的区域规划，实际上已经影响了洛杉矶地区制定区域规划。长期以来，那里就有处理区域问题的麻烦经历。

幸运的是，许多海湾地区的重要的企业和市民仍然认为，需要对全方位的区域设计展开讨论。最近，一个包括企业、政府领导、环境保护主义者、开发商在内的联盟签署了《可持续的海湾区协议》。

这些区域的领导者和区域的企业的领导者，在这个协议中许诺了十大区域原则，旨在实现"多样的、可持续的和有竞争力的经济"，旨在容纳充分的住宅、重点保护和复苏街区、建立地方政府之间的合作。

《可持续的海湾区协议》现在已经成为区域设计远景的基础。在这一点上，《可持续的海湾区协议》与盐湖城的"憧憬"过程如出一辙。即建立一个公共平台，推进那里的区域设计。尽管海湾地区历史上就不能以综合的方式来处理区域设计的问题，但是，《可持续的海湾区协议》证明，海湾地区超级区域仍然有潜力转化成一个真正的区域城市。

第八章
州政府领导下的区域规划：
佛罗里达、马里兰、明尼苏达

　　自从 1973 年俄勒冈州《发展管理法》在议会通过以来，许多规划和设计领军人物都认为，通过州的法律是处理区域发展和设计问题的唯一方式。因为区域管理机构总是非常弱小，而且这类区域管理机构缺少控制机制，所以，只有州政府才具有政治能力去实现区域的目标，去让地方政府承担实现那些目标的责任。在许多案例中，要求地方政府把州里的目标置于区域城市的发展纲要中是没有问题的。波特兰和西雅图都是依靠州级的立法才实现了它们的区域增长战略。如果没有州里的要求，新泽西也不可能推行公平份额住宅的政策。同样，如果能够得到州政府有力的和明晰的政策支持，旧金山海湾区域就不会是今天这个状况。

　　当然，仅仅依靠州级的立法和州政府的一系列政策也未必能保证建设区域城市的努力就一定能成功。那些州级实施的法律的性质和特征本身也会发挥作用。近年来，在政府领导下的区域规划的案例表明，州里按传统方式制定的行政和法规的条文不能单独发生作用。它们必须在推行区域城市理论的一整套行之有效的政策支持下才能成功，特别是它们没有设计理论就无法取得成功，这些设计把政策和法规转变成一种形体的区域远景，展示这个区域的未来看上去怎样。本章我们把重点放到 3 个州：佛罗里达、马里兰和明尼苏达。这 3 个州在州政府主导下的区域规划方面有很大的不同，但是它们都得到了相同的教训。

佛罗里达

佛罗里达是美国最大的州，有 1500 万人口。佛罗里达的《发展管理法》已经执行 15 年了，它是一部全州范围的发展管理法。但是，它并没有在佛罗里达的几个大都市区产生区域意义。因此，佛罗里达的经验解释了究竟什么样的州级的法律能够或不能够帮助我们去设计区域城市。

1985 年颁布的这部《发展管理法》确立了许多全州范围的重要发展目标，例如鼓励紧凑型城市发展、禁止开发佛罗里达那些生态脆弱的海岸线、使基础设施适应新开发。同时，这部《发展管理法》要求每个县的地方规划都必须由州政府协调和批准。但是，这个法律的核心并没有真正地把目标集中到建设区域城市，以及克服蔓延和不平等。佛罗里达的《发展管理法》并没有真正把我们所说的区域城市的目标作为重点，它还是把管理未来城市的膨胀作为重点，特别是保证基础设施能够适当地承载城市增长。

佛罗里达的《发展管理法》最重要的部分是"协调"政策，即要求地方政府指明基础设施建设的基金来源，确认承载新开发所需配套的道路、下水道和其他公共设施的建设安排。"协调"是一个重要的目标，它要求分析新建基础设施的费用，降低基础设施费用，从而实现紧凑型开发。但是，佛罗里达的《发展管理法》并没有直接涉及大都市发展的布局形式。直到 20 世纪 90 年代，随着城市蔓延态势日趋明显，大都市增长的形体形式才变得越来越重要了。

最近，一个州级委员会对这部《发展管理法》做了评论，实施协调"几乎排除了汽车的同步"。与联邦交通政策一样，用来分析同步的分析手段几乎完全集中在公路、汽车上，使用的是传统的度量指标，如"服务水平"，而根本就没有考虑土地使用选择、社区设计标准和公共交通。实际上，公共交通设施本身是受到州政府同步政策要求的。

结果是更大的蔓延。因为大都市边缘的道路可以承载新开发，而建成区的道路承载能力有限，所以，使用针对私家车的分析系统势必鼓励开发大都市边缘地区，而限制在建成区做开发。由于居民住在新的城市边缘地区，而他们的工作岗位通常在建成区，所以交通更拥堵，出行时间更长。

过去10年以来，一系列的补充法律试图纠正"协调"问题。现在，佛罗里达州允许在城市地区设置"协调特区"，在那里，鼓励做填补空白的开发，允许地方政府指定"填补空白和再开发"地区，允许在那里超出协调标准。

但是，经过15年的修正，佛罗里达仍然没有避免一个重大失误：佛罗里达的《发展管理法》没有努力劝停地方政府之间的竞争，也没有实现地方政府从区域的角度联合展开工作。这一点对于那些由一个以上的县组成的大都市区是明显的。佛罗里达的3个大都市区（迈阿密、奥兰多和坦帕－圣彼得斯堡）的确如此。

除大型开发项目之外，即"影响区域的发展"，佛罗里达的《发展管理法》几乎没有从区域的角度考虑问题。事实上，佛罗里达州建立了一种州政府和地方政府进行直接联系的机制，从而绕过了区域问题。虽然州社区事务部有义务去审查县域规划和这些县里所有城市的规划，但是，它没有从整体上来处理大都市区域的问题。

佛罗里达州的部分地区已经建立了区域边界，但是，这些区域边界常常是县层次上的，这样层次的区域边界是不适当的。例如，奥兰多所在的奥兰治县建立了"城市服务区"边界，但是，开发商简单地跳过了这个县的边界，到另外一个县去开发，那个县当然非常欢迎这类开发。

虽然这些大型的"跳蛙游戏"受到"影响区域的发展"评估的约束，但是，只要"具有区域影响的开发"能够证明，新开发能够解决它们自己的交通问题，而不对周围公路系统造成影响，这些"影响区域的发展"通常还是能够获得批准。出人意料的是，佛罗里达的《发展管理法》常常支持新城市主义为那些孤立的"新城"所做的规划设计。精心设计的新城市主义规划至少从理论上可以证明，它们对城镇周围的交通和公路的影响很小。但是，这个批准新城的制度几乎不关注整个区域的蔓延，它在事实上传播了这样一个神话，新城市主义不过是在推行另一种蔓延罢了。

简言之，不从大都市角度考虑问题已经在很大程度上干扰了佛罗里达的增长管理。佛罗里达的不同都市区以不同的方式管理开发，所以，结果大相径庭。正如我们原先提到的那样，奥兰多地区的一些城市和其他一些仍然把自己看成不缺土地的地区，能够在不去消除蔓延和不平等的条件下，执行州政府的《发展管理法》。与此相反，南佛罗里达地区，如迈阿密，城市蔓延已经把大都市推到了湿地的边缘。在那里，区域在地理上的向外膨胀已经摧毁了湿地。所以，20世纪90年代，州政府和联邦政府都把保护大沼泽确定为环境保护的主要目标。

基于这样的理由，南佛罗里达许多地方政府都接受了州政府推行的可持续发展社区的政策，包括一个称为"向东挖"的目标，即保护环境、阻止郊区蔓延和振兴城市街区，这三点被集中在"向东挖"之中，不同于把基础设施的要求作为重点，它把重点放到从形体上重新塑造整个加利福尼亚，把那里转变成一个区域的城市。为了实现这个目标，南佛罗里达地区许多地方政府通过改造棕色区域、更新改造现存的街区、确定城市边界等方式，把城市增长政策与恢复大沼泽联系了起来。

在州长杰布·布什的领导下，佛罗里达州已经削减了对"向东挖"目标的支持。现在还不清楚南佛罗里达地区的地方政府是否将继续执行"向东挖"所确定的目标。但是，佛罗里达的教训是深刻的，由于地方政府的竞争，如果仅仅把发展管理建立在政策的基础上，而不把区域形式和不平等摆上议事日程，那么，发展管理可能会以失败而告终，不希望看到的蔓延会愈演愈烈。蔓延不是一个可以仅靠行政管理就可以克服的问题，必须通过区域和街区的设计，有意识地去提出蔓延问题。区域和街区的设计正在挖掘的是现存的市区、郊区的街区和那些承载能力开发不足的地方。

马里兰

佛罗里达的《发展管理法》侧重的是政府程序，与此不同，马里兰的《智慧增长》几乎完全集中在区域形式的问题上。虽然马里兰的《智慧增长》还处于初期阶段，但是，这个法案展示了州政府的创新政策，例如，如何帮助地方政府克服蔓延，如何使用公共投资而不是州里的法规来推动创新政策。

1994 年，马里兰的新州长帕里斯·格伦迪宁走马上任。格伦迪宁决定把反蔓延政策作为他执政的中心。像南佛罗里达一样，马里兰拥有最美好的自然景观和良好的农业生产，但是，它们都在大都市区域层次上受到蔓延和不平等的影响。巴尔的摩和华盛顿特区是美国最强和最成功的大都市区域，无论从哪个方面讲，它们都是最富裕的超级区域，然而，它们的中心城区主要是非洲裔美国人的居住区，那里极端贫困。

格伦迪宁原来是一个大学教授和地方政府官员，他决定保护乡村地区，把投资引向建成区。于是，格伦迪宁提出了"智慧增长"这个术语，并且提出了一系列相关政策，试图改变增长方式，特别是避开对农业土地的开发，把开发转向那些需要投资的城市街区。

大部分州把消除蔓延和改造都市地区的希望寄托在建立法规的基础上，如俄勒冈州。但是，因为马里兰的私人房产主拥有很大的政治和法律的权力，他们赢得过许多次诉讼，以至于很难建立新的法律规则，所以，格伦迪宁并不奢望制定一系列的法规去限制马里兰的城市增长。

于是，格伦迪宁选择了一种不同的方式。他试图通过把州政府的投资引入特别的地方来影响增长模式。正如他以后所说的那样，"我们决定使用州里150亿美元的预算去奖励'智慧增长'。我们已经开始使用税收法去惩罚蔓延。"很大程度上讲，格伦迪宁是从市场的目的出发来使用"智慧增长"，他相信，不夹杂任何政治成分的术语会使"沉默的增长"得到更大的支持。

1997年，州议会通过了《智慧增长和街区保护项目》。它有两个主要内容，目标都是重新分配州里现存基金去解决蔓延和不平等这一对问题：

第一，"优先资助区"。优先资助区覆盖全州，州里的大部分基础设施费将投入到那里。根据这项法律，现有的市政府都自动成为资助对象，如华盛顿特区和巴尔的摩外环公路以内的地区，以及企业区和州里指定的复苏地区。某些绿色地带也可能被指定为优先资助区，只要那里至少达到每英亩3.5个单元的住宅密度，尽管这个密度还不够支撑公共交通，但是，它已经足够改变那种大地块乡村型宅基地的现状。

第二，乡村遗产项目。通过土地购买基金，州政府购买那些土地，使那些乡村遗产成为保护区。当时，马里兰已经有了美国历时最长和资金最富足的土地保护计划。《智慧、增长和街区保护项目中》确保使用这笔资金，从战略上保护一批关键农田，阻止城市的蔓延，把发展引入建成区。

马里兰的《智慧增长》法案并非完美。缺少管理手段明显给州里实现目标造成了困难。另外，州政府允许各县去指定它们自己的"优先资助区"。事实上，正如千友会的报告所指出的那样，那些地方做这项工作的目的未必清楚。尽管它有这些缺点，但是，马里兰的《智慧增长》还是产生了一些积极效果。

使用"智慧增长"标准，格伦迪宁撤销了全州所有绕城高速公路的建设（现在，华盛顿特区的马里兰郊区使用区域地铁与华盛顿城区相连，巴尔的摩正在建设一条轻轨线）。这个州超过80%的州立学校建设费用都用在建成区的州立学校，以前，仅有42%的州立学校建设费用放到建成区的州立学校。1999年，马里兰州政府的报告这样写道：在历史上，这个州第一次实现了受到保护的土地多于新城市增长消费掉的土地。在非常短的时间里，巴尔的摩和华盛顿特区的马里兰郊区使用全新的"智慧增长"方式去应对大都市增长问题，"智慧增长"有可能在未来减少区域蔓延和不平等。

明尼苏达

近30年以来，美国的区域规划倡导者们总是将明尼苏达州的明尼阿波利斯和圣保罗作为范例。它们也称为"双城"，是推进区域平等而进行区域合作设计的一个范例。当然，从很大程度上讲，明尼阿波利斯和圣保罗大都市区区域税收共享政策是"双城"获得此项声誉的基础。区域税收共享政策把开发中所得到的税收从比较富裕的地区分配到比较贫穷的地区。这个政策是一个非常重要的国家先例，努力把税收平等地分配到整个区域。但是，"双城"的领导者和政治家后来认识到，仅靠区域税收共享政策和这个区域长期的区域合作历史是不能充分控制蔓延和不平等的，还需要设计一个更为综合的和有意识的远景。

明尼阿波利斯和圣保罗大都市区大约有250万人口，是中等大都市区域中最大的一个，如西雅图、波特兰和盐湖城。不同于其他中等大都市区域，明尼阿波利斯和圣保罗大都市区正在经历着人口增长和区域经济膨胀。从1980年以来，这个区域的人口已经增长了25%，在过去10年里，那里的就业岗位增加了 20%，但是，明尼阿波利斯和圣保罗大都市区的中心城区和近郊区的人口正在衰退。这个区域的人口增长主要出现在比较新的低密度郊区，如明尼苏达西北部的小社区梅普尔·格罗夫。20 世纪 90 年代，新的低密度郊区成为密度增长和区域主义的争论焦点。

如同旧金山海湾地区一样，明尼阿波利斯和圣保罗大都市区很早就进入了区域规划。这个区域的排水问题必须协调解决，这是该地区形成区域主义的部分原因。明尼阿波利斯和圣保罗地区的"大都市议会"建立于 1967 年，包括 7 个县。不同于"海湾地区政府协会"和其他的区域机构，明尼阿波利斯和圣保罗地区的"大都市议会"不是一个地方政府的松散的、自愿的组织，它实际上是一个州级实体，资金来源于房地产税收，管理一个州级水平的管理委员，这个理事会由州里任命，其工作是对建设区域性基础设施做决策，如飞机场。这个州政府主导的区域观不同于海湾地区的"非正式"的区域观。"大都市议会"管理"大都市城市服务区"（MUSA）的建设和维护，"大都市城市服务区"形成了城市服务的边界，在这个边界外不允许做城市开发。就像其他相似的法案一样，《大都市城市服务区》法案有许多漏洞，但是，它允许"大都市议会"给这个区域划定一条边界。

在"大都市议会"创立 4 年以后，明尼苏达州通过了著名的税收共享法，把这个观念注入到区域制度中。税收共享法声誉卓著，实际上，它还是相当严谨的。税收共享法并没有要求所有行政区分享所有的房地产税，仅仅要求地方政府拿出开发商业和工业房地产税基的 40% 放到区域金库中，然后，按人头分配到各个行政区。

首先，依据这项法案汇集的资金不多。当然，随着时间的推移，这个区域金库开始膨胀。现在，它每年可以重新分配给比较贫穷的行政区数亿美元的资金。更进一步讲，富裕也没有完全从郊区转移到旧城中来。许多年里，明尼阿波利斯中心城区经济强劲，而且居住街区优美，长期以来都是这个区域金库的纯粹捐献者。就像其他的大都市区域一样，双城地区包括了许多近郊区，它们有着很高的税收收入，在税收分享法之下，它们是纯粹的资金获得者。从整体上讲，这个法案的确减少了富裕和最贫穷行政区之间的财政差异，过去这个区域的财政差距高达 50 ∶ 1，现在这个差距仅为 12 ∶ 1。

随着区域经济的增长，一个独立的大都市议会管理着区域规划和税收分享法，这样，明尼阿波利斯和圣保罗大都市区被看成区域规划和合作的典范。当然，20 世纪 90 年代早期，一个叫迈伦的州议员重新提出了区域平等问题。迈伦调查了整个明尼阿波利斯和圣保罗大都市区内公共投资的地理分布，他使用计算机技术，提出交通和其他的基础设施投资正在不成比例的投入到高速增长、高收入、低密度的郊区。迈伦向州议会提交了一系列提案，要求对都市管理做出重大改革，包括都市管理、财政政策、交通和土地使用规划，同时，他特别强调，在这个区域的所有社区里开发经济适用房。后来，迈伦出版了一本名为《大都市政治学》的著作，提出需要制定这类政策。

像那些通过最初税收共享法案的前辈一样，迈伦的观点很快就被其他的政治家所使用并受到了鼓励。1994 年，"大都市议会"在这些活动的推动下编制了一份新的"区域蓝图"，特别要求把区域基础设施投资重点放到"那些按规划给区域内中低收入家庭提供了住房机会"的社区。这个"区域蓝皮书"，加上"城市服务区"的要求，赋予了大都市议会管理地方政府的相当大的权力。例如，《大都市城市服务区》被通过之后，大都市议会要求富裕的低密度郊区梅普尔·格罗夫同意建设较高密度的住宅，包括一些供出租用的单元。作为一种交换，大都市议会批准为那个地区投资 4 300 万美元，用于建设下水系统。

明尼阿波利斯和圣保罗大都市区贯彻区域主义的方式表明，应当采取一个稳定的和有意识的方式向区域城市过渡。最近，明尼苏达的领导们已经认识到，即使有公正的和强有力的州政府主导的区域规划，而没有真正切实地去设计区域，他们的都市区也不能够真正转变成一个区域城市。税收共享法案、区域蓝图、大都市城市服务区，都只是提供了一种改善社会和经济平等的机制，当富裕的郊区依然我行我素时，蔓延仍然还是一个问题。

所以，随着新千年的临近，明尼苏达采用了新的方式在双城创造区域城市。明尼苏达州反传统的州长杰西·文图拉提出了"精明增长"的政策，并且任命特德·蒙代尔为"大都市议会"的新领导。杰西·文图拉原先曾经担任"布鲁克林公园"的市长，那里是一个工人阶级郊区。杰西·文图拉和特德·蒙代尔开始注意与双城地区增长相关的形体设计问题，特别是关于区域轻轨系统的想法，以及关于在许多区域中心展开紧凑型、高密度开发的想法。因为明尼阿波利斯和圣保罗用了30年的时间来制定有关区域增长的政策，所以，与盐湖城相反，明尼阿波利斯和圣保罗的区域设计可能已经到了最后的阶段，而不是第一阶段。

我们描述了3个州政府主导的区域观以及州政府主导下所做的具体工作，它们有两条相同的经验：第一，在增长问题上，没有州政府得力的领导，是不可能把大都市区转变成区域城市的；第二，即使有州级政治领导人的支持，单靠区域政策是不可能把大都市区转变成区域城市的。如果这些区域政策（包括基础设施投资）与区域的和街区的设计远景结合在一起，大都市区向区域城市的转变才会成功。

第四部分
更新区域的社区

　　必须重新整理那些描绘增长和再开发的分区规划图，说明那些土地使用之间的相互联系。城镇规划正在使用一种新的语言，使用社区这个基础建筑构件来绘制一张场所图，而不是一张分区规划图。

如果区域的远景、政策或者投资不能在街区这个基本的层次上塑造我们的社区，那么它们都是没有意义的。如果想摆脱蔓延和获得城市的投资，那就要求我们重新思考所居住的那个地方的形式和功能。无论在哪个区域，都有各式各样的街区、村庄和城镇。它们都有不同的变化机制，都需要开发它们自己的社区愿景和建筑环境，都必须找出一种进入正在兴起的区域城市的方式。但是，所有这些都需要具有多样性、更加可步行的环境、更加紧凑的城市形式。

本书的这一部分着重讨论3个基本条件：现存的郊区、城市边缘的新增长区、那些败落的城市街区和市区。当然，许多其他的地方也都需要独特的变化形式，比如乡村或稳定的城市街区。这里要研究的条件和场所展示了区域变化的3个主要机会：郊区的灰色区域、市区周边的绿色区域、市区的棕色区域。从历史上看，市区街区和区域边缘常常是许多设计和政策革新的重点。成熟的郊区是一个相对较新的论点，也是创造紧凑的区域城市的一个核心。

改造我们现存的郊区，无论它是在一环或比较新的区域都是实现一个健康的区域形式的基础。在大多数区域，现存的郊区承载着区域里50%的人口。通过重建那些最没有效率的地方，来改变那些地方的特征，是必要的和充满机会的。我们认为，通过填充式开发和有选择的更新改造，能够弥补战后郊区的那些功能失调方面。同时，住宅将变得更具多样性，交通方式将得到改善，那些缺少联系的地方也将得到调整。这个机会的核心在于更新改造郊区的带状商业区，即那些沥青铺装的"灰色场地"，它们有可能变成村庄和城镇的核心，为附近的街区提供服务，同时建造新的住宅。

除开逐街逐巷的调整外，还必须同时进行较大的体制改革和基础设施的更新，必须重新整理那些规定增长和更新改造的分区规划图，认识和增强土地使用之间的相互联系。城镇规划正在发展一种新的语言，这种新语言使用社区的基础模块来创造一张场所图，而不是创造一张分区规划图。

除了重新修订城镇规划的规范以外，郊区的公共交通也必然会波及整个区域，下一代公共交通必须把郊区和郊区、郊区和中心城区联系起来。公共交通不仅是交通本身，还是组织区域更新改造和填充开发的框架。也许更重要的是，公共交通是提高街区和中心行人生活的一种方式。

填补空白和再开发可以不受区域边界和政策的限制，但是，许多区域还会继续向城市边缘扩张。这种发展必须在地点、连接和形式上与区域城市结合起来。绿色场地的开发可以遵循在市区和成熟郊区沿用的相同的城市设计原理。

具有讽刺意义的是，那些边缘场地可能难以形成城市特征，它们必须同市场的力量去做斗争，因为市场推动清一色的低密度住宅，所以将面临很大的困难去创造混合使用的中心。因为那些地区的零售和其他商业发展非常弱，它们也将遇到很大的压力去调整公共交通，去建设真正可以步行的街区，因为大部分的街区没有多样性和一定的居住密度。当然，在那些有了限制蔓延和确立了增长方向的地方，新的绿地项目能够实现这一点而不需要其他的支持，增长的健康与否依赖于区域是否有一个清楚的远景。

复苏衰退的内城街区一直都是许多行政当局和民间团体追逐的目标。一方面通过区域规划，另一方面通过新城市主义大会提出一组设计原则，一种不同的复苏衰退的内城街区的方式正在浮出水面。正如联邦住宅与城市建设部"一体化规划"和"6号希望工程"所证明的那样，这种新的方式是建立在一些古老的城市设计原则的基础上，如多样性、人的尺度和保护等。这种新的方式证明，城区不能脱离它的周边地区。在区域范围内把就业岗位和住宅结合起来，以便清除内城街区在经济和形体上的孤独。

　　更新郊区、内城街区和边缘城市都是都市区转变成区域城市的机会。通过街区、灰色区、褐色区，现存的社区得到再发展。把城市规划的新增元素加到场所中去，特别是多样性和人的尺度。即使在城市边缘，绿色地带的开发也能推进区域向更紧凑、交通更友好的形式展开。多样性、人的尺度和紧凑这 3 个机会中的每一个都将最终产生对发展区域城市有价值的东西。

第九章
郊区的成熟

　　郊区从它的诞生之日起就没有停止过变化和发展。从城郊宿舍区到边缘城市，郊区向着更为复杂和完善的方向扩展。在过去的两代人的时间里，就业岗位和零售业也跟着住宅进入了郊区。现在，那双看不见的手，正在使混合住宅类型更趋多样化，正在要求找到除汽车之外的别的选项。如同我们已经指出的那样，可步行的街区和市中心正在作为社会愿望、环境宜人和经济效益良好的标准而出现。郊区那些一度被分割开来的场地正通过土地和空间的混合使用、填充式开发和更新改造而联系起来。城市意义上的中心网络开始覆盖和改变着郊区的面貌。

　　但是，对郊区的土地和空间实施填补空白的开发战略有其特殊性和约束条件。首先，倡导不增长和缓慢增长的人们一般都会反对具有任何一种密度或混合使用的填充开发项目，因为项目延迟和各类诉讼，这类填充开发的成本不断攀升。其次，地方政策常常以现状为依据，一个地区的特征一旦形成，没有强有力的共识，要想改变现状是十分困难的。进一步讲，即使达成了共识，现存郊区道路系统和分区规划也会阻碍不同类型的开发。最后，因为郊区现行的居住密度和布局结构，公共交通成为一个需要大量政府补贴才能够可靠运营的网络，而不是一种取代私家车的可行选择。

　　要想让郊区填充开发地区出现显著增长，许多事情都必须改变。市民们必须认识到，增长的方式不仅只有蔓延，其实还有很多其他的增长选择，因此，我们需要对明晰的选项展开交流。通常描述可步行中心和街区的特征和尺度之类的简单活动常常就足以减少人们对开发的忧虑。区域需要合理分布经济住宅和就业，需要保护开放空间和农业用地，需要公共交通，地方关心的问题必须与区域需求相协调。地方利益与区域需求的协调要求提供一种区域活动，这种区域活动既是训导也是指导经济、生态、地理、行政和社会公平之间的复杂相互作用。如果不能让公众清楚地认识到具体选项，郊区填充式开发选项也许会在区域利益和地方忧虑之间徘徊不前。

为了让郊区成长为更加具有包容性和综合性的地方，需要在四个方面有所变化。第一，每个城镇都需要重新制定它们的总体规划和分区规划，允许混合使用开发，鼓励住宅的多样性。朝着场所而不是分区的方向，调整每个城镇的规划，这是实现区域远景的一个基本步骤。第二，必须对关键填空补白的场地加以研究，必须通过基础设施投资和政策寻找和支撑关键填充和改造场地。这些填充开发场地是改变我们现存郊区特征的关键。第三，对于那些确定对都市区膨胀适合的绿色地带场地，一定要将其规划成步行友好、公共交通可达和协调的地方。第四，区域的郊区部分需要用多种公交系统联系起来，把铁路主要干线与公共汽车、自行车专用道和可以步行的车站地区结合起来。这四大变化对郊区的不断成熟都是至关重要的。

重新构造郊区城镇的规划

城镇基础建筑构件与区域的一样，有必要利用它们去修订城镇总体规划和分区规划。城镇的建筑构件不是分区，而是各种各样的场所：街区、区、走廊、中心和开放的空间系统，标准分区规划的范畴与这些以场所为导向的城镇建筑构件之间存在着巨大差异。居住区和划分好的地块转变成了可以步行的街区。购物中心和办公园区转变成了有可以步行的街道的混合使用区。交通干线和公路转变成了承载综合公交系统的林荫大道。只有把这些城镇的形体要素与整个场所联系起来，而不是孤立地看待它们，这些转变才有可能实现。

使用这种场所结构来重新审视一个现存的城镇规划，意味着开始重新定位填充空白、再开发和新开发的位置以及土地与空间使用类型。这个过程产生出一张包括街区中心、混合使用的主要区域、工作区和新开放空间系统的图。相类地，这个过程把新的增长区重新组织成紧密联系在一起的场所和中心。加利福尼亚的帕洛·阿尔托就是使用这种方式更新总体规划的一个案例（图 35）。

重新绘制我们的城镇需要广泛的社区参与。市民们需要参与这个过程，以确定城镇的街区、中心、走廊和开放空间的布局。这一过程必然是一个政治过程，必须以一种积极的态度加以引导。社区参与应该围绕具体的工作小组安排，在这些工作小组里，居民成为问题的解决者和社区的设计师，而不再是"提问题的人"或者坐而论道的批判者。

与区域和街区一样，城镇也需要一个关键中心、清晰的边界、良好的交通网络和一个强有力的社会秩序。这些基本原则适用于从区域、城镇到街区的不同地理尺度。如果一个城镇没有繁荣的中心，那么便缺少了社区经济与文化的交汇点。如果一个城镇没有边界，那么很快就会随着宅基地和道路的扩展而不断蔓延开来。如果一个城镇没有公共空间和市民乐于聚会的场所，那么就会丧失特征和标志。这样的边界、中心和以人为尺度的公共空间不再是我们土地使用规划的元素。但是，我们的土地使用规划确实需要这样的边界、中心和以人为尺度的公共空间作为它们的元素。

区域有一个由街区中心、区域的村庄、城镇和市中心形成的层次结构，与此相似，郊区城镇也有一个由各类中心形成的层次结构。街区中心是基本的和最易有问题的地方。一个保持可以步行尺度的居住街区不大会超过

120 英亩（约 49 公顷）的面积（1/4 英里大小，或者在任何方向上都只有 5 分钟的步行距离）。在这样一个规模的郊区城镇里，通常只能有 300 户，最多也超不过 800 户居民。因为地方杂货店不再是小零售铺，所以，在市场上很难再找到这样小型的店铺了。

显然，每一个邻里中心不可能都有自己的综合性杂货店或者那种由住宅环绕着的小商店。这类小商店一旦经营成功，在某些情况下，它们应该是得到了作为社区公共设施的补贴。所以，街区中心必然是混合性的，那里有公共服务设施，例如，日托中心、老年中心或小学、街头绿地、商店等。即使在步行范围里没有商店和就业岗位，一个简单的公共空间就足够形成一个街区的标志了。

我们在市场上很难再找到这样小的零售店，一部分原因是商店变得愈来愈大了，一部分原因是我们的生活节奏变得愈来愈快了。由于时间的紧迫，我们需要在一个地方就能够购买到所需的全部东西。这意味着一个零售中心的面积至少有 9 300 平方米，包括一个大型杂货店、一个五金水暖店和一家药店。如果把这一个零售中心设计成可以步行的、共用的和其他使用混合起来的场所，它都会变成我们所说的村庄中心。根据人口总数，一个城镇可能会有几个村庄中心。村庄中心是安排多户共用住宅和老年公寓的合理场所。同时，那里可以为小型的和地方的商务机构提供办公空间，如诊所、旅馆等。也有一些小型的公共服务设施，如图书馆分馆、邮局或者是青年中心。村庄中心应该是出现在区域规划上的一个最小增量，我们已经把村庄中心描绘为区域的基础模块之一。

城镇中心也是区域的基础模块，不过，它们在城镇规划中构成行政辖区的核心。这里，我们应当说明城镇的最特别之处。大多数城镇中心需要有某种传统品质。那些城镇中心必须是提供 24 小时服务的活动区。那些城镇中心通常有城镇中最高的居住密度，是那个地区公共交通系统的枢纽。

那些城镇中心应该有集中的就业岗位（但是，那些建在公路出入口附近、签订了 25 年合同的商务办公区常常做不到这一点）。对购房者所做的民意调查显示，人们愿意居住在靠近城镇中心的地方或者就在可步行的城镇中心内。很可惜，这样的地方只是一个例外，而不是规定。

在每一个城镇规划中，我们需要合并和加强其他区域基础模块。自然和人工的走廊形成了城镇与区域的联系。在新城镇结构中，与城镇中心配套的走廊为填充式开发提供了机会，商业街由可以步行的中心所替代。区也是新城镇结构的一部分，它们为那些不宜安排在街区或中心里的特别用地提供了空间。

郊区城镇分类

郊区城镇的分类在很大程度上依赖于它们的历史和位置。比较老一点的近郊区是在第二次世界大战之前形成的，有轨电车或铁路把那些郊区城镇与市区连接起来。那些郊区城镇是按照人们可以步行到车站和沿路停车的状况设计的，有着优良的城市设计特征，不曾受到当代生活风格和经济的挑战。

今天，这类城镇或者正是我们所渴求的，或者已经面目全非了。它们的区位决定了这种迥然不同的结果。一个房地产经纪人克里斯·利恩伯格这样地认识这些区域里"令人神往的地方"：从历史城市中成长出来的郊区，抓住了新的就业岗位和较高收入的家庭。我们很容易从国家的任何一个区域里找到这类令人神往的地方。在这些优秀的区域亮点里，历史城镇和有轨电车缓缓驶过的郊区已经变成了受到高度重视的社区中心。这样的城镇中心正在吸引着那些蔓延至边缘城市办公园区和零售中心的所有土地使用。例如，在旧金山海湾地区，那些著名的商店和开始起步的企业都宁愿落脚在帕洛·阿尔托市区而不愿待在高速路旁。

在另外一些区域的"令人神往的地方"，有轨电车驶过的历史城镇即衰退中的近郊区，表现不理想。那些社区聚居着蓝领家庭。那些社区正处在城市衰退周期之中，没有什么就业岗位，地方税基比较低，公共服务水平低下，学校正在衰退，几乎没有什么投资。由于这些城镇缺少市区所具有的那些内在的和历史的价值，所以，那些城镇的衰退是非常危险的。在那里，主要街道是空的，火车站也停止了营业，许多历史性的建筑或者被毁坏，或者正在老化。从城镇设计的观点看，这些城镇有许多有价值的东西，但是，从区域理论的观点看，它们处在经济主流之外。除非那里的地方经济振兴起来，或者有了我们前面描述的那些区域政策的支持，如税基共享、区域边界、新的公共交通投资、有目标的就业中心和高质量的学校等，否则，任何好的城镇设计都拯救不了那些城镇。

走出近郊区，我们看到的是第二次世界大战结束后建设起来的郊区。那些城镇没有中心或历史。如果请一位当地居民把我们引领到城镇中心，映入眼帘的多半是一个购物中心。那些城镇依靠高速公路与区域和市区连接起来。在这样的地区很少有公共交通或火车站。通常情况下，这些城镇规划只有大型的单一功能分区，4~6车道的主干道把那些大型单一功能分区连接起来。沿主干道的某个地方是被停车场包围起来的市政中心，这些地方很容易通过更新改造灰色地带而转变成城镇中心或村庄中心。

那些没有中心的城镇依赖于它们在区域中的地理位置而具有不同的特点。在高增长部分，那些城镇布满了大院式社区、高尔夫球场、高档购物中心和大型办公园区。因为那里居民富裕，希望维持现状，所以，不要指望改变那里。在那里的人们看来，区域城市规划所倡导的多样性对大部分这类城镇来说都太激进和太包容了。混合使用中心以及相邻的多家庭共用住宅，被误认为会给社区带来犯罪和其他不良因素。这些城镇愿意采纳的战略是：限制增长和建造更宽阔的道路。

走出这种郊区的边缘就是独立城镇了，它们很容易被纳入整个区域经济圈。从历史上看，在西部地区，这些城镇是农业城镇；而在东部地区，这类城镇是一种工业产品的工业城镇。因为最初的经济活动衰退了，所以许多这样的城镇都经历了人口下降和经济不景气的挑战。那些与规模小的学院和大学有关的城镇已经变成了信息时代工人的社区。那里高等教育和高质量生活的混合，吸引着高技术的小企业和自谋职业的工人。

这些城镇的人们乐于控制蔓延和重新建设城镇中心。为维持它们的繁荣，他们需要提供与边缘城市郊区不同的环境；他们需要保存自然特征，这对大多数人来说是有吸引力的；他们需要建立一个城镇中心，以提供高质量的休闲娱乐、购物和可以步行的环境。

大部分郊区城镇是战前核心地区与战后边缘城市的混合体。它们是这个区域的一个小宇宙。每个郊区城镇都有一个历史核心，比如老火车站（现在已经变成了餐饮店）、宽敞的大街、古老的棋盘式布局、绕城公路附近的购物中心或行政中心、林荫大道旁的公寓等，再远一些就是成片的住宅区。

如果我们研究一下这类城镇的交通模式就会发现，通常情况下那些比较新的和低密度的住宅区交通堵塞最为严重，城镇里那些采用棋盘式道路布局的老地方，交通分流比较好。因为城镇新建部分的所有支路都与一条交通干道连接，所以那里的交通干道经常阻塞，正如我们描述过的那样，停车场和待开发的商业用地沿路展开。

在比较富裕的城镇，古老的大街布满了新的店铺（但是火车站仍然是餐馆），旧的街邻已经翻新。在比较贫穷的城镇，城镇中心没有太大变化，许多老的购物中心和商业中心已经倒闭。如果没有一个能反映这些城镇社会资本价值的区域规划，这些地方会继续衰退。

因为都市蔓延正在吞噬那些老的独立城镇，所以那些城镇利用绿带建设来阻止蔓延。在某些情况下，那些城镇利用绿化带形成了城镇间的边界。这个战略需要城镇间的政治合作，保证执行已有城镇地界以外无建筑的政策。这些地方的绿线，或主张社区分割的人们能够有效地建立城镇边缘和标志。如果处理得当，这些无建筑的开放空间能够成为区域开放空间网络的重要组成部分。从城镇边缘可以接近开放空间这一特征将是城镇吸引填充式开发和更新改造的重要因素。

但是，这些城镇既有建设绿带的愿望，也有排斥其他土地使用功能的愿望。它们反对填补街区里的空地，而是把开发推到都市边缘。科罗拉多州的博尔德市就是一个不错的案例。博尔德市的绿带非常漂亮，还有一所大学，是一个非常适合居住的地方。但是，在那里采用填充式开发的方式去开发住宅和商业设施常常受阻，这座城镇的就业与居住不协调，同时，几乎没有经济适用房（房价很高）。最终，使得开发工作向那些管理相对灵活的邻近城镇和乡村土地转移。

如果推行地方绿带政策而又没有填充式开发政策加以配合，那么只会刺激城市的蔓延。区域设计能够有助于制定相关政策，既创造和保护绿带，又支持填充式开发和改造。区域架构能够把绿带和填充式开发联系起来，单靠地方政府是不能做到这一点的。

郊区城镇改造的典型方式是，重建那里最好的部分，替换掉那里最差的部分。所有这些都应与区域设计的整体设想结合起来，区域设计协调开放空间网络，支持把投资用到需要的地方，推行公共交通以增加城镇的可步行空间。一旦这样的整体设想建立起来，填充式开发和灰色地带的更新改造，都会有利于城镇的健康发展和推行区域的紧凑型布局。

郊区的灰色地带

我们把那些大规模停车场环绕的由单层建筑物组成的低密度商业区称为灰色地带，它们有着多种多样的再开发的形式和规模。灰色地带的一些地块相当大，曾经是大型购物区，而现在已经不复存在。更多的灰色地带是沿着高速公路和干线的小的独立地块，叫作带状商业区。日益被淘汰下来的军事基地、未被充分利用的社会机构用地，是又一类郊区灰色地带。它们的规模和区位都意味着不同的挑战和机遇。所有这些都提示了改造郊区面貌的一个方向。

因为灰色地带的规模和区位不同，所以每一个灰色地带在形成区域城市中的作用不同。大型灰色地带，如军事基地或退役机场〔如丹佛的老斯泰普尔顿登机场（图24、图25）〕可以改造成若干新的街区或者城市中心（图26、图27）。老的商业街和商业中心通常为20~40英亩（约8~16公顷），可以改造成拥有完善的零售业、就业和居住（图28、图29）的混合型村庄中心或城镇中心。然而，开发那些七零八碎大小不一的沿着道路的地块（图30）则面临着挑战。在一些情况下，简单地重新做一个分区规划，把那些地方规划为较高密度的混合使用区，这能在一个时期内推进走廊的再开发。在另一些情况下，它们需要实施更新改造的中介机构把七零八碎的地块聚集起来，或者形成一个合作的"特区计划"，然后制定总体规划（图38）。无论用哪种方式，这些走廊的更新改造能够为居民区提供更多的住房和零售机会。

无论在哪种情况下，增加地区的住宅类型和服务是一个典型的填补空白和更新改造的目标，而在独门独院的居住区增加就业岗位、公共服务设施、多户家庭共用住宅和老年公寓，是街区协调和在住宅与交通方式方面创造更多选择的一种方式。另一个具有重要意义的机会是，通过增加步行设施可以改变汽车导向的街区交通模式。增强步行设施与住房、零售业和公共服务设施的结合，能够打破被带状商业街和汽车导向的道路分割的街区，而创造出一个新的街区中心。

更新改造大型灰色地带，如军事基地和未被充分利用的社会机构用地，有很多机会去创造一个完整的街区和商业区（图21—图23）。与位于城镇边缘的绿色地带相比，大型灰色地带的商业区位于那个地方的中心，因此能够支撑多样性的住宅和零售业开发。大型填充式开发场地的区位优势使它们成为区域规划的重要资产。

对于多数郊区城镇来讲，普遍存在的更新改造机会是，拯救旧商业街和旧商业中心。它们有成为街区中心和接近公共交通的区位优势。同时，它们不是直接地处于所服务的居民区。这样，更新改造的反对者不多，而大部分人希望看到这类变化。那些沿郊区道路干线展开的商业街本应占有巨大的市场份额，但是，它们都成了低密度单一使用居住区的"人质"。零售业是开发中变化最快的部分，所以，更新改造旧商业街和旧商业中心是可行的。

每隔10年，我们好像都会创建一种新的购物模式。在第二次世界大战之后，市区百货大楼和旧城镇中心的商业街被郊区的购物中心、汽车导向的商业街和食品杂货店为主的街区中心所替代。随着我们把家搬到郊区，零售形式也随之发生了显著变化。郊区生活的根本变化使零售业的布局、规模和组合方式也不断发生变化，典型的变化是在布局和组合方面。"城市土地研究所"（ULI）总结了一个郊区零售类型分类，包括便利中心、假日市场中心、娱乐中心、社区中心、街区中心、直销中心、批量购物中心、折扣中心和商业区。当然，这个分类还会不断更新。

另外，零售商店增加过多，这仅仅是零售业迅速变化的表现。当新的零售中心有了顾客时，老的零售中心正缓慢地衰退，那些未被充分利用起来的购物区也走向衰落，进而导致税收减少，最后使街区或者城镇走向衰落。这是很多市区的发展模式，当然也是近郊区的发展模式，较低的零售税收收入导致公共服务质量下降，同时，为了弥补税收财政的减少，政府只能征集越来越高的房地产税和营业税。

批量购物中心、网上零售和传统商业街这三种新的零售形式目前正在替代郊区零售形式。这些新形式改变了社区的性质和我们的生活，同时，正在削弱老的商业区和沿街的商业中心。

批量购物中心是零售的超级郊区形式，借用一个生态术语，它或许是郊区零售的涨潮阶段。它们100%以汽车为导向、规模庞大、土地使用功能能功能单一，而且所在位置相对偏远。整个商店面积高达46 000~74 000平方米，这个规模意味着它们的服务半径为7英里（约11千米）。它们的商业目标是提供价值（低价商品）和便利（容易停车）。它们正在侵蚀着日用品、食品、文具用品、宠物、玩具和药店的零售市场，同时，也正在把原本花在老商业街上的资金吸引到这个超级购物中心。它们使很多有历史意义的商业街和地方的老商店倒闭，也因此受到了一些社区组织的批判。但是，应当承认，它们的服务对低收入家庭是重要的。

网上购物已经成了更新零售形式。到目前为止，网上购物只占零售总额的1%。预计2005年，这个数字会上升到3%。从某个角度看，电商很像批发商做的零售：两者都以巨大的库存量和低价格产品为基础。不同的是，网上购物把商品直接送到消费者的家里，取代了到仓库提货。只是操作软件，便能把便利和价格做到极限。与私人轿车相比，送货上门更为便利，更能节省时间。

但是，有两个因素将限制网上零售。首先，人们有亲眼去看并且触摸商品的本能愿望。对许多人来说，满足这个愿望是现实，购物是一种社会的体验，在许多场合，还有消遣的价值。在商店实地去选择商品比屏幕上看到更有说服力。其次，许多低收入家庭是在批量购物中心而不是在网上购物。如果人们到了批量购物中心，他们也会马上开始期待对它进行重新开发，批量购物中心将是下一批灰色地带。如果批量购物和电子零售不去改变它们的零售方式，零售世界里就不会有它们的位子。

留在零售业中的其他方式将把它们的重心集中到给顾客以购物的体验、一种对场所的感受、一种休闲的感受。为了把人们从超级市场和计算机屏幕那里拉开，购物区必须学习那些有历史意义的商业街：优美、人的尺度、多样性、社交活动和娱乐。购物区必须是混合使用的，增加公共服务设施、住房和办公室。

甚至等不到电子零售或者批量购物中心的消退，商业街的振兴已经开始了。商业街的振兴是目前零售业影响我们社区的重要趋势。无论在什么地方，只要普通家庭的收入达到一定水平，商业街和城镇中心就会存在。对于那些高消费市场，新开发或者更新改造的商业街的出现是必然的。

但是，在低收入地区，商业街仍然需要为生存而斗争，如店铺空置率很高，而对商业街的维护也很少。大多数最好的和具有历史意义的商业街总是位于低收入群体聚居地区，因此，应该给那里的保护和振兴给予支持。在这些地区，如果把商业街看作一个购物中心，那么，就可以使用"商业改善区"的方式管理和维护那些商业街。在这样一种合作管理制度下，保持商业街经营内容的多样性，并加强整体感受。空商店容易对附近的商店产生消极影响，因此，应当迅速地招揽新的承租人。历史性建筑和人的尺度是传统商业街的特征，如果街道安全、干净和没有空地，大多数人是愿意到那里去的。使用"商业改善区"的资金提高治安和整体维护水平是恢复传统商业街的关键（图 28—图 35）。

随着传统商业街的恢复，新商业街也出现了，但是，新商业街的形式是混合的。新商业街缺乏传统商业街的那种中心区位，因此，它需要有若干大型活动场所作为自己的支撑点，如电影娱乐综合体、一组时髦生活品商店或者一家大型百货店。新商业街把汽车导向的模式和步行导向的模式混合起来，正在成为一种新的零售类型（图 38，大山路复苏规划，这是一个把电影院与一条新商业街结合起来的例子）。在某些情况下，这些混合街区可能位于更新改造的旧商业区。在另一些情况下，它们能形成一个新开发的城镇的中心（图 37，伊萨夸新商业街成为城镇中心的例子）。无论在哪种情况下，这些新商业街在土地与空间的使用上是混合的，如办公、公共服务和居住综合在一起，垂手即得。

郊区的灰色地带可以向许多方向发展。一些将转变成综合使用的村庄和城镇中心，一些将变成更集中的就业区或者居民区，还有那些在高居住密度地区的灰色地带将再开发成标准的零售中心。当然，由低居住密度和陈旧的零售形式而产生的灰色地带的确给郊区的改革提供了更多的机会。

对于郊区其他类型的灰色地带，还有一些机会做填充式开发和更新改造。地处关键区位的那些未充分利用的社会机构用地，对相邻社区的开发是一个机会。当然，有一些纯粹的居民区也需要填充式开发和更新改造。使用填充式开发的方式可以把办公园区改变成混合使用的街区，就像划分停车场一样。市区里的那些用棕色表示的老工业用地给市区更新改造带来机会，用灰色表示的那些郊区用地也给郊区的更新改造带来机会。改造郊区那些布满停车位的干道沿线地带，不仅是郊区的一次更新改造机会，实际上，也是郊区成熟的标志。

远郊的绿色地带

在哪里开发和占用多少土地的争论经常是区域设计的核心。正如在前面描述的那样，区域设计过程必然最终在假定的自由市场理想和公众的需求之间达成一种妥协。在理想世界内，为了避免威胁到开放空间网络，绿色地带开发将理性地随着公共交通和基础设施的开发而因地制宜，因此，对绿色地带的开发将是有限的。可是，我们不是生活在一个理想的世界中。

在很多地区，填充式开发和更新改造不能满足土地需求。即使填充开发和绿色地带开发在量上比例合理，对绿色地带的开发也需要准确定位和规划。区域设计的"图层"之一就是绿色地带，我们必须确定开发绿色地带的位置和规模。究竟开发多少绿色地带，将由优先使用填充式开发和开发需求之间的平衡决定。

一些城市蔓延提倡者声称，几乎不应该对任何绿色地带的开发加以限制，自由市场会有效地配置新开发场地的位置，正确地安排新开发项目的用地面积。不过，对绿色地带实施自由市场配置肯定是摆脱不了偏见的。有两个因素常常导致土地开发过度，扭曲市场配置。

第一个因素是，对农田和开放空间的投机买卖是有利可图的，因此，市场配置肯定是扭曲的。例如，在加利福尼亚州的萨克拉门托县，农田的价格只不过是每英亩 5 000~10 000 美元，然而，一旦农田被划为开发区，土地价值可能超过每英亩 80 000 美元。这是一笔丰厚的利润，投机者打赌说，不需要提供相匹配的基础设施或公共服务设施投资，那块土地就可以变成城市用地。在某些情况下，他们在地方选举上花了不少钱。

这类投机买卖肯定扭曲了区域边缘的开发位置和规模。投机者依靠公众的力量修正了分区规划，投机者获得了利润，而把后续开发的费用留给建筑商，最终转嫁给房屋购买者。公众应该分享由修正后的分区规划所创造的价值，或者农田应该得到保护。

第二个因素是，填充式开发比较困难，而且成本很高。因此，这一个因素以扭曲的方式推动人们去开发绿色地带。如果没有区域发展上的统一部署，在现有社区内搞开发必然引起附近居民的担心，从而阻碍填充式开发。许多居民错误地认为，要想阻止蔓延，唯一的办法就是限制在附近搞新的开发，填充开发是费力、费时、危险和昂贵的。对于建筑商来说，在边缘地区购买一块绿地、偿付土地投机的价格、建设新基础设施、搞新的开发，会更便宜、更确定和更迅速。

我们可以从制度上解决这类问题。修订开放空间或农田的分区规划导致土地价值升值，我们现在的制度是，把这个升值部分给了开发商，所以，实际上等于补贴了对绿色地带的开发；同时，我们推行公众参与批准填充式开发，进而给填充式开发设置了很大的风险和困难。这是我们现行制度上的一大弊端。

区域设计能够有助于改变这种模式。通过增加公共服务和基础设施的费用，把修订开放空间或农田分区规划和提供基础设施所产生的价值返还当地居民。通过制定为现有社区中的空地做分区规划，减少填充式开发的困难和花销。这样，我们增加了开发绿色地带的难度，削减了填充式开发的困难。这是区域设计的最重要的成果之一。它能清除掉开发绿色地带市场上的投机行为，而为填充式开发的开发提供一个积极的环境。

在什么地方开发绿色地带是适当的，应当遵循与填充式开发开发相同的原则，即在土地和空间使用和住宅类型上具有多样性的可步行街区。当然，越是偏远的地区，实现土地和空间使用以及住宅类型上的多样性就越充满挑战性，那里几乎什么也没有，很难创造一个基本的零售市场。同样，在那些远离就业中心、服务和成熟的都市环境的地方，创造一个住宅小楼和公寓市场也是困难重重。在许多情况下，因为城镇零售中心、就业中心和多家庭共用住宅的建设赶不上市场的需求，而使得绿色地带发展受阻。

只要绿色地带新城镇成为完整的城镇，并从区域整体上对这类城镇的数目加以限制，绿色地带新城镇就很有可能成功。距西雅图东部17英里（约27千米）的伊萨卡高地（图36、图37）就是一个很好的例子。因为皮吉特湾区域规划限制了那里的绿色地带开发，所以市场要求那里必须有各种类型的住宅和商业。事实上，60%的住宅是多家庭共用型住宅，而且其中33%的住宅是经济适用房。公共投资，特别是新的南北干线的投资，微软公司在它的城镇中心开辟第二园区的计划，大约有15 000名职员就业，大大促进了那里的商业发展。

事实上，伊萨卡高地的开发者是布莱克利港社区联合会，他们认为，州政府增长管理法的结果是，有更紧凑的形式、土地与空间的混合使用、较高的居住密度和以步行特征来规划的社区。如果没有区域增长管理，伊萨卡高地无疑会成为一个全然不同的地方。如果允许蔓延，竞争性的商业开发不可能实现伊萨卡高地的城镇形式。如果不对那里的住宅开发类型加以限制，那里的宅基地就可能达到高尔夫球场的规模，而且用墙圈起来。当然，实际情况正相反，一个多样化的和紧凑的新城镇正在那里建设起来。

伊萨卡高地项目在处理主干道穿过镇中心的方式上具有特别的指导意义。主干道是把一个城镇切开还是绕过这个城镇，这是许多郊区面临的问题。主要零售中心需要附近有交通干道（通常4道到6道通道），让人们可以驱车到那里。但是，这些道路却给步行者带来了障碍，并且助长了标准的带状零售布局的形成。在伊萨卡，交叉公路干道被分割成4条单向车道，从而形成了棋盘式的城市格局。这种方式既维持了步行友好的特征，同时，也承载了可观的交通流量。因为单向街道的规模比较小，所以城镇的建筑物能够直接朝向人行道，从而增强了城市的场所特征。除此之外，这个布局使得大流量街道上也能够看到更多的主要商店。把这种城市街道设计模式用到郊区，可以有助于设计郊区的城镇。

令人惊讶的是，这种道路系统在疏散交叉路口堵塞的效率比标准干道更高。详细的交通模拟显示，分流单向布局的结果是，缩短了车辆通过镇中心的时间。因为所有的街道都可以左转弯，他们可以从一条单向街道转向另外一条单向街道。正如我们知道的那样，由于需要时间来疏通左转弯的堵塞，等候在十字路口的时间就会变长。左转弯的堵塞使十字路口被加宽，从而导致了行人在过路时的消耗。分流单向布局不会发生这些现象。它提供了比较好的步行环境、比较畅通的交通和比较清晰的零售环境。

有关 30 000 英亩（约 12 141 公顷）的东南奥兰多规划是一个比较大的绿色地带规划的例子。东南奥兰多地处奥兰多国际机场周围。开发东南奥兰多是合乎逻辑和不可阻挡的。飞机场和附属产业区形成了那里的一个主要就业中心，而且现有的基础设施为新的开发提供了有效的布局。就业和基础设施是选择新发展区的基本因素。

制定这个规划过程与它的结果一样具有指导意义。首先，这个场地里的大规模沼泽地和植被必须标志在图上并被确定为保护对象。在被保护的土地上增加绿带并把被保护的土地连接起来形成了连续的开放空间网络、排水系统和植被保护区。这个开放空间网络形成其他开发项目的基本布局。把交通系统包括铁路交通分层叠加到这个基本布局上。最后，这两个网络——开放空间网络和交通网络，形成行政区、街区中心、村庄中心和城镇中心的基础。这种设计从环境条件、基础设施的规划到各类中心的城市设计逐步展开。

　　"地块标准"是个新的规划技术，它控制着每一个中心的城市设计。在确定每个中心都遵从可步行和功用混合等原则后，"地块标准"给开发商在设计和混合使用方面提供了灵活性。这些标准确立了 4 种可以组成任何一个中心的地段类型：居住地块、公共服务地块、商务地块和最为重要的混合使用地块。每个地块类型都规定了使用和密度的选择范围。混合使用地块将每个中心的住宅、办公室和关键零售设施结合起来；商务地块主要提供办公和其他工作使用，而且允许一些建筑的底层用作零售；除了居住外，居住地块也允许一些其他方面的使用；公共服务地块提供公园、公用设施和市政机构用地。

　　"地块标准"提出了每种类型地块在不同类型中心的比例范围。街区中心的居住地块比例会相应大一些，而城镇中心的商业地块和混合使用地块的比例会相应大一些；村庄中心则有大量的混合使用地块，从而为食品杂货零售业提供场所。每种类型的中心的大小相关于它的预期功用以及功用强度。改变地块的密度并且改变 4 种基本地块类型所占的比例，便能够产生任何一种类型的城市建筑环境。

　　另外，每种类型的地块可以由其他一些简单标准来表达：最大地块尺寸、建筑高度限制、最大停车场限制。还有最重要的一点就是，即使人行道旁边至少必有一座建筑物的地块比例，也要规划出建造在街道旁的建筑物的最少数量。每一项标准都意味着加强一个中心的城市特质：地块不能大到让行人感觉到不舒服的尺度；建筑物的高度与中心的规模要成比例；停车场不应大到不成比例；建筑物必须用来创造活跃街道边缘的空间。表 1 描述了东南奥兰多规划所采用的地块标准。

表1　东奥兰多地块标准

项目	东奥兰多地块标准	村庄中心	街区中心
功能混合地块	中心的 20%~80%	中心的 25%~70%	中心的 12%~25%
功能混合 *	零售、服务、餐馆、办公室、电影院、杂货铺、旅馆、居住、市政服务、公园/广场	零售、地方服务、餐馆、职业办公室、居住、公园/广场	小型零售/市场★、餐馆/咖啡厅、市政服务、居住、公园/广场
最大地块	7 英亩（约 3 公顷）	7 英亩（约 3 公顷）	3 英亩（约 1 公顷）
最小 FAR	FAR: 0.5	FAR: 0.4	FAR: 0.4
最小前庭	每条街的 65%	每条街的 65%	每条街的 65%
停车比率	3 个空间: 1 000 平方英尺（约 93 平方米）	3 个空间: 1 000 平方英尺（约 93 平方米）	3 个空间: 1 000 平方英尺（约 93 平方米）
建筑高度	2 至 10 层	1 至 3 层	1 至 2 层
商业地块	中心的 0~55%	中心的 0~40%	中心的 0~12%
允许功能	办公、零售（最大 10%）	办公、零售（最大 10%）	办公
最大地块	7 英亩（约 3 公顷）	3 英亩（约 1 公顷）	3 英亩（约 1 公顷）
最小 FAR	FAR: 0.5	FAR: 0.4	FAR: 0.4
最小前庭	每条街的 65%	每条街的 65%	每条街的 65%
停车比率	3 个空间: 1 000 平方英尺（约 93 平方米）	3 个空间: 1 000 平方英尺（约 93 平方米）	3 个空间: 1 000 平方英尺（约 93 平方米）
建筑高度	2 至 10 层	1 至 3 层	1 至 2 层
居住地块	中心的 15%~70%	中心的 25%~65%	中心的 52%~78%
允许功能	公寓、连栋房屋、独栋小楼、多家共用公共空间的公寓	公寓、连栋房屋、独栋小楼、多家共用公共空间的公寓、小地块独院住宅	公寓、连栋房屋、独栋小楼、多家共用公共空间的公寓、小地块独院住宅
最大地块	3 英亩（约 1 公顷）	3 英亩（约 1 公顷）	3 英亩（约 1 公顷）
密度范围	7~50 单元/英亩	7~30 单元/英亩	7~25 单元/英亩
最小前庭	每条街的 65%	每条街的 60%	每条街的 60%
停车比率	1.5 个空间/每个单元	1.5 个空间/每个单元	1.5 个空间/每个单元
建筑高度	2 至 10 层	1 至 3 层	1 至 2 层
公共地块	中心的 10%	中心的 10%	中心的 10%
允许功能	公园、娱乐、市政服务、日托幼儿园	公园、娱乐、市政服务、日托幼儿园	公园、娱乐、市政服务、日托幼儿园
最大地块	3 英亩（约 1 公顷）	3 英亩（约 1 公顷）	3 英亩（约 1 公顷）

* 总地块的 30%~80% 为零售、电影院或旅馆，20%~70% 为其他。

★ 每个地块最大 1 万平方英尺（929 平方米）。

这些地块标准反映了大多数美国城市的本质：完整的地块系统、传统的以人行道为导向的建筑物、土地使用和密度上的灵活性。从大多数开发商的观点看，使用和密度上的灵活性是对实现标准城市规划做出的一个让步。这一方式的完美之处在于它的简单性和灵活性。

绿色地带开发所呈现出来的复杂性和新问题对"区域城市"构成了挑战。在哪里开发绿色地带、应该开发多少绿带、什么样的混合利用应该包含其中、哪一种城市形式应该被运用，这些都是关键的问题。一些问题可以通过区域设计的过程来回答，而另外一些则必须因地制宜。无论如何，绿色地带的开发能够也应该实现适于步行的街区、村庄和城镇。它应该重视并且加强区域的开放空间系统和公共交通系统；应该努力协调住宅和就业岗位，同时也要顾及经济住房的公正比例。如果这些简单的描述能够实现，那么，绿色地带的开发将会由蔓延转变为区域城市的一个健康的组成部分。

郊区的公共交通：不是一个修饰

自从 20 世纪四五十年代美国拆除有轨电车之后，公共交通比私家车要安全得多，尤其在郊区。人们普遍认为，我们大多数社区的密度和城市形式不足以支撑便利或频繁的公共交通。人们认为，铁路公共交通太贵，又不适应当代大都市。郊区的出行目的地太分散，公交汽车穿行于拥堵的主干道和公路之间，所以，行驶速度太慢，无法替代私家车。所以，现在全国公共交通乘坐率还达不到 20 世纪 60 年代的水平。但是，在那些把土地使用政策与公共交通扩大结合起来的地区，公共交通乘坐率提高了，例如波特兰。公共交通对于区域的健康增长和街区的振兴是非常重要的。公共交通能够并且应该在区域的尺度上，创造下一代的更紧凑和更适于步行的开发方式。

现在大多数交通工程师认为，我们不能通过建立大量的新道路来缓解主要大都市区的交通拥挤。许多地区缺乏预算和权力来增加道路通行能力。即使我们可以负担庞大的道路建设和扩展工程，过往的经验已经表明，道路越多越拥挤。正如马里兰的帕里斯·格伦迪宁州长所说："我们再也不能够愚弄自己或民众；我们再也不能由于道路拥挤而去建造道路。无论是从环境还是资金讲，由于道路拥挤而去建造道路都不是一个可行的解决方法。"

在许多区域中，市民团体已经开始反对公路的扩建。他们深切地感受到：更大的道路通行能力只会引起更大的开发和交通拥挤、破坏空气质量、阻碍接近开放空间、降低社区的经济活力。虽然没有人相信交通行为会发生重大变化，但是，现在许多人还是主张约束增长，而不是扩大通行能力。可是，限制道路增长常常会导致开发区域边缘，这样就把富裕或衰退的社区甩到了后边，让它们为投资和更新改造而发愁，结果是更大的经济分化和更大的蔓延。

仅仅改变土地使用的模式是不能解决这个问题的。尽管我们已经改变了那种只能使用私家车出行的居住区，让那里的街区可以步行，但是，没有公共交通，可步行街区还是不完整。应该说，方便的郊区公共交通是健康的增长和再开发模式的核心，公共交通能够将区域内多个中心联系起来。但是，我们现在的交通系统存在问题：新型轻轨系统的基建费用太高；上下班使用的公交系统服务时间有限，而且对经过街区产生影响；扩大的公共汽车系统的运行费用同样不菲。这都成为我们实现下一代增长的大难题：我们应该怎样使社区形式和公共交通以一种经济和方便的关系来共同发展；我们应该怎样使交通投资在经济上有效，又能够支持可步行的街区的发展，并且使交通投资有利于现有社区的经济复苏。

区域城市的公共交通选择

与道路系统不同的是，我们应该按照层次结构形式来思考公共交通。从可步行和可骑自行车的道路开始，这些道路与地方的公共汽车线路相连，然后公共汽车路线与公共交通主干线相连，公共交通在主干线的专用车道上。这种层次结构对于公共交通的成功起着重要作用。如果忽略任何一个层次，那么这个交通系统将变得既无效率也不方便，还会使公共财政补贴的需要大大超出我们提供公共财政补贴的能力，还让公交系统不能吸引更多的乘客。可步行的地方、地方公共汽车和方便的主干线，每个因素都是非常重要的。如果没有适合于步行和可骑自行车的线路，那么行人就只能停滞在他们行程的一端。如果没有主干线的专门车道和经常性的维修，公交行程时间将会延长到一个毫无竞争力的水平。

郊区的确可以形成可步行的街区。正如我们阐述过的那样，可步行的街区正在扩大。在可步行的街区里，地方公共汽车的服务正在提高效率。当与方便快捷的主干线路连接起来之后，公共汽车支线产生效率。虽然每个系统之间都相互依赖，步行环境是基础，而方便的主干线路则是催化剂。建立交通链中的每一个节点都是非常重要的，然而，在这种分层服务体系里，轻轨之类的交通和可以步行的目的地是经常被我们忽视的因素。

有些人仍然错误地将公共汽车投资与轨道交通投资对立起来。他们认为，如果我们建设了轨道交通线，就会限制公共汽车的投资，而且公共汽车的乘客会流向轨道交通线，在公共交通乘坐率上不会有净增长。这种观点显然是错误的。在波特兰，公共汽车乘客的人数随着新型轻轨系统的扩大而增加。因为整个系统为公共交通乘客提供了更方便的服务，所以较多轨道交通服务会增加公共汽车的乘客数量。

无论是火车还是公共汽车都应该在主要线路上获得专门通行权，这样，在交通堵塞的情况下，公共交通比私家车要快得多。那些乘客数量少的线路，尽管速度比较慢，但能到达较多的目的地，我们不能用乘客数量来判断私营交通的费用。把支线公共汽车、快速公共汽车和主干线轨道交通结合起来是一件紧要大事，因为这样可以提供替代私家车的方便的选项。不幸的是，公共汽车系统和轨道系统通常由相互独立的机构来管理。在这种情况下，系统内的各种机构由于缺乏协调和时间安排在竞争中会彼此削弱，而不是相互提高。当然，这绝不是给那些提倡"要么这个，要么那个"的人以口实。它只是突出了公共交通网络一体化的重要性。

未来的系统，像单轨铁路和快速的个性化的公交交通，时常被当作例子来展示下一代的公共交通。不过，我们相信，未来系统可能就是简单地改造有轨车或者过去的轻轨火车，使它们适合于现代郊区。城市的形式总是在交通系统和改革创新中逐渐形成的。从步行、骑马到铁路再到汽车，我们城市的尺度正是按照技术发展在增长，如同我们城市随着它的文化在变化一样。如果我们能够重新发现古老城市形式中的永恒本质，而且更新它们，再把它们运用到当今的建筑环境中，那么这种做法也许同样适合于我们的公共交通系统。公共交通系统的下一场革命可能不是高科技，而是更新改造老式的轨道系统，以便净化我们的环境，让轨道交通成为现代大都市的主要交通工具。

最近，在政府的压力下，欧洲人开发了一种"新／旧"铁轨技术，以便减少在低人口密度区和乡镇的公共交通成本。它有效地把轻轨和车载机动引擎结合起来，减少了在新线路上架设电缆的工程费用。当在现有运营效率低下的线路上使用这些轻轨车时，会显著地减少新交通系统的成本。由于使用天然气或柴油燃料，现代引擎技术减少了轻轨车的噪声和污染。这种轻便车在加速和停车时更像轻轨火车，而不像市郊火车那么笨重。它容易转弯使得在城市环境中行驶方便。另外，新型的轻轨车不仅节省能源，而且维修费用相当低。这种交通形式对成熟郊区来讲是经济的，它既适合郊区与市区的连接，更适合郊区与郊区之间的连接。

除经济上可以承受外，技术上最重要的方面是这种轻轨车可以使用已有的轨道。随着旧的火车和货运网络的一体化，那些旧铁轨或者低效使用，或者被拆除了。实际上，这些线路是特别重要的区域性资产，因为它们与那些历史上的小城镇中心联系起来，从市中心向外放射。这些线路常常是我们区域的网络。现在，开发这些线路为我们提供了更新改造和填充式开发的最大机遇：我们的那些旧的城镇中心和低效率的工业区，通过把这种新技术和那些旧铁轨结合起来，就能够创造出一个重新使用和回收工业的棕色地块和旧的城镇中心。这种技术和轨道的结合是经济的，适用于那些有一定密度的成熟的郊区。因为，铁道运行优先，所以它比开私家车方便。这种技术和轨道的结合把投资集中到那些最需要资金的地方。

一般来讲，推行这样的系统和轻轨交通，有两个关键障碍：联邦政府的标准和土地不适当的使用。因为这些设备所使用的技术已经不在联邦政府所要求的技术规范中，创造新的系统又太贵了。在许多情况下，土地使用不是综合有效的。每一个约束都要求产生一个复杂的和昂贵的系统，并且需要很长时间才能实现。事实上，在美国建设轻轨项目要比海外类似项目贵两倍。

基本的问题是，联邦铁路局（FRA）把重轨系统标准应用到轻轨系统上。这个称作2G的缓冲承载标准要求车辆的反冲撞能力应当等于车重的两倍。结果是车辆比它们需要的重量还要重。这就产生了一系列负面的效果。如比较高的资金投入、比较高的能量消耗、比较高的损坏率。按照交通工程师乔·莱瓦尔斯基的研究，美国轻轨车辆几乎比欧洲轻轨车辆重4倍，车辆折旧费用也是欧洲轻轨车的 4 倍。所以，按照联邦铁路局的标准去改造这类车辆必然导致生产效率的下降和浪费，奇怪的是别的地方正在使用这个技术。

不允许轻轨车辆与货运火车和其他的重轨车辆共用铁轨。欧洲使用老式的控制和开关系统已经几十年了，但是，因为这种方式不能在美国登陆，新的系统就必须承担开发自己专门的轨道线路，而不能使用现成的闲置轨道系统。

获得和批准新的专用道的成本是巨大的，产生争议也是不可避免的，这样必然导致新的公交系统难以产生。旧的轨道常常有许多现成的分层交汇处，建设新的分层交汇处的成本让新的轻轨系统每英里建设费用达到 5 000 万美元。另外，旧的轨道不会干扰现存街区，因为它们通常有很大的退红。一般来讲，在这些旧的轨道周边都是工业区和商业区，旧工业区和旧商业区恰恰是更新改造和填充式开发的关键地点。总之，使用现存的旧轨道可以避免在建设中与街区发生争议，又能够提供安全的分层交汇处，连接历史的城镇中心，推动棕色地带的更新改造。

现在的郊区公交系统总是跟着开发走的，希望在那些新开发地区找到乘客，但是常常事与愿违，因为那里没有理想的居住密度和可以步行的环境。与此相反，新的公交系统应该与现存城镇中心的那些空白和更新改造场地连接起来，以便使那些地方围绕公共交通开发。事实上，应当把交通走廊中的土地使用模式与公共交通系统一起设计，这样来吸引更高的乘客率，又直接引导促进交通能力的发展。许多郊区的交通走廊只有通过公共交通导向的开发，才能获得使公共交通系统有效的运行的乘客率。

事实上，在交通能力方面的每一个增加，都将产生新的增长潜力。但是，增长的类型和位置随着技术变化而变化，我们理解新的公路能力如何产生了新的蔓延，但是还不知道公共交通系统怎样能够帮助我们去创造可步行的街区和中心。重轨上下班火车和高速公交系统一般都有巨大的停车场相伴随，有可能给更大的蔓延提供机会。如果小轿车可以接近那些车站，这样的重轨上下班火车线所引起的蔓延与新的交通环线所能产生的蔓延一样大。基于这样的理由，土地使用和公交系统必须综合起来考虑。公共交通技术和运行的选择对于土地使用功能的影响是敏感的。公共交通导向的开发，而不是那些由大型停车场环抱的火车站，能够提高乘客率和管理新的公共交通系统的发展效果。

索诺马 – 马林走廊研究

旧金山以北索诺马县和马林县土地使用和交通走廊研究为这种方式提供了最好的例子。从历史上讲，这个地区的开发首先是沿着一条铁路线，然后又沿着一条高速公路展开的。这个交通走廊上有 8 个城镇，每一个城镇都有自己的火车站并围绕着火车站兴建住宅。54 英里（约 87千米）的走廊散布着低密度住宅，它们大部分是在新区里。但是，每一个城镇中心都有一个传统的城市的核心。这里留下了一个有趣的注解，马林的那些历史街区、可步行的地方如米尔瓦利（Mill Valley）和索萨利托（Sausalito），都有昂贵的房地产。现在，老式的公共交通导向开发在市场上又火爆起来了。

由于这个区域的历史，索诺马和马林地区的城市形式像一串珍珠，而不是郊区的带状蔓延。当然，那里的高速公路非常拥堵，并且还会持续拥堵下去。这种线状的区域形式能够很好地与公共交通配合，但是，汽车旅行不会四通八达，高速公路对线状的区域形式来讲则是"拉郎配"。所有子区域旅行都集中在公路上，很少有与高速公路并行的其他交通路径。这就意味着即使做一个短途的旅行也要加入长途旅行所必须使用的道路，这样就导致了高速公路的拥堵。

这个研究选择了5个土地使用和交通战略加以考虑。第一个方案是，改善高速公路，适度投资公共汽车服务，不使用那些利用率很低的轨道，也不改变土地使用模式。第二个方案是，仍以道路为导向，在高速公路上增加供大运载力车辆（HOV），并留出公共汽车专用道，增加公共汽车服务。这是一个最贵的方案，它需要8.34亿美元。后三种方案可以称为综合方案，它们均把轨道交通和公共汽车交通综合起来考虑，同时，还包括增加新的大运载力车辆和多种土地使用方案，这三个方案都以综合使用各类交通工具为基础。

后三种综合方案中的第一个综合方案包括正常的上下班式的铁路服务，增加新的大运载力汽车，不改变土地使用。这个方案大约需要花费2.76亿美元，仅有5 800位火车乘客。如果按照公共交通导向的方式，延长火车服务时间（早上和晚上半个小时一趟），使乘车数量翻一番，达到11 250人，这个方案需要的投资大约为2.96亿美元；在土地使用上，改变火车站附近的用地功能，进一步开发那些地区，这样大约仅仅改变马林地区5%的住宅配置或者索洛马地区6%的住宅配置。这个方案支持发展公共交通，不要求大规模改变土地使用政策，但是，它能够提高公共交通系统的效率。最后一个综合方案提出，增加火车在高峰时期的服务，每15分钟一趟，而在白天、晚上和周末半个小时一趟，这样，乘客将增加到24 250人。如果选择这个方案，大约需要投资4.3亿美元，为第一个仅仅选择公路方案的一半投资。

这个载客量与许多主要城市新的轻轨系统载客量相似，如波特兰、萨克拉门托。但是，这里有一个不同点，索诺马和马林系统是郊区对郊区的系统，没有把市中心作为节点。有这样一个假定，公共交通需要有一个主要城市作为节点，它的线路必须经过高密度区。现在，旧的假定需要修正。如果经济上可以承担我们采用的技术，而其他选项行不通，在公交导向开发的支持下，郊区环境也能支撑轨道公共交通的开发。

　　如果不考虑任何其他选项，公路将始终是交通堵塞的，即使把公路全线扩宽，拥堵的情况也不会发生根本变化。这些方案中没有一个能够解决公路的交通问题，因为它们都把地方旅行和长距离旅行结合在一起。如果不考虑扩展高速公路，也不考虑公交选项，新的开发所产生的交通需求与过境交通量相结合，或者使用高速公路做地方旅行，都会把这条高速公路填得满满的。

　　这是一个深刻的和重要的教训：公共交通不一定可以解决高速公路的交通拥堵问题。但是，其他交通方式也同样不能解决高速公路交通拥堵问题，理由很简单，只要高速公路还有承载力，人们就会去使用它。我们甚至可以超出区域预算去大规模建设道路，但是，减少交通拥堵也只能是暂时的。对于拥堵的公路来讲，公共交通必然会是一个选项，但是，它不是消除交通拥堵的一种交通模式。我们交通政策的基本目标必须从自由运动的私家车转变到可接近性和流动性上来。

　　索诺马和马林系统所提出的技术，即一种轻型的无须架设电缆的轨道车，最近已经有欧洲的人开发出来了。对于索诺马和马林交通走廊而言，这种轻轨车辆能够很容易地和快速地穿行于那里的街区，又不引起大的噪声干扰。它们也是安全的，因为它们能像公共汽车一样容易停车，而不像火车停车那样困难。不同于美国已建成的那些轻轨交通，这种新型的车辆是经济的。波特兰西部的那条轻轨线路每英里造价是 5 000 万~6 000 万美元。不同于波特兰的轻轨线路，索诺马和马林系统使用现存的轨道，其造价将仅为每英里 500 万~1 000 万美元。

很不幸的是，如果没有对这项技术做实质性的调整，联邦铁路局的规则不会允许使用它，而这种调整将会大大增加生产成本或者维护费用。然而，索诺马和马林系统与最近提出来的匹茨堡系统，特别是与快速汽车相比，在运行上都是非常经济的。这个研究表明，快速汽车的运行和维护费大约是每人每次旅行 6.8 美元，相反地，使用轨道交通，每人每次的旅行费用仅为 2.9 美元。这种差异是因为轨道交通的每个司售人员所服务的乘客数目更多一些，一般来讲，雇用司售人员的成本占公交系统总运行成本的 70%。除此之外，轨道交通相对节约能源，维护成本相对低一些。建设供大运载力车辆使用的道路是一个选项，但是，它要花费的成本高达 7 亿美元，比铁路选项还要贵很多。

对于索诺马和马林系统来讲，步行、自行车、公交车和轨道选项都是重要的。一个完整的公共交通系统中的不同部分常常是由不同的部门运行的，这不仅造成了时间上的不协调，同时也造成了在资金上的竞争。这样一种系统恰恰说明了缺少区域的协调，就会降低公共交通系统的效率。像土地使用一样，必须在区域尺度上打破行政界线，把公共交通设计成一个综合的系统。

这些选择的研究提供了大量有益的资料，我们看到的只是最后的意见。最好的系统一定是在投资上能够把公交系统各个方面结合起来。新的自行车道、增加公共汽车停车站、新的轨道系统、大运力公交车的关键衔接点，都包括在新增销售税的目标中。除此之外，购买公共空间的资金、重新划分土地使用的资金也被包括在新增销售税的目标中。当然，加利福尼亚州刚刚通过了一个保守的动议，任何地方增税都必须获得 2/3 以上的票数才能执行。这给索诺马和马林项目设置了一个巨大的阻碍，其他类似项目也一样。综合土地使用和交通规划至今还没有"做成熟饭"，它需要得到一个有州和区域支持的政治基础。

当然，经验教训还是很清楚的，土地使用政策会对公交乘座率和公交投资的效率产生很大的影响。郊区与郊区之间的旅行能够支撑轨道交通。大部分的汽车拥堵不可能通过建设更多的道路，或者开通更多的公交线而得到解决。我们所需要的是一个通道和移动综合起来的解决方案。我们的目标是，提供更多供选择的交通方式和社区类型，而不是到处铺柏油路。

灰地／绿地

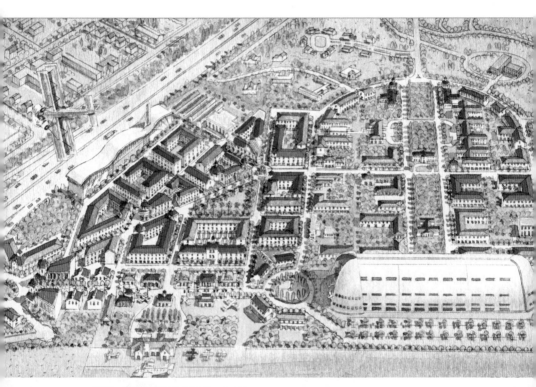

图 21　莫菲特菲尔德（Moffett field）

约束蔓延和建设紧凑区域的核心是重新启用和重新开发郊区的灰地，即那些土地利用率低下的机构用地和线状商务用地。以下项目涉及大型场地，如废黜的机场、消亡的商业广场、利用率低下的军事基地，也涉及沿着衰退的干道的一些小规模地块。无论哪种情况，一般方式是努力创造多样化的住宅机会，混合土地使用功能，创造适宜步行的环境。关于那些填补空白的场地，每个区域需要在适当的地方安排一定比例的灰地用于相似风貌的城市设计。

莫菲特菲尔德（上图）是一个大型国防设施和机场，它沿旧金山海湾展开，现在成为硅谷的核心，它大约占地 1 000 英亩（约 405 公顷）。国防部和美国宇航局分享这个场地。这个总体规划寻求重新使用接近新轻轨车站的那部分场地，那里与圣何塞市中心连接。

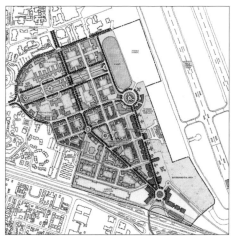

开放空间

公共场所

就业场所

独门独院的住宅

住宅单元楼

商业

图 22 莫菲特菲尔德

山景城，加利福尼亚

这个再开发规划寻求把住宅和零售业以及美国宇航局的大学合作部门混合起来。另外，把旧的飞机起挂架变成航空航天博物馆，以吸引这个区域的公众。这是一个把国家研究中心、区域公共设施和功能混合的地方社区三个尺度结合起来的一个案例。

图 23 梅度湾（Bay Meadows）

圣马特奥，加利福尼亚

重新使用一个老赛马场多余的土地。这块土地中的 30 英亩（约 12 公顷）用于容纳富兰克林基金的总部，而另外 40 英亩（约 16 公顷）用于功能混合的开发。这个规划采用了比一般郊区园区区更高的密度来开发富兰克林基金的百万平方英尺的设施，当然，它也有独特的优势利用公共交通来为混合功能区服务。最终，这个地方开发了 750 套住宅单元，以及公园、旅馆、电影院和零售。这个例子说明，大型机构可以把它们自己放到混合功能的城市中心。

图 24 斯泰普尔顿机场再利用

丹佛，科罗拉多

1995 年，丹佛国际机场启用后，丹佛斯泰普尔顿机场即停用。一个大型国有开发公司斯泰普尔顿开发署经过 8 年的规划最终购买了这个 4 700 英亩（约 1 902 公顷）的场地。这个规划的关键是如何安排 1 100 英亩（约 445 公顷）的开放空间系统。被遗忘了的小溪、使用水处理、保存雨水、生态恢复和人们的休憩娱乐都是对新斯泰普尔顿步行街区和大型就业中心的补充。这个大型开放空间系统包括一系列城市绿地、街区公园、小景点。当项目完成时，共建设了 12 000 个住宅单元、1 000 万平方英尺（约 93 平方米）的商业空间。在这个尺度上讲，如此规模的填充和再使用必然会影响区域发展的方向和内容。

图 25 斯泰普尔顿机场再利用

丹佛，科罗拉多

这个总体规划遵循丹佛老街区和商业区的传统，设计了多个功能混合的新街区、若干个市政中心和许多商业区。对居住区和商业区来讲，关键是如何在功能混合的条件下使用城市设计来创造可以步行的环境。

北安普敦，马萨诸塞州

重新使用老北安普敦精神病医院场地是另一
个例子，以说明一个地方的历史决定对那里
填充式开发的规模和特征。这个建于 1850 年
的医院已经关闭了，但是，它仍然是那个地
方的一个标志性建筑。规划打算对那里做一
个集住宅、零售、办公于一体的开发。为周
边的传统社区建设一个连接的步行环境和多
功能的中心是这个规划的创新。这组建筑中
的一部分用于一个新的心理教育中心和一个
可以开会和举办宴会的饭店。一条传统商业
街把这些元素与周边连接起来。

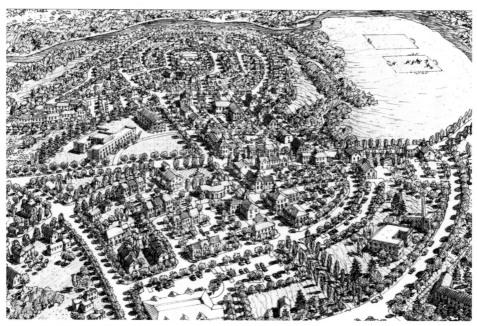

图 26 北安普敦州立医院

■ 开放空间　　■ 公共场所　　■ 就业场所　　□ 独门独院的住宅　　■ 住宅单元楼　　■ 商业

图 27 高地花园村

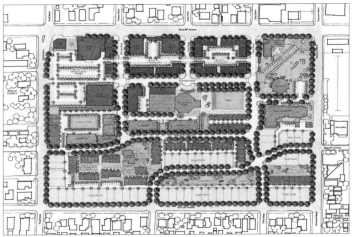

丹佛，科罗拉多

重新使用旧娱乐公园，"伊里奇花园"是再开发"灰地"时如何保护重要的历史性建筑以维护周围街区布局的一个范例。按照规划，适当地重新启用的老剧场和旋转木马将成为这个地块的核心。那里将有各种各样的住宅形式：独门独院的住宅、集合居住与工作的楼上楼下建筑、没有独立院落的住宅、普通公寓、老年公寓甚至筒子楼。同时，零售、办公、社区公共建筑和私立学校混合在其中。

联排式住宅　　　　　　联立式住宅　　　　　　公寓式住宅

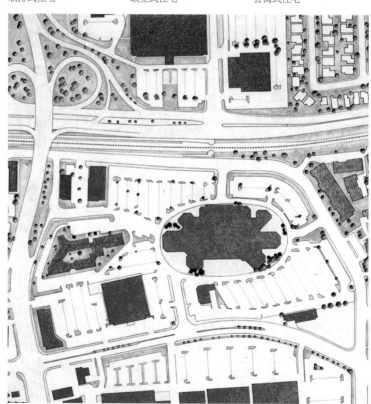

　　开放空间

　　公共场所

　　就业场所

　　独门独院的住宅

　　住宅单元楼

　　商业

图 28　十字

山景城，加利福尼亚

填充式开发的机会常常来自那些已经不存在或土地利用率低下的商业广场。这种情况可能是因为建筑面积过剩而产生，也可能是因为零售业的变化而产生。加利福尼亚山景城的这个老商业广场则是因为它的布局不适合当代零售业的要求了，只有推倒重建。这个老商业城市将安排一个区域的零售中心和新的公交车站。

村舍   公园   别墅及联立式住宅

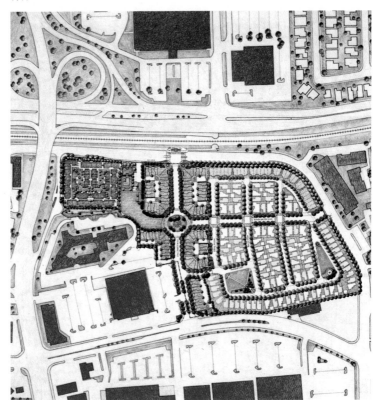

图29 十字

山景城，加利福尼亚

还在这个场地，规划了一个叫"十字"的新街区。那里安排了各种各样的住宅，有些类型的住宅原先并没有。在它的周围，有零售、办公和独门独院的住宅。在这样一个仅有20英亩（约8公顷）的场地，很容易规划成一个大院落。但是，这个案例通过安排各种各样的住宅，如没有独立院落的住宅和公寓，从而避免了这个通病。车站旁建筑的第一层都是商店，整个街区有许多小街头公园，供人们会面。

伯克利，加利福尼亚

在伯克利大学路上的线状商业建筑在美国是独一无二的。如果能够做出适当的分区规划，大部分地方可以重新开发为功能混合的林荫大道。为了把那些浪费的土地变成高质量的场所，面临的挑战是如何处理零散的物业模式。大学路战略规划证明，即使在地块基础上（图B），这样的街道也能够转变成居住型的林荫大道。大学路的一端正是加利福尼亚大学伯克利分校。但是，那里目前是一排单层楼的商店、停车位和汽车旅馆。这条道路的一些段落有这座城市最高的犯罪率（图C）。重新做的分区规划允许有比较高的容积率，建筑可高达四层楼高，临街建筑的底层要求安排商店。遵循城市设计导则，这样的密度对沿街开发意义重大（对面页图），同时，可以在这个地区带来所需要的居住社区。

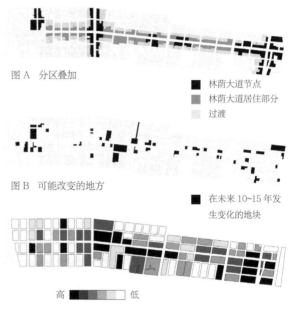

图A 分区叠加

■ 林荫大道节点
■ 林荫大道居住部分
□ 过渡

图B 可能改变的地方

■ 在未来10~15年发生变化的地块

高 ■■■■■□ 低

图C 犯罪率

图30 大学路战略规划

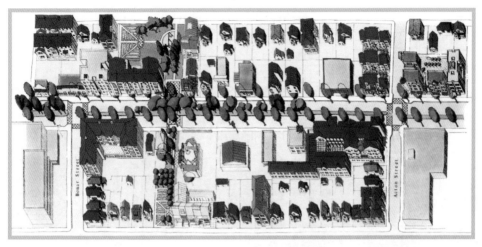

开放空间

公共场所

就业场所

独门独院的住宅

住宅单元楼

商业

零售房屋

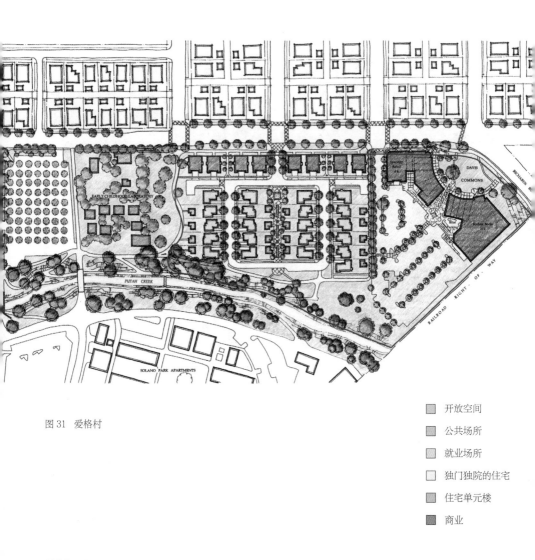

图 31 爱格村

开放空间

公共场所

就业场所

独门独院的住宅

住宅单元楼

商业

戴维斯，加利福尼亚

郊区填充式开发的特征必须与周围社区的性质和特征相关，特别是在那些有历史的小城镇里进行开发。爱格村的设计反映了戴维斯小城历史结构的特征和尺度。这个设计把棋盘式格局的街道上布置比较大体积住宅的传统应用到新的豪华住宅上。每座独门独院住宅都别具一格，在它们的后院还有内阳台。这个设计把建设到达住宅的步行道路看作一个关键任务。

村舍　　　　　　　　　　　　　　套楼公寓

独门独院的住宅　　　　　　　　商业街的商店

街区绿地

图 32　爱格村

戴维斯，加利福尼亚

爱格村的设计特征是，围绕着街区绿地开发一个小零售区，保护了那棵古老的橡树，咖啡店、餐馆、书店和其他专门商店都在这一英亩土地上，而所有的车都停到商业中心后面。一条人行道把顾客从停车场引到商业中心。两个大商店前后都可以到达。这种设计的目的是创造一个步行的购物方式。商业中心前的那片绿地与新的街区连接起来，通向附近的小镇，而中片绿地成为商业街的门户。

图 33   圣克罗伊谷

圣保罗北部

埃尔莫湖

新里士满

明尼苏达和威斯康星

圣克罗伊谷区域正面临着增长和发展的压力。它地处明尼苏达和威斯康星边界，向东不远便是双城区域。双城区域向外扩张，包括改善高速路，已经威胁到了这个地方乡村和小镇的特征，增加了对圣克罗伊谷的土地压力。按照预测，到 2020 年，那里的家庭数目将增加 50%。这个案例区的居民被请来参与一个区域工作小组，讨论增长和发展问题。

规划师在圣克罗伊谷河明尼苏达和威斯康新两边选择了 6 个"有机会的场地"做进一步研究，以说明在那里进行理智的和可步行环境开发的潜力。这 6 个场地包括了各种各样的情况，如旧的是中心和乡村。这 3 个设计展示了开发和填充的不同类型，它们的设计方式可以用到圣克罗伊谷的其他地方。这项研究向那里的社区展示了怎样实现通行和步行友好、怎样创造图中所示环境、怎样为了后代而保留社区的特征。

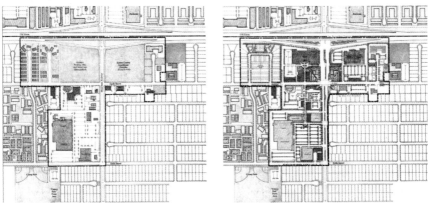

■ 开放空间　■ 公共场所　■ 就业场所　□ 独门独院的住宅　■ 住宅单元楼　■ 商业

图 34　山廊详细规划

安大略，加利福尼亚

这个住宅项目的西北角是一个犯罪率高的场地，南边是废弃的电力中心。安大略开发署承担了重新开发这个重要门户的规划。一个商业街从顶端的电影院开始，延伸到主干道，与重新安排的电力中心相连。现在，作为商业街核心的电影院成为这个步行导向的娱乐和零售区域的标志。西北角的住宅将重建，两个街头公园坐落在这条主干道的两边。

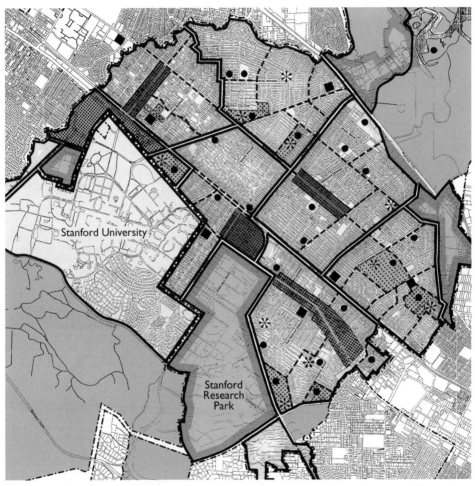

图 35　帕洛阿尔托总体规划

城市中心　混合使用走廊　居住街区　就业　公共场所　开放空间　＊学校　●公园

安大略，加利福尼亚

这是一个小城市的总体规划，它清楚地表达了怎样重新编制我们新的分区规划，以便把那种单一功能分区的分区规划模式改变成功能混合的规划。这个规划表达了步行居住街区的结构，每一个居住街区都有一个商业中心和公共设施。这些虚线表示了由社区工作小组认定的子居住街区。除了居住街区外，还有三个主要特区（包括斯坦福大学、斯坦福研究园区）和两个综合功能的城镇中心。最后，这个规划表达了两个"走廊"，一个是沿城市主干道，埃尔卡米诺（重新分区为混合使用开发）的人造"走廊"，一个是沿城市边缘的小河道的自然"走廊"。居住街区、区和走廊的结构形成了一个以社区为导向的规划大纲。

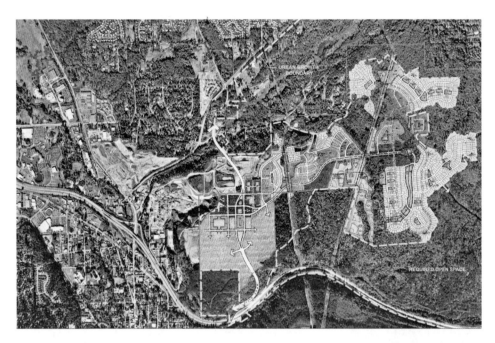

 开放空间

公共场所

就业场所

独门独院的住宅

住宅单元楼

商业

图 36 伊萨夸高地

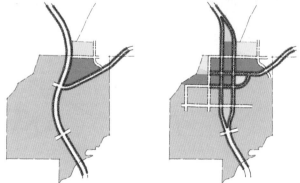

伊萨夸，华盛顿

伊萨夸高地的设计在许多方面具有特色。它设计了一个自然排水和推进清洁水的综合开放空间系统。不渗水地表的数量在很大程度上决定土地使用模式、开放空间网络和设计所取的密度。这个接近 3 200 个单元的新城镇有多样性的住宅项目，经济住房占了很高的百分比。但是，重要的是，这些经济住房并非集中在一个地段，也与其他住宅没有太大区别。

图 37　伊萨夸高地

伊萨夸，华盛顿

这个项目的特殊意义是它处理一条主干道通过城镇中心的方法。在许多郊区道路通常分割了小城镇，或者绕开了它。在伊萨夸，这条大道分成 4 条单向道路，形成了城市方格。通过这种方式，步行方式保留下来了，同时，交通量并没有减少。由于单向道路的规模比较小，路边建筑便可以直接与人行道相连，形成了这些场所的城市特征。这种方式有助于建设小城镇。

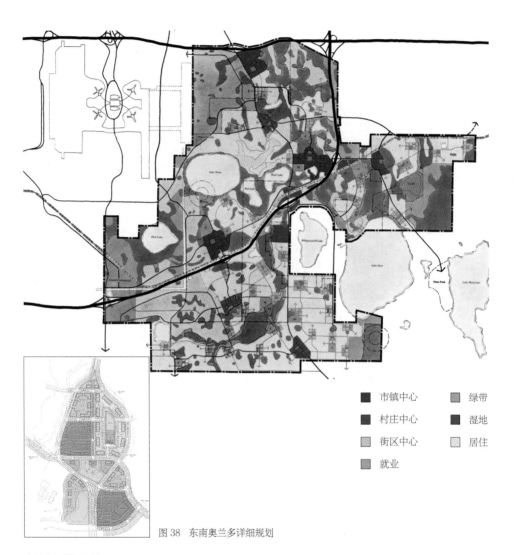

市镇中心　　　绿带

村庄中心　　　湿地

街区中心　　　居住

就业

图 38　东南奥兰多详细规划

奥兰多，佛罗里达

东南奥兰多详细规划为奥兰多国际机场周边地区多功能开发提供了一个战略框架,那里土地面积为21 000英亩(约8 498 公顷) ,人口 80 000 以上。与场地相邻的湿地和植被被保留下来了。这个设计把绿带引进湿地和动植物保护区,从而把它们与开放空间网络、下水系统和动植物保护区连接起来,同时,也考虑了交通安排,包括铁路。这样,开放空间和交通这两个系统形成了构成了区、街区中心、村庄中心、城镇中心的基础。每个中心的设计都服从"地块标准"的新设计标准。这个标准包括四种类型的地块,它们可以制成任何一种中心:居住、公共场所、商业和功能混合区。每种地块按相似的简单标准设计:地块最大规模、建筑高度限度、最大停车位限制,最重要的是,最小建筑边长延线。

第十章
更新市区街区

　　仅仅依靠郊区的成熟是不能把大都市区转变成真正的区域城市的，我们还必须改造市区的街区。正如我们在本书中反复指出的那样，只有消除郊区和市区间的分离，真正的区域城市才会产生。在大都市系统中的社区都是相互联系，以致它们不可能独立运行。一段时间里，大部分城市的基本目标是振兴市区、填充市区的空地、更新改造。确实有些城市成功了，但是，更多的城市在市区振兴、填充城区空地和更新改造上留下了许多问题：种族偏见、经济萧条、驱散穷人、僵化的官僚机构、比较便宜的郊区选项、落后的市区学校等。许多解决或者减少这些制约条件的战略现在都在使用中，但是，这些战略显然是不够的，我们还需要增加另外一些手段来提升市区发展规划。

　　形体设计在改变城市生活上扮演着中心的角色，不过，它的效果将在一个比较长的时期里才显现出来，因为它的基础仍然是社会和经济项目。人们在评价一个城市时，越来越重视城市的整体城市特质，而不再是城市的单一特征了。在今天的经济条件下，让城市繁荣起来的不仅是会展中心、城区商业广场或者一个中心商业区，让城市运转起来的还有历史街区、混合使用区和公共场所的普通的城市生活特点，正是这种普通的城市生活特点让城市脱颖而出。汽车经济时代的人们更多地考虑区位，对商务来讲，区位是功能性的资产；对个人而言，区位是提高生活质量的基础。虽然市区不可能有郊区那样的开放空间、方便的停车场和独门独院的住宅，但是，市区总是有活力的，那里有多样性的土地和空间使用，那里具有人的尺度，那里有历史的意义，这些都是今天人们越来越关注的热点问题。为了竞争，城市必须像个城市，而不是一个密度较高的郊区。

城市规划不能单独克服城市问题。无论我们的设计有多么好，城区过度集中的贫困人口、条件不佳的学校以及衰退的税基，都会破坏城市振兴所带来的任何成果。过度集中的贫困人口、条件不佳的学校以及衰退的税基这些城区问题必须从区域尺度和城区本身来考虑，实际上，这些问题并不是由城市本身产生的，也不能成为城市自己的问题。就当代内容纷繁的区域地理学科而言，市区依靠自身力量所做的工作一般都是不够的，那些工作需要与区域的远景和区域政策结合起来，如经济适用房、学校、税基平等。如果有一个合理的区域结构，即使在城区那些最糟糕的街区里，城区更新也能获得重新融入传统城市规划的机会。

城区所面临的挑战必然变成区域的机会。正如我们在前面所提到的那样，许多区域战略自然地把重点转回市区。确定区域边界可以使现存的社区，甚至于市区那些内破败的街区，可以与新增长区竞争投资。区域负担公平的居所能够帮助分散市区里过度集中的贫穷家庭，这种过度集中的贫穷人口扭曲了内城街区的文化和未来。区域的税收共享方式能够重新平衡城区提供服务的能力，减少工商税负。从区域发展战略上所确立的学校优惠券制度，使低收入家庭获得接受教育的权利，也能让城区接纳中产阶级家庭。区域间相互联系的公交系统能够使低收入的市区居民到郊区商业中心就业，也使郊区居民能够到市区就业。这样一些区域政策能够极大地改变城市街区的社会、经济和形体状态。

正如郊区重建一样，从区域的角度看，振兴许多内城街区的可能性已经出现。在西斯内罗斯和库莫部长的领导下，"联邦住宅与城市建设部"开始认识到，城区和区域的关系如同一条双道的大街，区域政策帮助城区发展，城区也帮助区域克服蔓延："住宅与城市建设部支持市区的更新改造，鼓励重新评价尚待开发的内城社区，包括那里的劳动力、购买力和土地。开发内城能够在改变蔓延的城市发展方式上发挥作用，同时，也推动区域的经济增长"。

任何严肃的市区振兴工作都要重新思考我们在研究长期争论的问题和市区机会时所采取的方式。对住宅与城市建设部和其他政府部门来讲，以下三个战略至关重要。第一，必须从区域角度来考虑城市更新的机会和挑战，而不能仅仅从一个孤立的街区、区、市区来考虑城市更新。第二，必须系统地制定政策、设计和项目，而不要把每个项目及其目标与其他的项目及其目标分隔开来。第三，这个变化的过程是兼容的和自下而上的。区域设计、郊区填充式开发和城市更新都有这样一些共同的战略。

如果城市更新与区域发展远景目标相关联，那么，社区参与城市更新就十分重要了。创造一个远景和实现这个远景的方式不可能是自上而下的过程，它必须既是教育公众又是公众参与的过程。规划师既要了解社区又要教育公众。处理问题是理解和找到共同点的最好方式。这个过程需要超出民意测验、一张愿望表和讨论会这类方式。它需要给人们一种工具去创造他们自己的未来，去挑战所有城市问题以形成他们自己的答案。社区简单地向公众提出问题和询问他们的愿望是不够的，因为这种方式并没有让他们有机会去创造性地解决问题。人们需要确切的事实，需要与城市问题做斗争的方式，他们需要了解有限的交换条件。

除了基层的参与和新的区域的角度以外，振兴市区的工作需要有一个整体的思维模式，需要把街区的"社会生态"与那些看似不相关联的项目、体制和政策一起考虑。必须把大量的联邦和州政府的项目、地方城市目标、地方市民团体的建议，以及最重要的街区居民团体的建议结合在一起。对于街区或者城区来讲，整个城市更新工作的核心是缕析联系和找到解决问题的各类方案，进而得到一个统一的目标。所有这些都与对街区建筑环境的形体认识分不开，社会和经济项目都需要通过形体的方式联系起来。

两个联邦项目是这种重新思考的典范，第一个是住宅与城市建设部1993年提出的"一体化规划"。综合规划的目标是在市区开发中，把所有部门的项目结合到一个街区的开发目标上，这样就让街区获得了实现它们统一远景目标的手段、方式和工作时序。第二个是住宅和城市建设部的"6号希望工程"。这个项目长期提供资金去重建和重新开发那些越来越糟糕的公共住宅，那些地方不仅是犯罪滋生的场所，也是周围社区的一个下水道。这个项目在一个比较大的街区范围内重新思考和设计公共住宅，寻求从根本上解决社区问题。它拒绝那种把注意力仅仅集中在住宅补贴上的短期的目标上，要求每一个重建项目都必须考虑不同收入水平的家庭及其家庭类型，为所有人提供住宅机会，以便不在那些开发项目周边的历史城市结构中留下任何缝隙。

联邦政府并不是城市更新的唯一的重要角色，"一体化规划"和"6号希望工程"也不是包医百病的良药。我们高度注意这两个项目是因为它们把目标放到了最为困难的街区，同时，测试了市区振兴的弹性。要消除那些地区的贫穷和社会的衰退绝非易事。必须以新的观点去看待学校、家庭结构、犯罪、经济机会以及种族等问题，同时，也需要包括来自个人和公众的更多的资金，以解决那里的问题。在未来10年里，公共政策、区域远景、街区统一、个人的许诺必须结成一个新的联盟，重新协调我们那些病入膏肓的城市生态。住宅和城市建设部的两个项目并没有回答所有的问题，但是，我们相信，它们包含了这个新联盟的契机。

作为生态系统的街区：住宅与城市建设部的"一体化规划"

自从 40 年前"向贫穷开战"以来，住房与城市建设部通过大量的具体项目全面参与了城市更新。许多人认为城市建设部的那些项目都是官僚机构的现场办公，是无效率的，甚至是贪污腐化的。即使这些项目试图避免这些弊端，但是，它们还是产生了消极的后果。20 世纪 60 年代的城市更新和一些公共住宅项目都是这些方面工作的例证。尽管这些项目都有很好的愿望，但是，最终还是摧毁了市区的街区。

住宅与城市建设部的"一体化规划"手册从开始就提出了一个鲜明的论点，"一体化规划"的城市振兴起步于过去那些年留下的负面遗产："我们假定'一体化规划'的指导性观念能够弥补过去错误，这些错误包括被割裂的和被孤立起来的社会服务设施，摧毁社区的历史和标志（建筑和体制），分割了不同的收入集团、家庭支持体制和住宅类型，创造了没有人的开放空间和缓冲地带，允许高速公路和主要公路横切街区从而让社区四分五裂，没有把住宅、工作与公共交通投资协调起来，分散了政府服务设施和摧毁了社区的中心，更换了地方小商务，毁坏了自然系统。"

当然，联邦政府的资金和项目并不是要破坏城市，无论它们是否有效果，联邦政府项目都依赖于它的基本的观点和执行过程。20 世纪 90 年代早期，住宅与城市建设部创造了"一体化规划"的程序，要求联邦代理机构和地方社区团体共同以整体的方式思考城市更新。以严格的官方术语讲，"一体化规划"的目的是把以下 4 个联邦项目合并起来，这 4 个联邦项目分别是：社区发展成套基金（CDBG）项目、住宅投资合作（HOME）项目、艾滋病人的住宅（HOPWA）项目和紧急住宅基金（ESG）项目。

"一体化规划"还有一个更宽泛的目的，鼓励地方居民创造一个多种多样的街区，同时要求广泛的社区参与。另外，"一体化规划"的内容实际上已经超出了住宅与城市建设部项目的目标，同时，"一体化规划"把州里的其他项目和其他联邦项目例如授权区、企业区、弹性交通基金，都合并到"一体化规划"的远景和执行中。正如住宅与城市建设部在它的手册中指出的那样："较窄的实用项目不能解决个人、家庭和街区的复杂问题。我们的方式必须是整体的，把经济、人文、形体、环境和设计问题与社区可行的发展机会联系起来。"

鼓励社区团体把他们的视野扩展到这个社区住宅需求之外，然后，考察如何使那里的人口具有多样性。在许多案例中，人们发现，低收入地区有按市场价格出售住宅的机会，以出租房为主的那些地区有拥有住宅的机会。作为战略规划的一个部分，项目经理要求社区团体考虑如何把社区的社会服务结合起来，如医疗、日托幼儿园、学校、成人教育、工作培训、治安、市政和宗教机构等，以提高效率和社区的水平。然后，项目经理又要求社区超出标准的经济发展补贴的模式，以便增加在整个区域里获得工作和培育商务的机会。

在制定一个"一体化规划"中，首先就是对社区的资产和需要进行评估，然后，从不同方向上去观察整个的社区。当这些评论做出之后，成立一系列的社区专题小组，制定一个综合的3—5年的远景规划，这个远景叫"社区合作战略"。它不仅是向住宅与城市建设部申请基金的依据，也是所有的代理机构、社区团体市政机构非营利组织、个人、家庭如何协调他们的工作的依据。最后，"一体化规划"要求一个实现目标的时序安排，划定阶段性的成果，沿着设计好的路线向这个远景前进，同时，建立一个自我校正机制，以使这个远景逐步展开和适应可能的变化。

建立联系

　　"一体化规划"的实质是重建失去的联系——人与人之间的联系、社区之间的联系、街区之间的联系、城市与区域之间的联系，以及看起来无关的政府项目之间的联系。正如住宅与城市建设部在它的"一体化规划"手册中指出的那样，许多城市街区问题都是因为摧毁了应有的联系而产生的，如社区历史与它的地位、街区之间的形体联系、社区居民与关键社会服务的联系、社区居民与就业机会之间的联系等。

　　住宅与城市建设部对如何制定"一体化规划"，提出了4个基础原则。毫无疑问，第一个原则就是"街区与社区"，因为街区构成社区和区域的基础，正如我们在前边提到的那样，过去的城市政策割裂了许多城市街区。我们已经在第三章提到过其他3个原则。

　　·人的发展和人的尺度 ——个人和家庭是一个社区的尺度，而行政体制不是社区的尺度。

　　·多样性与协调 ——各式各样的社区都有它们各自的特性，这些特性能够产生出机会与增长的社会资本。

　　·可持续性、保护和更新 ——社区不仅要培育和更新它们的自然环境，还要培育和更新它们的建筑环境和社会结构。

　　我们认为，这些原则为研究社区和区域提供了整体思考的基础，因此，我们已经使用了这些原则。特别是对于城市街区，这些原则提出了振兴市区工作的一个转变。如果我们使用这些原则，就可以围绕街区而不是政府来完成公共项目和经济发展策略。我们可以用人的尺度的社区和地方服务来代替公共住房和行政机构。我们能够致力于建设一个多样性的社区，而放弃那些独立的政府项目和阻止零打碎敲地使用土地。我们能够保护和更新人的和自然的资源，而不是继续挥霍那些资源。

　　从整体上考虑城市的街区，关键是要理解这些原则同时在不同层次上发挥作用。同时，每一个原则又分别用到社区发展的社会、经济和形体 3 个方位上。

　　例如，把"街区和社区"这一原则运用到社会、经济、形体 3 个方面，这就需要协调这 3 个方面，使它们相互促进。为了修复社会结构，可能要求重点建设街区的社会体制，重点制定社区政策，重点建设家长参与学校管理的机制，或者重点建设新的文化中心。为了发展经济，可能要求加强地方商会，创建社区银行，决定在市政服务和文化机构中确定怎样的就业岗位才能够为这个街区提供一种经济基础。形体设计则是要求把城市设计的重点放到建设街区的公共空间和安全的街道。

　　从社会发展上讲，运用"人的发展和人的尺度"原则，可能意味着要求更多的巡逻警察；从经济发展上讲，也许意味着要支持那些小生意；从形体方面讲，可能要求更多地注意可步行的街区，或是创建更富个性化和多样化的建筑。

　　当把这 4 个原则运用于这 3 个方面上时，"一体化规划"的整体性和全面性是明显的。不同于政府标准化分类的经济发展、住房、教育和健康等规划，"一体化规划"试图把项目和战略合二为一。也就是说，"一体化规划"的重点是在于街区和人，而不是项目和机构。

使整体规划运行

　　"一体化规划"的思想之所以重要，并不是因为它是一个满足联邦机构要求的一种新方法，而是因为它阐明了一个考察城市街区问题的更合理、更完整的方法。"一体化规划"的观念和程序为创造一个街区未来的远景提供了一个好的基础。事实上，它适用于任何一个区域和区域内的街区，无论那个街区是在市区还是在郊区。当然，因为市区街区的问题如此严重，所以，使用整体推进的方式显得更为重要了。

自从住宅与城市建设部引入了"一体化规划"的概念以来，许多社区已经以"一体化规划"作为更新市区街区和整个市区的基础。在一些案例中，社区活动按照"一体化规划"的程序展开，在另外一些案例中，社区把"一体化规划"作为它们的工作大纲，努力编制更全面协调的规划来改造它们的街区。

在加利福尼亚文图拉的一个海边社区，依照"一体化规划"的精神编制了一个社区远景规划，那个社区的大部分人口为拉丁美洲裔的居民，家庭收入很低。他们以这个规划为指南，指导人们逐步把远景变成了现实。

文图拉基本上是一个英国中产阶级的城市。几十年以前，它的财富依赖于城市"西部"的原油生产。"西部"是文图拉的第一个街区。最近几十年以来，原油生产量已经下降了，所以"西部"也就落后了。虽然那个地方可以生活，充满多样性，也是有着历史价值的社区，但是，那里变得越来越拉丁美洲化。大部分居民都很穷，而且市政府不再关注他们。

1996 年，"西部"的一个街区协会利用市里的基金，在那里的一所小学里举办了系列专题小组会议，从下至上逐步形成了他们的街区远景，然后向市政府报告他们的成果。这个街区远景集中在城市设计、经济发展、历史建筑更新 3 个方面。这个项目的核心就是重新修复和使用街区里一个具有重要历史意义的建筑物——一个 20 世纪 20 年代的砖木结构的"石油工人"旅馆。

社区利用"社区发展成套基金"更新这个老的旅馆建筑，原先曾经打算把这个底层设计成零售商店，但是，最后，在它的楼顶上建造了经济公寓，而在它的底层建造了这个街区的图书馆。30 年来，这个社区图书馆一直在旅馆对面的小商业街上。

这个城市以"一体化规划"为依据，得到了住宅与城市建设部的批准，使用联邦政府"社区发展成套基金"来偿付图书馆的运行费用。现在这个图书馆成为整个社区的一个中心，在这个县，这个图书馆的利用率也是最高的，同时这个图书馆的访问者都不使用汽车，而是步行而来。

这个西部街区获得了"一体化规划"最佳实践奖，特别是这个图书馆项目实现了"一体化规划"的 4 个目标。首先，它的重点是街区和社区，包括经济适用房和图书馆服务；第二，通过更新，使西部街区有了一个标志性建筑，实现了保护和更新的目标；第三，通过与这个多样性街区相协调，在尽可能近的地方设计多样性的土地利用方式，于是在两方面实现了多样性和协调；最后它也实现了人的发展和人的尺度，通过提供一个图书馆，以改进社区儿童的思维，在这个街区中大部分的住宅和公寓都与这个图书馆只有步行距离。

纽约的罗彻斯特使用了许多"一体化规划"中的程序创造一个以街区为导向的城市远景。这里，曾经是工业和大公司的所在地，现在，罗彻斯特仍然是许多重要的公司所在地，它并没有像其他市区那样遭受到整体的破坏。但是，罗彻斯特的人口严重下降。40 年以前，这里的人口曾经是 40 万，现在只有 20 万人。与总人口下降同时发生的是，贫穷人口正在那里增加。

为了振兴这座城市，市长威廉·约翰逊创造了一个叫作"邻居建设街区"的项目。经过努力，所有的城市街区在一起制定了一个经济发展和更新计划，其目标是清理街道景观，强化城市的规划标准。在住宅与城市建设部提出"一体化规划"以后，也就是 1997 年，这座城市进行了第二轮规划，这个规划修正了 25 年以前制定的那个综合规划，现在，这个规划叫作"复兴规划"，它有 3 个论点：责任（把城市问题作为教育和环境问题来看待）、机会（处理经济问题）、社区（处理城市中心和城市村庄的形体和发展战略）。

所有这 3 个规划论点都包括在城市的"一体化规划"之中。事实上，它们形成了一个非常好的整体思维方式。"一体化规划"作为公共参与"社区发展成套基金"的一个基础,住宅与城市建设部的基金也被用来准备年度审查报告,这个审查报告叫"以人为本"。进一步讲,将"复兴规划"和"一体化规划"用来执行城市和社区发展的基本目标,例如,"罗彻斯特统一路"决定 6 个街区中心需要更新,并成立了一个"统一街区中心基金",从而获得了 1 800 万美元的基金支持,这个城市通过"一体化规划"下的"社区发展成套基金"还向"统一街区中心基金"提供了 100 万美元作为支持。

然而,为了保持用"一体化规划"整体的方式去处理城市更新问题,这个市要求每一个街区提供它们是否得到了社区居民的支持,包括是否得到了"邻居建设街区"的规划小组的支持。有一个老的社区中心,居民与它的联系已经不存在了,代表 5 个街区团体的规划小组拒绝保证他们支持为这个老社区中心制定的更新规划。所以,迅速产生了一个新的具有代表性的社区团体。现在,这个全新的社区中心坐落在一个新的中学校园里,而不是原来的那个老市区中心。

罗彻斯特赢得了联邦政府住宅与城市建设部最佳实践奖,"邻居建设街区""复兴计划"和"一体化规划"都是在实现"一体化规划"的观念。从一开始,这座城市的居民就致力于建立目标和提出他们社区的优先发展的项目,城市总体规划吸收了他们的观点。一旦需要使用城市的财政资源来支持真正的社区发展,"一体化规划"的观点就成为了基础。

这里仅仅是两个"一体化规划"的例子,其实还有许许多多的这样的例证。波士顿以北 25 英里(约 40 千米)麻省的劳伦斯市,在住宅与城市建设部指定它为"企业社区"后,便开始了"想象"过程。在那里,市政府和马利马克(Merrimack)学院合作主持编制"一体化规划",同时邀请许多社区团体参与进来,包括劳伦斯 – 梅特恩企业合作组织。

阿尔伯克基市把"一体化规划"过程看成使用其他联邦基金的途径,

用那些基金推动这个城市向"企业社区"方向发展。它建立了一个由 24 人组成的市民咨询委员会，以监控"一体化规划"的制定，1998 年，"一体化规划"制定了详细的郊区规划。

纳什维尔市组成了一个咨询委员会编制"一体化规划"，包括公共住宅、无家可归者等。这个咨询委员会由州社区住宅与城市建设部和那些传统上被排除在这一过程之外的人组成。

若干个城市已经认识到使用计算机绘图的方式去编制"一体化规划"，例如在洛杉矶的近郊区格兰代尔，格兰代尔"一体化规划"的目标是工商企业社区、社会服务提供者和低收入街区的居民。他们共同联合起来建设了一所学校、一个公园和一个社区中心。

所有这些例子都表达了那些处于不同困境中的街区如何看待城市更新的具体方式。他们把城市更新看成一个过程，以综合的方式把街区的资产与街区之外的资产联系起来考虑。正像我们在前面提到的那样，联邦政府住宅与城市建设部使用"一体化规划"去综合其他的联邦政府基金。这不过是一个目的。事实上，"一体化规划"不同于传统的城市更新模式，它包括了另外两个目标：首先，创造一个街区发展的愿景，包括街区的社会、经济和形体发展方向；其次，强化社区发展与周围城市和区域的联系。下面我们将介绍联邦政府住宅与城市建设部在贯彻"一体化规划"观念中所进行的一个非常重要的项目——"6 号希望工程"。

改造贫民窟：住宅与城市建设部"6 号希望工程"

"6 号希望工程"（HOPE VI）是一个联邦政府项目，这个项目的目标是改造最棘手的公共住宅。它是一个专门用来总结本书的战略。这个项目是一个最富挑战性的检验，这个项目成功地实现了我们已经描述过的那些原则和实践。

"6号希望工程"强调了重新开发那些在经济和社会上最落后的街区，改造那些破败的公共住宅。它最终表达了整修和重新使用而不是彻底摧毁我们正在衰退的历史的城市街区的需要和道德义务。"6号希望工程"显示，我们的城市甚至于那些最黑暗的角落都能够得到振兴，我们能够弥补由过去错误引导的城市更新和住宅项目而造成的损失。我们能够把那些曾经由暴力所支配的地方带回到城市的社会、经济和形体结构中来。"6号希望工程"证明，即使那些地方是社会的一个角落，但是凭借集中经济的力量也是可能实现的。

"6号希望工程"正在更新着全美国6万个以上最糟糕的公共住宅。这6万个公共住宅地处129个最困难的街区里。为了做到这一点，首先必须重新思考公共住宅的性质和身份。它主张按照街区来设计公共住宅，而不是把公共住宅设计成孤立的建筑项目；设计成适合多种收入人群聚居的住宅区，而不仅仅只是聚集穷人的居住区；充满情感地延伸城市的历史，而不是延伸超大地块和摩天大楼的"冒险家的世界"。许多案例都是以人的尺度和传统的住宅形式来重新规划街区和修缮住宅的。

"6号希望工程"开发计划的目标是，把再开发的地区与它的周围街区相联系，建设安全的街道、综合的公共场所，建设有尊严的住宅。这个项目支持一些简单的设计如私人花园而不是那些不安全和边界不清的公共场所，建筑物使用街道地址而不是使用数字来标志，建造前廊而不是建造昏暗的封闭通道，使用传统建筑类型和建筑材料而不是建设现代主义的公寓大楼群。这些设计的目标是，创造场所，为那里每位居民，包括公共住房的承租人和工人阶级居民服务，让所有居民形成共享的社区标志。用适合于那里的地方特征和历史住宅、道路、地块去替代"过去那些项目"留下的视觉和功能上的瑕疵。"6号希望工程"始终都在刻意消除公共住宅留下的不好的名声，还公共住宅与周围地区的直接联系，使公共住宅在外观和功能上都成为附近兴旺街区的一部分。

除形体设计，"6号希望工程"要求居民都能参与到这个计划中来，重新把居住在公共住宅中的那些人同那个街区的邻居们联系起来，同时还为他们创造与市区和区域相联系的机会。"6号希望工程"要求所有参与者从经济、社会和文化的角度思考他们的社区，而不要只谈住宅本身的问题。"6号希望工程"要求所有参与者把综合社会服务，如医疗、日托、治安和校外活动与工作培训、地方零售和交通综合起来思考，即从整体上思考街区的问题和解决那些问题的可能性。

"6号希望工程"事实上超出了住宅本身，成为一个包括社会服务在内的综合计划，所以，它其实也超出了"项目本身"。它要求住宅管理者与承租者、私人开发商、市政府的办公人员和街区市民团体一起为公共住宅选址，一起寻找如何把公共住宅与周围地区联系起来的办法。"6号希望工程"所要填平的恰恰是公共住宅与周围社区之间的缝隙，这个目标意味着不仅要疏通那些被认为隔断的地方，还要改变公共住宅及其周边地区那种整体衰败的城市面貌。重新开发公共住宅周边的空地的确有助于修整街区的地块和街道，那些经过一片空地走进公共住宅区的街道常常是不安全的和无人愿意使用的，所以，在那些空地上展开填充式住宅开发，可以进一步为低收入家庭提供更多的住宅选择。

"6号希望工程"的核心目标就是，通过重新把新住宅与它的邻居联系起来的方式，通过把居住者与市场价格的承租人和房主联系起来的方式，清除贫穷人群的孤立状态。"振6号希望工程"下建设的40%的住宅是提供给按市场价格租赁的承租人，或者提供给拿到政府住房补贴的低收入家庭。被卖掉的住宅单元与被出租的住宅单元混合在一起，创造一个具有个人拥有住房产权的那种社区的感觉，同时，也提供除租赁公房之外的另一种住房选择。这些单元中的 1/4 是可以出售的，期待 1/3 公共住宅的承租人会逐步买下那些住房单元。

为了满足人们的选择，公共住房单元应当与同类住房使用相同的设计和施工标准，也不能降低公共住宅的设计和施工标准。在公共住宅中，把市场价格的住宅与经济适用房混合起来，在这类街区里创造一个社会阶梯。当新的榜样就在隔壁、社会时尚就在身边发生变化时，公共住宅中的儿童便有了一种社会经验、有了效仿的对象，在改造公共住宅的过程中，人们常常忽视了这种社会阶梯的积极效果。

为了使新的街区建设的成果能够持续下去，较高的行为标准、适当的社会服务、合理的经济机会，都是必不可少的元素。如果没有这些元素的支撑，公共住宅承租人经常会被毒品交易、妓女、犯罪和市政服务缺乏所困扰，因此，他们只要有机会和条件，便会离开那里。若干案例证明，一旦这类条件不能得到满足，混合收入的街区会很快地消失，重新成为贫穷人群的聚居地。

在一些案例中，在那些低密度住宅旁，在不拆除已有公共住宅建设的情况下，通过更新改造，建设一些经济适用单元和市场价格的住房单元，形成一个联合公共住宅。当然，无论如何，允许公共住宅的使用者和租房优惠券持有者租用分散的住宅，的确会产生不同的结果。"6 号希望工程"准备拆迁的 60 000 套旧的公共住房单元，其中有近 1/3 都是闲置的。除了为工薪和混合收入家庭新增的 24 000 套单元外，大约还有 38 000 套新单元和整修单元已经完工或正在建设中。市场上 15 000 个第八号租房优惠券持有者居住的私人住房单元弥补了公共住房单元的缺口。对于一些人来说，离开公共住宅大楼，到一个新的地方开始新的生活，是很有吸引力的。但是，还有许多人选择留在他们熟悉的地方，住进了更新改造后的公共住房单元里。

总之，"6号希望工程"项目的目标是很复杂的。这些目标旨在项目展开地区建设混合收入的街区；按照当地历史和周围环境，更新改造公共住宅；通过一系列的社会经济项目，支持贫穷家庭的自信和自立；促进政府和私人合作增加公共投资，增加经济开发。这些目标都是现在正在实现中的值得称道的目标。"6号希望工程"已经创造了如下一些典范。

亚特兰大的百年广场

过去5年以来，亚特兰大的百年广场已经成为"6号希望工程"的典范。在百年广场，重建一幢主要公共住宅综合体，成功地分散了贫穷人口，恢复了那个社区的意义，在亚特兰大市区创造了一个完整的和家庭收入混合的街区。

佐治亚工程学院附近的"特克伍德公寓"项目是美国的第一个公共住宅项目。那里是"新政"时期联邦公共住宅项目的一部分，它的最初目标是为那些白人工薪家庭服务，他们中的大多数在大萧条时期无法负担适当的住房费用。1935年感恩节的第二天，罗斯福总统在对"特克伍德公寓"项目的致辞中宣布："在亚特兰大市民的要求下，我们清除了多年来有损这个社区的9个地块。今天，那些破旧的房屋已经荡然无存，我们在那里看到的是舒适和明亮的'特克伍德公寓'。"

但是，半个世纪以后，"特克伍德公寓"变成了一个落伍的公共住宅。种族隔离、贫困人口极端得集中、一片衰败的景象，形成了那个场所的特征。特克伍德街区（与另一个称为"克拉克·豪威尔公寓"的公共住宅相邻）地处亚特兰大市中心，北邻佐治亚工程学院，南邻可口可乐总部。特克伍德公寓所在街区完全没有生气，成了亚特兰大的"阴暗面"。特克伍德公寓由亚特兰大住房管理局管理，而亚特兰大住房管理局是 1993 年全国经营最差的住房管理局之一。亚特兰大全市有数千套的公共住房，但是，那些公共住房长期闲置，门上都钉上了木条。

1996 年，亚特兰大正在准备夏季奥运会，当地政府决定利用这个机会彻底改善当地的公共住宅。他们首先集中改造这个"特克伍德 – 克拉克街区"。1995 年，联邦政府住宅与城市建设部给亚特兰大住房管理局提供了 4 250 美元的"6 号希望工程"资助款。

随后，亚特兰大住房管理局又为这个项目从公众和私人财团那里筹资 1.6 亿美元，形成了"6 号希望工程"下的第一个与私人开发商合作的大型开发项目。除了"6 号希望工程"的资助，其余所有资金均来自私人投资者，大多数的资金来自一家私人开发公司"the Integral Group"，剩余的资金来自那些受益于"联邦低收入者住房税务信用"项目的投资者，他们可以通过投资"6 号希望工程"得到减税的好处。

在特克伍德 – 克拉克项目中，住房管理局拆除了大约 1 100 套公共住房单元。住房管理局在这片 57 英亩（约 23 公顷）的土地上建造了这个"百年广场"，包括 900 套混合不同收入家庭的住宅单元，作为整个街区重建的主要部分。

百年广场本身就成为了混合收入家庭同居一地的成功标志。按照联邦政府住宅与城市建设部、亚特兰大住房管理局和私人投资者的协议，360 套住宅单元（占全部住宅单元的 40%）传统的公共住房单元，另外 180 套住宅单元（占全部住宅单元的 20%）供给联邦低收入住宅税务信贷项目中的中下等收入者，剩下的 360 个住宅单元（占全部住宅单元的 40%）按照每月 500~900 美元的市场租赁价格出租。

现在，那里的居民明显混合起来了，他们来自于 70 个不同邮政编码地区，几乎有一半的居民年收入高于 35 000 美元，另外 1/5 的居民收入超过 55 000 美元。同时，那里保留了一些极端贫穷的和低收入的家庭，他们感觉那里发生了巨大的变化。那里的居民把"承租人协会"改成"居民协会"。

很重要的一点是，"百年广场"不仅是一个住宅项目，还是整个街区更新的中心。百年广场还包括了一个新的俱乐部、一家银行、一家假日快捷旅馆、一个自行车巡逻警察站和日托幼儿园。1909 年建立的图书馆和 1941 年建立的社区中心都被更新改造了。这个项目还被命名为"学习园地"，因为这个项目包括一所小学，这所小学里使用了一种由学校与佐治亚工程学院合作编写的以技术教育为基础的教学大纲。

"地方劳动力企业项目"为百年广场的居民提供了工作和计算机培训，同时，他们还在居民的家里得到最现代的计算机写作课程。这些服务都是由亚特兰大住宅部和 3 个黑人学校合作提供的。此外，最重要的规定是，传统的公共住宅居民必须用一部分时间参与到这些工作培训计划中来，否则，就不能把百年广场当作他们的永久居住地。

巴尔的摩的特莱斯

没有几个美国城市像巴尔的摩那样有如此集中的穷困人口和区域不协调。一般来讲，巴尔的摩和华盛顿大都市区是最富有和增长最快的地区。10 年以来，经过实施慎重的城市更新计划，巴尔的摩市中心城区已经发生了显著变化，特别是港湾区的商务和旅游环境已经复苏。但是，巴尔的摩的其他地区仍然处于白人外迁、种族隔离、贫穷人口集中、缺乏投资的恶性循环中。

"6 号希望工程"一开始，巴尔的摩一直都是这个项目的重要参与者，确保了若干个项目的资金供应。成功的例证之一就是把"莱克星顿－特莱斯"公共住宅场地转变成混合收入人群和混合居住模式的项目。

1950 年，"莱克星顿－特莱斯"地处西巴尔的摩的典型的高层公共住宅大楼，附近类似的公共住宅大楼一起集中了一群极端贫穷的人口。"6号希望工程"提供 2 200 万美元，巴尔的摩住宅部提供另外的 4 500 万美元，计划营造 303 个新的住宅单元，其中的 100 套住宅小楼在市场出售。如同"百年广场"，"特莱斯"也是由房产局和私人开发商合股共同参与改造的案例，大约有 1 000 万美元来自美国国民银行。

住宅小楼在市场出售的价格在 43 000~65 000 美元之间，其中有一半是为年收入少于 27 000 美元的人所设计的，这就使贫穷的劳动家庭有可能购房，首付款仅为 1 000 美元，贷款利率也只是 6.6%。许多购房者都是贫穷的劳动家庭，他们从来就没有自己的住宅。

与"百年广场"一样，这个项目的成功不只是住宅本身。"特莱斯"同样努力地通过这个改造项目，把居民与经济联系起来，这种联系过去是不存在的。"特莱斯"包括一个"电子村庄"，那里的居民能够获得两个星期的免费计算机培训，同时，他们能够获得免费的或者价格非常低的计算机；"特莱斯"还包括商务和零售购物中心，这在那里也是头一次。

住在这些郊区的人们似乎感到奇怪，为什么一个"住宅项目"的开发商如此重视接近计算机、接近工作岗位、接近药店。事实上，这恰恰是典型的社区建设活动，过去，内城街区正是缺少这类社区建设。通过把这些社区建设活动引进西巴尔的摩，"6 号希望工程"旨在恢复几十年前被高层住宅大楼摧毁的社区结构。

社区服务对于像"莱克星顿－特莱斯"这样的贫困人口聚居区十分重要，实际上，巴尔的摩西部近郊区，公共住宅大楼一个挨着一个，贫困极端集中地聚集在那个地方。若干个其他的"6 号希望工程"项目也效仿了西巴尔的摩的经验，以打破贫困人口的聚集，恢复那些地区的社区感。

夏洛特第一避难所

正如诸多美国城市一样，在北卡罗来纳州夏洛特市中心周边地区，形成了贫困人口高度聚集的状况，那里有大量政府公共住房，这都是历次城市更新运动的产物。"第一避难所"项目旨在利用"6 号希望工程"资金，重建一个真正的社区。今非昔比，"第一避难所"曾经是夏洛特最活跃和完整的街区，现在它已经衰落了。

夏洛特曾经是一个很有魅力和由多样性街区环绕的城市，它环绕着市中心。于是，它多次受到联邦资助。20 世纪 50 年代，夏洛特城市更新运动把黑人聚居区布鲁克林街区夷为平地，那里聚集了夏洛特最差的贫民窟，迁走了 1 000 多户居民，可是，土地却卖给了开发商开发写字楼，没有建设一个住宅单元。

联邦政府对此施压，要求建设新住宅，在这种情况下，夏洛特拆除了"第一避难所"的黑人居住中心。按照夏洛特的一个历史学家托马斯·汉克特的考证，在历史上，"第一避难所"曾是种族和经济的结合区域。整个种族歧视时期，一些地方的白人和黑人比邻而居，这种情况一直延续到布鲁克林街区的改造，那些失去贫民窟的黑人家庭迁入导致住房需求大增，于是，那里的白人离开了"第一避难所"。当"第一避难所"被拆除后，政府盖起了一个名叫"厄尔村"的公共住宅区，代替"第一避难所"，为低收入者提供了 400 套低层公共住房。

尽管"厄尔村"的设计受到好评，但仍未能缓解住房压力。久而久之，这个村庄再次成为著名的贫困中心。20 世纪 70 年代，在"厄尔村"周围"第一避难所"的剩余部分也被拆除了，仅仅留下这个曾经耀眼一时的贫困人口聚居区。仅在 1994 年一年里，该地区就发生了 700 起犯罪事件，其中包括两起谋杀案。

在"6号希望工程"的影响下，夏洛特房产局和国民银行合作，开始恢复"第一避难所"（那里距国民银行的总部仅几个街区）。住宅局和国家银行社区住宅与城市建设部门利用"6号希望工程"的4 100万美元，用"第一避难所"替代了"厄尔村"。住宅单元数量相近，但是，希望吸纳不同收入水平的家庭混合居住。

如同"6号希望工程"其他项目一样，"第一避难所"不仅有意混合不同的收入人群，而且把各种房屋类型混合起来，包括282套租用房、68套老人公寓、17套供出售的单身单元和6套供出售的联排小楼。像亚特兰大百年广场一样，"第一避难所"内有40%的住房按照市场价格出租，40%的传统公共住房、20%的房屋提供给联邦"低收入住宅税务信贷"项目的低收入者。这个项目吸引了很多在城里上班的郊区居民，犯罪率也急剧下降了。1997年，在"第一避难所"这个街区共发生88起犯罪事件，没有谋杀案，犯罪率比3年前下降了90%。

基于"第一避难所"的经验，房产局和国民银行继续在"第一避难所"和它的周边实施"6号希望工程"项目。教会在"第一避难所"建设了一所学校，美国银行在附近区域营造了80套单身公寓和100多套上市出售的住宅单元。

结论

"6号希望工程"和"一体化规划"有它们自身成功的经验，更重要的是，应该把它们放到区域城市的概念框架内。正如我们在本书的开头所提到的那样，除非所有的街区都具有多样化、都生机勃勃，否则，整个市区无法繁荣发展起来。"6号希望工程"是把我们最贫穷、困难的市区街区转变成最强大的社区的一个重要阶段性，这些社区在市区和区域中都起着重要的作用，"6号希望工程"给联邦政府、地方政府、地方机构、租房者、地方居民、开发商、零售商提供了一次机会，一起共同修复长期以来被破坏的内城社区结构。

有人错误地认为应把内城振兴与区域蔓延和区域不平等问题分开处理，把"6号希望工程"与内城的振兴分开处理同样也是一种错误观点。"6号希望工程"仅仅是改变我们的大都市区域一个工具。"6号希望工程"既是"一体化规划"的一部分，也是税收平等、负担公平的住宅、经济开发这类较大区域项目的一部分。

"6号希望工程"一直受到了一些人的批判，他们认为，"6号希望工程"无非是把低收入家庭撵出他们现在居住的社区，因为开发商和上层阶级看到了那些地方的希望。这种批判是基于这样一个事实，"6号希望工程"的项目减少了居住密度，混合了不同收入的家庭。"6号希望工程"的确减少了大量的住宅单元，以致于一些低收入的人们不能再居住在他们历史上曾经居住的地方。那些批判者并不认为，低收入的单元会在大都市区的其他地方被替代，所以，穷人将再一次失去在城市更新中所能得到的好处。

回忆美国城市更新长期经历，特别是夏洛特的教训，这些人的批判不无道理。对于这些批判者来讲，"6号希望工程"并不是他们追求的目标。所以，我们必须在区域框架内来实现"6号希望工程"，不能重蹈覆辙，把振兴市区演变成给贫困的人们盖房子，而要去建设健康的和具有多样性的社区。如果我们重复过去的简单模式，后果只能是贫穷人口更大程度的集中、大都市区内更高程度的不平等。

这就是必须把"6号希望工程"与其他的联邦政府城市区域和地方的项目结合起来的原因。比如在新泽西和马里兰的蒙哥马利县自身的住宅需求、第八优惠券的发放目的和其他的区域住宅目标，必须以为区域内所有收入水平的人们提供住宅机会为基础。必须改变交通和土地使用政策以便提供更多的地方和交通选择，因为那些穷人几乎没有什么选择。私人投资商应该把目光对准所有的街区，不仅仅是那些他们希望去的地方。对工作和教育的选择机会必须是在整个区域内，包括内城的街区，就像它们存在于那些富裕的郊区一样。

"6号希望工程"和所有这些年出现的其他的工作都将在一定程度上改善我们的大都市街区，但是，只有通过区域基础上的共同合作，"6号希望工程"和其他所有的项目才能变得更有力，才能建设一个新的区域城市，蔓延和不平等问题才能被根本解决。

城市更新

图 39 亨利·霍纳公寓改造前和改造后

城市更新在不同情况下采取多种形式。这个部分特别用有关住宅和城市住宅与城市建设部"6号希望工程"项目下的案例来说明城市街区填充开发的问题。"6号希望工程"专门设计用来重建美国最令人尴尬的公共住宅。这个项目的原则满足所有填充开发和再开发规划的内容：项目场所必须是一个街区的某个部分，而不是一个孤立的"项目"；那里的人口和土地使用上一定是多样化的；所进行的项目一定不能割断那里与周围社区和城市历史的联系；项目一定要与社会、经济发展和城市设计综合在一起。在任何情况下，通过把经济住宅与市场价格的住宅混合在一起的方式更新那里的住宅，以实现人口的多样化。这些努力的意义是重大的。"6号希望工程"正在对全国 124 个最糟糕的街区的 6 万个公共住宅单元进行更替。通过改造，这些地方的犯罪率下降了 72%。这里列举的"6号希望工程"的项目在招标中获得了成功，一些项目正在进行中。

上图和下图分别是芝加哥亨利·霍纳公寓改造前和改造后。改造前，这个高层公寓里有着很高的犯罪率，公寓维修费用巨大，那里充满了孤独。替换了的住宅适应于不同收入水平的家庭，使那里成为一个有活力的社区。

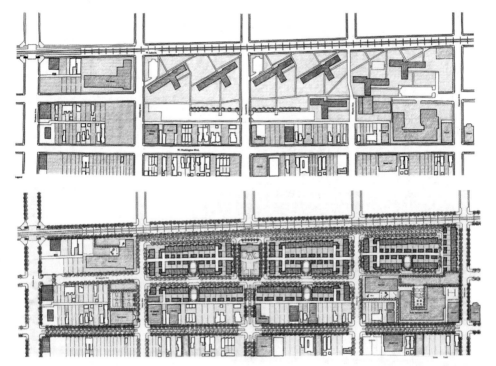

图 40 亨利·霍纳住宅

芝加哥，伊利诺伊

旧的亨利·霍纳公寓规划（上图）清楚地表明了它割断了历史的城市结构与孤独的公寓间的联系。与这个住宅相邻的地方十分有利于犯罪活动，这一点在其他公共住宅中也是同样的。这个地方有许多有价值的建筑，如学校、教堂、公共场所，公交车在住宅的北边，步行便可以到达商业街。更替那些旧住宅的规划（下图）恢复了那里的传统，建设了临街的住宅小楼、台阶和私人花园；过去那种不安全的着边环境消失了，邻里间的安全联系建立起来了。这样，引来了私人对住宅和商业开发对那里的投资。过去那里布满了空房子和倒闭的商店。

 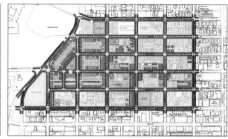

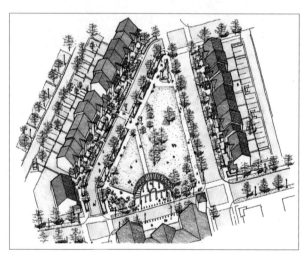

图 41　丘吉尔街区

霍利奥克，马萨诸塞

这个"6 号希望工程"再开发项目是一个重要的案例，它利用住宅和城市住宅与城市建设部的项目所修建和更新的不仅仅是公共住宅（杰克逊公园），而是整个街区。这个新的场地规划表明，许多填充开发的建设和修复点都在公共住宅杰克逊公园周围。正是在这个地块中，邻近公共住宅东面的区域，许多令人发指的犯罪活动就发生在那些破败的建筑和空房子里。这个规划寻求在推倒重建的场地外建设 120 个新住宅单元来补充推倒重建的场地内的 110 个新住宅单元。这样建设市场价格的住宅与建设经济住宅的费用可以持平。在公共住宅场地内，原先的开放空间太大，并且缺少对犯罪活动的监控，因此，这个规划采取了比较紧凑的用地结构，把住宅楼和新的社区中心沿街布置。除了住宅，这个项目还将开发"学习园地"，包括就业训练、学习新技术和许多课程。

▨ 开放空间　▨ 公共场所　▨ 就业场所　☐ 独门独院的住宅　▨ 住宅单元楼　▨ 商业

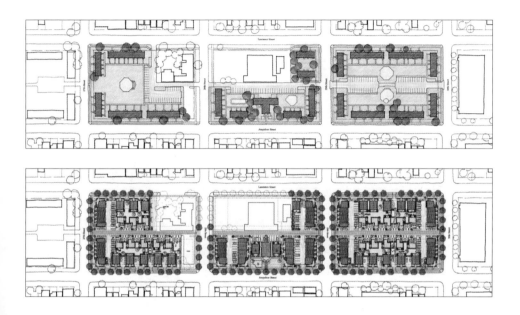

图42 科蒂斯花园

丹佛，科罗拉多

科蒂斯花园紧靠丹佛市中心，在历史上就是一个功能混合的街区，那里独门独院的住宅和住宅楼并存。在这个街区中公共住宅的状况不坏，但是，它不能反映周边社区的多样性或城市特征。在这个场地上，丹佛的地块模式并没有太大的变化，但是，那里的巴洛克式建筑的特征和标志使公共住宅相形见绌。因此，再开发规划沿着那条长街设计了两层楼的住宅。这些设计旨在反映那里传统的大尺度独门独院式住宅的风格（左下的渲染图）。作为对这个历史标准的重新解释，在一个卧室的乡村型住宅之间设计了近似一条狭窄胡同的道路（左中的渲染图）。这个地块的两端，布置了居住与工作一体的住宅，以恢复这个街区功能混合的特征。这个一体化的设计满足了许多家庭在家里工作的需要。

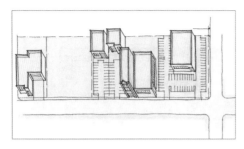

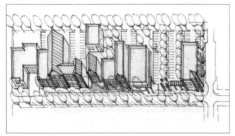

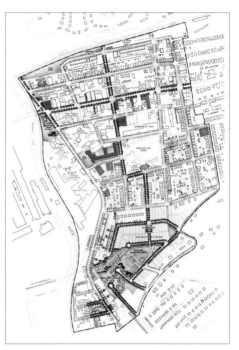

图 41 橡树街更新规划

■ 开放空间	□ 独门独院的住宅
■ 公共场所	■ 住宅单元楼
■ 就业场所	■ 商业

科茨维尔，宾夕法尼亚

科茨维尔是一个老工业城镇，那里有一个用钢筋水泥制成的公共住宅地块。它坐落在半山腰，从那里可以看到市中心。更新规划用一个社区公园替换这个公寓地块，而新的独门独院式住宅就在这个公园之下。从这个公园往下直达市中心的商业街，整个案例场地有许多待填充和修整的场地。事实上，住房与城市住宅与城市建设部再开发项目的一部分就是通过填充老年公寓和新的商业开发，来帮助更新这条商业街（右上图）。这个例子说明，"6号希望工程"再开发项目所修建和更新的不仅仅是公共住宅，而是整个街区。

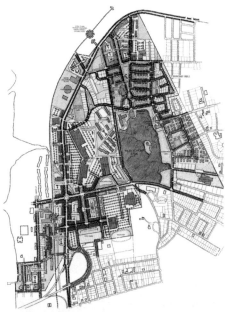

开放空间　□ 独门独院的住宅

公共场所　▨ 住宅单元楼

就业场所　■ 商业

图 44　北端总体规划

新港，罗得岛

新港之所以著名是因为那里展示了海员的富足。美国在世纪交替时建设得最好的建筑都在那里。但是，很少有人注意到，在它的北端，有一个孤独的和不适宜的公共住宅综合体。新港市和公共住宅局要求做一个规划，重建这个公共住宅，以及开发一条通往城镇入口的商业街。这个规划综合了来自社区工作小组和许多这个城镇的居民的意见，也展示了对公共住宅场地和老商业区混合开发的设计思想。

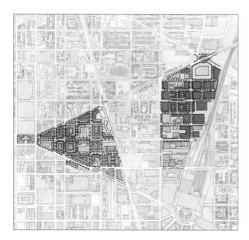

图 45 北麻省诸塞大道规划

华盛顿特区

这个案例场地地处联合火车站以北，规划建设这个城市新的会议中心，当然包括更新它的周围地区。这个场地的两个区域有着不同的建设目标：对于蒙特弗农三角区以西（中间两图，改造前和改造后），目标是创造一个功能混合区，重点是建设住宅；对于北首都大道地区（下面两图，改造前和改造后），目标是创造一个功能混合区，吸引高新技术公司，重点是使这个城市的经济具有多样性。两个目标都在于使这个首都的中心具有多样性，以改变这个地区长期由大型办公楼支配的状况。

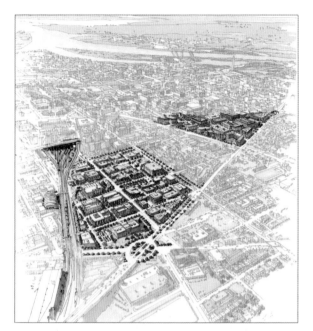

图 45 北马萨诸塞大道规划

华盛顿特区

市政府和街区组织认识到功能混合的价值，也认识到保护现存的艺术社区的需要，使这个城市的经济具有多样性的需要。为了支持住宅和这个市中心区没有的高技术产业，这些项目被允许在该地区增加原先的仓库和艺术工作室的楼层。从这两张新旧鸟瞰图上可以看到，纽约大道的入口因为设置了一个传统交通转盘而得以更新。这个设计对华盛顿是前所未有的，也是朗方（L'Enfant）规划中没有的。但是，朗方著名的放射状大道的设计以新的和修复后的建筑而得以实现。

结论
把边缘城市变成区域城市

　　把我们的都市区域转变成"区域城市"不是一件容易的事情。这个具体任务之所以困难不是因为我们把握不住"区域城市"的理论，也不是因为我们没有实现"区域城市"的方法，实现都市区域向区域城市转变的难点是，反对"区域城市"的特殊利益集团大有人在，官僚偏见已经制度化了。在现实生活中，既得利益和习惯势力常常使改革不能展开。相信蔓延对他们有利的利益集团难以计数。尽管事过境迁，开发商、建筑商、工程师和承包商还是沉浸在昔日的成功之中，希望再度辉煌。许多地方官员不顾开发质量或区域利益，寻求经济增长和扩大税收。街区的社会团体和业主协会希望通过维持现状来使房地产升值。甚至环境保护主义者有时也鼓励低密度开发，或者在那些实施环境保护的地方，环境保护主义者干脆不鼓励任何开发。

　　毫不奇怪，那些鼓吹郊区"一如既往"的人们仍然对蔓延情有独钟，反对"区域城市"。在这个浮躁盛行的世界里，他们提出了 4 个主要的论点。第一，美国地大，城市不过只用了全部国土面积的 5%。即使我们把环境敏感区排除在外，我们也有足够的土地按我们的习惯去扩张。第二，我们可以通过修建更多的道路，来克服蔓延所产生的问题。在交通上，私家车真正体现了民主，因为老百姓可以随心所欲地旅行。他们需要到哪里，我们就把路修到哪里。如果他们不希望被堵在路上，他们就应该付"路费"，也就是说，在高峰期，人们应当付高速公路费。第三，每一个人都希望住在郊区的别墅式住宅里。如同人们愿意开车，我们就修建更多的道路一样，我们也应当满足人们对传统郊区独立住宅形式的追求。第四，私有财产应当得到尊重。人们不应当受到政府区域规划的限制，在他们的院子里，他们爱干什么就干什么。

有些事的确被他们言中了。美国地大，确有其事。大部分人可能还会以自己驱车出行为主，我们必须关注道路的维护和使用。许多人乐于住在郊区的别墅式的住宅里。的确，在涉及土地使用和开发问题时，私有财产必须得到尊重。

尽管他们的每个命题都不是全错，但是，4 个命题都回避了结束蔓延和把都市区域变成"区域城市"的观念。同时，随着这些不错的部分结合起来，这些命题正在为新的联盟打下基础，以战胜既得利益集团，把区域城市变成现实。

毫无疑问，美国还有巨大的土地。但是，这个量化的命题忽略了大多数居民日常生活所面临的问题。事实上，那些巨大的土地存量位于离我们千里之外的农村，蔓延中的城市居民们只能望梅止渴。美国人口增长区集中在沿海部分，那里聚集了全国人口的 57%，可是，却仅占国土面积的17%。恰恰是在那些正在发展和变化的区域里，而不是在那些远离他们的地区，需要功能齐全的自然环境和开放空间网络。同时，这样的开放空间网络既保护着那里的农业生产、塑造着都市区的景观风貌，也给那些住在都市区钢筋混凝土构成的世界里的人们一个喘息的地方。

从理论上讲，修建更多的道路可能缓解交通拥堵，但是，我们同样要问，路修到何处是尽头呢？路多，车也会更多；而车多，道路也会更拥堵。正如交通工程师沃尔特·库拉什所说："修建更多的道路去缓解交通拥堵，与松开裤带减肥是一样的道理。"

也许，这些判断的最大误区是，大部分人"要求"住在低密度的独门独院的住宅里，区域规划会阻碍"自然"的独门独院的住宅市场。事实上，住宅市场比这种古董观念所想象的市场要更具多样性。这些不同的住宅市场常常是被地方分区规划而不是区域规划扼杀的。如前所述，仅有 1/4 的美国家庭有孩子。现在，确有一些社区只允许在他们那里建大宅子，这样，那些无子无女的家庭和老人都被拒之门外。的确，许多购房者似乎乐于选择独门独院的住宅，但是，那是因为他们别无选择。在一个由分区规划限定的独门独院的住宅市场里，相对一座孤零零的住宅楼，人们当然不愿住进去，他们只有盯上了独门独院的住宅。如果真有各种各样的选择，如在一个可步行的村子里、有外凉台的二层联排小楼、在镇子里有小楼住宅、在城市里有公寓，那么，住宅市场就会是多样化的。事实上，只要这些选择存在，整个住宅市场一定是牛市。

这些年来，每当房产主和房产律师们寻求减少政府的土地使用限制权，私人房产权的论调便甚嚣尘上。但是，房产主既有权利，也有责任，这一点也越来越清楚。规划恰恰是在协调房产主的权力和社区的需要。为了维持都市的运行，任何一个房产主都会要求高速路、道路、下水系统、供水系统和其他的公共服务，当然，所有这些都是来自税收。正如马里兰推行的"智慧型发展"法规，即考虑费用又考虑效率的公共投资政策。

蔓延的卫道士们似乎总想依靠那些表面现象以回避具有更多选择的发展形式的挑战。我们是否能够保护开放空间和提供各种各样的住宅形式呢？我们是否能够通过增加更多的交通形式譬如步行、自行车或公共交通，来减少对私家车的使用呢？人们是否可以有更多的选择以避免被堵在郊区或避免被锁在犯罪严重的城市中心呢？我们是否可以开始确定一种新的都市形式——它既不是黑的也不是白的，既不是汽车的也不是火车的，既不是高密度的也不是低密度的，既不是郊区的也不是市区的？我们是否可以放弃过去那些传统教条，来设计一种复杂的混合式的社区以适应正在到来的工业化社会呢？

美国梦正在变。未来也不一定是过去的线性扩张，昨天的市场也不一定就是明天的市场。我们所面临的不是密度问题，而是设计问题、场所的品质问题、尺度问题、混合的问题和相互连接的问题。反对蔓延，并一定意味着我们选择了回到过去的城市，实际上，我们是要建立一个有层次的场所——无论在什么样的密度条件下、无论在什么地方，都是可以步行的，我们都能得到多样性的选择。

我们所面临的挑战其实与蔓延卫道士们责难我们的那些问题完全不同。这些挑战将完全改变我们的未来，所以，才面临困难的抉择，面临困难的政治交易。究竟在什么地方开发绿色地带和开发多少绿色地带才是适当的呢？什么样的交通投资最好呢？我们怎样说服地方居民去填充城市里那些闲置的地块呢？当这类开发正在因为中产阶级重新回到市区而火爆起来时，我们怎么去阻止人为的居住分割再次发生呢？我们怎么能够重新把投资和就业岗位放到那些最需要发展的社区里去呢？我们怎么能够确认在那里可以提供充分的廉价房和恰当的居住位置呢？这些都是难题。我们既要从区域发展的角度寻找答案，同时，也要在街区的尺度上寻找答案。

历史的经验告诉我们，当一种情形变得非常危急的时候，我们对未来的选择就会变得更清晰。危机使我们有可能克服不同的利益集团之间的争议，危机甚至于让我们组成一个新的联盟。在过去这些年里，当许多不同利益集团继续他们的战斗时，我们也看到了支持"区域城市"的联盟，也看到了有关区域城市的理论。

这些新的联盟有许多不同的名字，代表了许多不同的利益团体。最常见的是称作"精明增长"——今天的问题不是有没有增长的问题，而是怎么样增长的问题。新城市规划是这场运动的核心概念，与此相关的还有"可持续性""宜居社区""大都市规划"等。无论它们叫什么，我们认为，这个区域城市思潮正在试图改变那些支撑蔓延和不平等的体制的改革。

事实上，许多特殊利益集团正在加入这个思潮，一些环境保护主义组织、开发机构，例如城市土地学会（ULI）已经接受了"精明增长"的概念。推动内城振兴的人们已经开始认识到，有必要从区域的背景下来考虑内城振兴战略。近郊区的人们已经开始认识到，他们那里有许多东西与老城区一样。许多工商领导人已经发现了廉价住宅和长距离工作旅行是一个真正的劳动力问题。在郊区增长50年后，许多开发商已经开始看中开发老城区和近郊区中那些闲置土地。

除开这些有组织的团体以外，公众也开始认识到变革的必要性。《市民杂志》最近做的民意调查显示，人们对蔓延的关切正在超出对那些传统的地方问题，如教育和犯罪的关切。令人吃惊的是，这个民意测验，既有答案，也有担心。40%的人主张"地方政府应当限制那些未开区的开发，鼓励在建成区里的开发"。

建设区域城市的思潮正在积聚，新的盟友正在形成。向前看的环境保护主义者、正在兴起的商业利益集团、倡导振兴内城的人、有思想的地方议员们，正在发现他们其实有着共同的目标。"区域城市"的战略把保护开放空间的环境保护主义者同主张经济发展的、振兴内城的提倡者们结合在一起。"区域城市"把内城空地的开发商人与主张增加公共交通和减少汽车污染的环境保护主义者联合起来。"区域城市"发展战略把内城里的地方议员和郊区的地方议员联合在一起。在这个新的联盟中，甚至政党间的分歧也消融了。马里兰的民主党州长帕里斯·格伦迪宁和新泽西的共和党州长克里斯蒂·惠特曼常常站在一起倡导改变我们的都市发展模式。

当这个"区域城市"思潮越来越强大时，我们必须记住的很重要的一点是这个思潮的基本原则，即区域的兴起、郊区的成熟和市区街区的振兴。发展"区域城市"的目标是：节约土地、减少对私家车出行的需求、有效的使用投资、保护资源、减少污染。当然，有些"区域城市"的目标是复杂的，不能定量计算，例如，创造一个更具包容性的居住环境，在不同年龄、不同收入和不同阶层的人们之间，建立更多的联系机会，支持社会平等和机会平等，创造一个美好的人居环境。

但是，"区域城市"不能依靠零打碎敲的办法建成。如果我们采取暗箱操作的办法或者建立一个虚的区域政策框架，"区域城市"也不能成功地建设起来。例如，市区振兴战略不可能没有与蔓延和不平等开战的区域战略而成功，因为如果穷人继续集中居住在市区街区里，我们就不可能克服市区的衰退。同样，我们也不能在真空中去改造近郊区。减少私家车的使用依赖于区域交通和开放空间战略，依赖于街区规模的设计。我们必须严肃地设计城区、郊区和农村之间的形体的和经济的联系，如果不是这样，即使一个区域城市是一个全球经济单位，它也是不会成功的。

换句话说，我们不能够把都市生活的不同方面——贫穷、不平等、蔓延、交通堵塞、丧失开放空间等割裂开来分别处理。我们必须把这些问题既放到区域里，也放到街区里统一考虑。

我们在本书提出，美国正在变化——蔓延不再适合我们的人口和人口结构，不再适合我们的经济。大部分的人会在新的城市发展模式中得到好处。什么是"区域城市"理论的基本的概念呢？不同的利益集团、不同的政治团体、不同的工商业者和平民百姓越来越认识到，没有差异就没有世界。

"区域城市"并不是一个"海市蜃楼"。虽然它所设计的未来与现在十分不同，但是，"区域城市"并不主张推翻所有的旧东西，而去凭空创造一个新区域和新街区。相反地，"区域城市"是建立在现存的充满矛盾和复杂性的都市上。"区域城市"更多的是修补和完善我们现有的城区和郊区环境，而不是创造一个新地方。

我们不能提供一个简单的"区域城市"路线图，每一个地方、每一个时间都会出现不同的开发，都会有政策、设计和法规的不同组合，我们尝试通过案例来举一反三，说明多种可能性。

当然，建设区域城市的工作刚刚开始。我们正在讨论区域城市的问题，我们正处在美国城市发展的转折点上，我们已经打破了就郊区模式，城市生活的所有方面——人口、经济、生态——正在加速变化。问题不是我们的都市是否在变化，而是怎样去改变我们的都市。如果我们继续按照蔓延和不平等模式走下去，我们的社会只会倒退。为了适应未来的发展，美国的都市区域总会增长，总会发生变化，即使这样，美国的都市区域还是能够延续下去，而且维持美国都市区域那些值得自豪的品质。

附录

新城市规划宪章

直到最近，新城市规划才进入有关蔓延的长期争论中来。自 1993 年以来，新城市规划运动吸引了包括城市设计师、建筑师、规划师、环境保护主义者、经济学家、景观设计师、交通工程师、被选举的官员、社会学家、开发商和社会活动分子在内的各方面社会力量。它代表了一个广泛的环境保护主义联盟的利益，例如关注农田的保护、自然条件的提高和空气质量的环境保护主义者，关注内城改造和社会平等的倡导者。新城市规划把这些团体和他们的兴趣与从区域到建筑的设计道德联系起来。

简单地讲，新城市规划把形体设计、区域设计、城市设计、建筑、景观设计和环境设计看作对我们社区未来至关重要的因素。当人们把经济、社会和政治问题看得至关重要时，新城市规划倡导人们把注意力放到设计上来。新城市规划认为，设计能够解决政府项目和资金不能单独奏效的那些问题。

新城市规划的"新"有若干意义。新城市规划试图把城市规划的老原则，如多样性、街头生活和人的尺度，应用到 21 世纪的郊区。新城市规划试图解决传统城市环境中上好的品质与当代社会机构和技术的巨大尺度间的冲突。新城市规划还试图给传统城市规划升级，以适应我们的现代生活风格和日益复杂的经济现实。

《新城市规划宪章》把它的原则分解到 3 个尺度上：区域、街区和建筑。但是，最重要的是这样一个主张，这 3 个尺度是相互联系和相互依赖的。《新城市规划宪章》按照这样 3 个尺度来组织它的 27 条原则。这本书的 3 个因素——正在兴起的区域、走向成熟的郊区和被更新的街区，都受益于这个宪章的这些原则。

　　在《新城市规划宪章》的区域部分所提出的原则类似于这本书中提到的"区域城市"的基础。《新城市规划宪章》中有关街区的原则成为都市城市设计功能混合和可步行的环境的基础。《新城市规划宪章》中有关街道和建筑的设计原则寻求重新创造这样的场所，为步行者重新建立起连续性和公共空间。

　　城市规划给区域规划的基本政策和目标增加了内容：区域应当是有边界的，发展应当在形式上更为紧凑，现存的城市和小城镇应当得到更新，经济住宅应当均匀地分布在区域内，公共交通应当运行得更远，地方的税收应当在区域内平分。这些战略都在本书中详细展开过，它们成为区域城市的基础，它们中的每一个对新城市规划的议程都是重要的。

　　新城市规划的议程清楚地表达了在内城投资、郊区再开发和绿地开发的适当选址之间在区域尺度上的协调。这个协调是对新城市规划的最低理解之一，也是新城市规划最重要的方面之一。这个协调提出了在区域层次上，什么地方的开发是适当的这样一个问题。

　　新城市规划最为人所知的是它在街区和小城镇尺度上的工作。在街区和小城镇尺度上，《新城市规划宪章》的原则描述了一种新的思维和建设城市和小城镇的方式。不同于大多数当代城市规划所采取的单一功能分区的规划方式，《新城市规划宪章》提出街区、区和走廊这3个基本因素的结构。它并没有回避现代商务和零售的尺度，而是对不适应于街区尺度和特征的那些商务和零售业提出场所的问题。在这个分类中，特别使用区和（自然的、汽车的和公共交通的）走廊对完整的和可步行的街区这样的基本城市组织提供补充和联系。

　　正是在城市地块、街道和独立建筑的尺度上，把汽车和对步行更友好的环境综合在一起来考虑。《新城市规划宪章》并非简单地要求放弃汽车，而是要求我们创造一个环境，同时支持步行、自行车、公共交通和汽车。

它强调城市设计战略旨在考虑当代现实，同时增加对人的尺度的认识。我们不再需要把工作仅仅放在办公园区里，而是把它们与功能混合的街区一并考虑。这样，我们要求敏锐的城市设计方式。不同类型的住宅之间不再需要一个缓冲带去把它们分隔开来。我们需要在街区内建立起一个建筑的连续性。零售和公共场所不需要特殊的分区，它们需要将其与社区连接起来的地块、街道和建筑模式。

《新城市规划宪章》要求建立起尊重人的尺度、尊重区域历史和生态、尊重在一个有形社区内对适度和延续性的需要。不需要使用怀旧的方式，传统建筑就可以告诉我们这些道理。这些道理能够引导我们以历史为先例，特别是对于那些插入和再开发那些有着历史特征的地方。另一方面，当我们使用现代技术时，尊重一个场所的历史和文化的负责任的设计能够导致革新而不是复制。《新城市规划宪章》原则是融合新的和旧的，尊重现存城市的模式和尺度。

新城市规划常常被错误地解释为一种复古的和忽略现代问题的保守主义运动。它也没有被人们理解为在多重尺度上使用一个综合的政策和设计原则体系。对一些人而言，新城市规划不过简单地意味着林荫道、零售商业街，一种为了富人的美国小城镇幻想的翻版。

但是，怀旧并非新城市规划的主张。新城市规划的目标和内是宽泛的、复杂的和具有挑战性的。许多错误的概念是由于人们仅仅把注意力放在街区尺度上，而没有考虑怎样把街区结合到区域的结构中，或没有理解那些街区是由街道和建筑尺度的设计原则所支配的，而这些原则比起历史的先驱们更多地关注环境和城市的延续性。

《新城市规划宪章》与本书的中心论点是一致的，必须综合地考虑蔓延和社会不平等。主张通过经济的多样化和街区的包容来实现的社会凝聚和可支付性也是这个宪章的一个基本内容。经济的多样性要求在每个街区有各式各样的住宅机会和使用方式，如经济的和昂贵的、小的和大的、出租的和拥有的、单身的和家庭的住宅。这是一个激进的命题。它意味着在富裕的郊区有更多的低收入者的和经济的住宅，同时，它提倡在城市街区给中产阶级提供更多的住宅机会。它提倡把不同收入和民族的人混合在一起，许多社区对此充满了担心。在现有政治条件下，它是一个很少成为现实，总是被妥协的原则。但是，它是这个宪章和"区域城市"的核心论点。它建立了一个不同的郊区开发和城市更新模式。

新城市规划概括出一组设计原则和政策，用来把分隔开了的城市和郊区重新联系在一起。当然，在执行这些原则时，又产生了一组复杂的问题：内城街区的"经济多样性"什么时候能够使中产阶级回归内城？在郊区小镇上什么样的住宅混合比例是适当的？这些难题也许没有一个一般性的结论，只有个别答案。中产阶级的回归可能随着区域层次的经济住房的发展而逐渐实现。但是，什么是老街区的凝聚力和标志呢？什么是它们独特的文化呢？没有一个包医百病的药方。也许，只有当成功并非一定要搬出那个社区时，低收入街区适当的经济多样性就算实现了。也许对一个富足的街区来讲，适当的经济多样性表现在学校老师和消防队员不再需要从外边请来。

《新城市规划宪章》把区域的形体设计既看成培育机会、可持续性和多样性，也看成避免相反的倾向发生。这样的设计不能推进一种文明和文化，但是，它是一个必要的结构。就像健康的土壤，一个区域和它的街区的设计能够养育一个比较平等和健康的社会或相反。这不是环境决定论。它只是试图在现实和形体空间之间找到一个比较好的结合点。

宪章内容

"新城市规划大会"认为，城市中心投资缺乏、无场所蔓延的扩张、日益增加的种族和贫富之间的距离、环境的恶化、农业土地和野生世界的不断减少，以及对社会遗产的侵蚀，这些都是相互关联的问题，是社区建设所面临的挑战。

我们主张，恢复连绵大都市区内的现有的城镇中心，将蔓延的郊区重新整理和配置为具有真正邻里关系和多样化的社区，保护自然环境，保护业已存在的文化遗产。

我们认为，仅仅依靠形体方案本身不会解决社会和经济问题，但是，如果没有空间形体结构的凝聚和支撑，同样也不能维持经济活力，社区稳定以及环境健康。

我们倡导，重新组织公共政策和开发实践以支持以下原则：街区应当具有功能和人口的多样性；社区设计不仅要考虑到小轿车，同时还要考虑步行者和公共交通；由形体确定和普遍可达的公共空间和社区机构来构造城市和小城镇。城市的场所由经过设计的建筑和景观构成，以反映当地历史、气候、生态以及建设实践。

我们的大会具有广泛的代表性，包括公共部门和私人部门的领导、社区活动分子、多学科的专业人员。我们承诺，通过公众参与规划和设计的方式，重建建筑艺术和社区建设间的联系。

我们奉献自己的力量来整治我们的家、地块、街道、公园、街区、区、小城镇、城市、区域、环境。

我们倡导用以下原则来指导公共政策、开发行为、城市规划和设计。

区域：大都市、城市和小城镇

1、大都市区域是指有明确位置的地区，它由地形地貌、分水岭、海岸线、农田、区域公园和河床而构成地理边界。大都市区域由城市、小城镇和乡村等多个中心组成，城市、小城镇和乡村都有自己明确的中心和边界。

2、大都市区域是当今世界的基础经济单位。管理的协作、公共政策、形体规划以及经济战略皆应反映这个新的现实。

3、大都市与它的农业用地和自然景观间存在着必要的和脆弱的关系。这个关系是环境的、经济的和文化的关系。农田和大自然对于大都市的重要性犹如花园对于住宅一样。

4、发展的模式不应该模糊或消除大都市区的边界。在现有城区的插入式发展是在保存环境资源、投资和社会结构，同时，整治边缘地区和废弃的地方也是在保存环境资源、投资和社会结构。大都市区域应制定策略鼓励插入式发展方式以取代向周边的蔓延。

5、如果新开发是城镇边界内的一种延续，那么，那些适宜开发的地方应当以街区和区的形式来组团，并与现有的城镇布局模式融为一体。如果新开发是在现有城镇边界外，它应当规划成城镇和村庄的形式，都有自己的边界，它应当寻求工作和居住的协调，而不要建成只是用来睡觉的郊区。

6、城市和小城镇的开发和更新应当尊重历史的模式、先例和边界。

7、城市和小城镇应当为所有收入水平的人带来公共生活和私人生活的机会，以支持区域的经济发展。经济住房的布局应当与在区域的工作机会相配合，从而避免贫困的集中。

8、不同交通方式的结构支撑区域的形体布局。公共交通、步行和自行车网络应当具有最大化可达性和流动性，以减少对汽车的依赖。

9、在区域内的市政府和中心间合作分配税收和资源，避免对于税收基础的破坏性竞争，促进交通、娱乐、公共服务、住宅、社区机构的和谐发展。

街区、区和走廊

1、街区、区以及走廊是大都市区域发展和更新的基本要素。它们形成清晰可辨的地区，从而鼓励市民为维护和提高街区、区以及走廊而担负起责任。

2、街区应是紧凑的、步行友好的、混合使用的。区通常以一种特定的单一功能为重点，在可能的条件下，应遵照街区设计原则。走廊是街区、区的连接，它们包括林荫道、轨道、河流和园林小路。

3、各类日常生活的活动应当在步行距离内，以便那些不驾驶汽车人，尤其是老人和小孩，具有独立性。互相联系的街道网络应当设计成为鼓励步行、减少使用汽车出行的频率和距离，以节省能源。

4、在街区中，多种住宅类型和价格可以为各种年龄、种族、收入的居民创造日常交流的机会，加强个人的和公众的联系，以建成一个真正的社区。

5、如果规划和配置合理，公共交通走廊能够有助于可以组织大都市结构、城镇中心的更新。相反地，高速公路走廊不应当分散现有城市中心的投资。

6、在公交车站的步行范围内应当由适当的建筑密度和土地用途，使公共交通成为替代私人汽车的一种选择。

7、公共服务、社会机构和商业活动应当集中到街区和区中间，而不要把它们安排在边远的和功能单一的建筑群中。学校的规模应当适中，应位于小孩步行或骑自行便可到达的地方。

8、通过图形化的城市设计规范来指导土地使用变更，能够提高经济发展的合理性，引导街区、区以及走廊的和谐发展。

9、从乡村绿地、球场到社区花园，各种各样的园林应当分布在街区的范围内。保护区和开放空间应当用来区分和联系不同的街区和区。

地块、街道、建筑物

1、所有城镇建筑和景观设计的主要任务是给共享的街道和公共空间以确定的形体。

2、个别的建筑项目应当和它们周围的环境建立起密切的联系。这个问题超出了对风格的单一考虑。

3、安全和保安决定更新城市空间。街道和建筑设计应当加强安全的氛围，但是，不能以牺牲开放空间和可达性来实现这一点。

4、在当代的大都市，发展应当适当地容纳汽车。而做到这一点，应以尊重行人和公共空间的方式来实现。

5、街道和广场对于行人应该是安全的、舒适的和有吸引力的。只要安排得当，街道和广场可以鼓励步行，促进邻里间的相互交往，保护他们的社区。

6、建筑和景观的设计应当源自当地的气候、类型、历史和实际建筑环境。

7、公共建筑和公共聚会的场所要求这些场所能够加强社区的意识和民主文化。它们应有独特的形式，因为它们在城市中的角色不同于其他城市建筑和空间。

8、所有建筑应当使它们的使用者明白那里的位置、气候和时间。自然的制热和制冷使能源利用更为有效。

9、历史性建筑、街道和景观的保护和更新确认了城市社区的延续和发展。

项目说明

　　这些用来示意的彩色规划图都是选自凯萨欧普事务所的项目。事实上，还有许多可以使用的例子，但是，评论和选择他人工作的任务似乎太繁重了。当然，如此丰富的资料从一个方面说明，这里表达的许多观念正愈来愈变成人们的共识。我们希望用这些规划来说明一些观点和可能性。有些规划已经实现，有些规划做了调整，有些规划还在执行中，有些规划已经被放弃，有些案例仅仅只是用来说明和教育。选择的标准是这些案例能够在不同的尺度和背景下说明本书所阐明的设计原则。

　　另外，每个项目都是一个大型设计、咨询和广泛的社区参与的产品。在每一个案例中，社区参与过程包括了工作小组实际地动手去做自己的设计，去交易，像一支队伍那样工作，而不再只代表某个利益团体。对每个项目的说明如下：

品牌	项目	日期	客户	团队	讲解人
PORTLAND CLACKAMAS HILLSDALE ORENCO BEAVERTON	Region 2040	1994	Metro	**Calthorpe Associates** *(for all Portland projects) Shelley Poticha (PM), Joey Scanga, Matt Taecker, Sue Chan, Catherine Chang, Tom Ford*	C. Tolon, Mark Mack C. Tolon, Mark Mack C. Tolon, Mark Mack Mark Mack
UTAH REGIONAL PLANS	Envision Utah	2000	Coalition for Utah's Future	**Calthorpe Associates** *Joe DiStefano (PM)* **Fregonese Calthorpe Associates**	
PROVO	Intermodal Corridor Plan	1999	Provo City	**Calthorpe Associates** *Tim Rood (PM), Redger Hodges*	Thomas Prosek
WEST VALLEY CITY	Jordan River Neighborhood Plan	1999	West Valley City	**Calthorpe Associates** *Tim Rood (PM), David Blake, Kathryn Clark*	Thomas Prosek
CENTERVILLE	Town Center Plan	1999	Centerville City	**Calthorpe Associates** *Tim Rood (PM), David Blake, Kathryn Clark*	Thomas Prosek
SANDY/MIDVALE	Sandy/Midvale Transit Oriented Development Plan	1999	Sandy City and Midvale City	**Calthorpe Associates** *Tim Rood (PM), Danno Glanz, Chad Johnston*	Thomas Prosek
GREY/GREENFIELDS BAY MEADOWS	Bay Meadows Specific Plan	1997	California Jockey Club	**Calthorpe Associates** *Bruce Fukuji (PM), Danno Glanz, Sue Chan, Matt Taecker, Clark Williams* **Fehr & Peers:** Traffic **Brian Kangas Foulk:** Civil Engineering **Ken Kay Associates:** Landscape Architecture	Thomas Prosek

续表

品牌	项目	日期	客户	团队	讲解人
STAPLETON	Stapleton Airport Redevelopment Plan	2000	Forest City Stapleton	**Calthorpe Associates** *Danno Glanz, Rodger Hodges, David Blake, Tim Rood* **BRW, Antero, Matrix:** Civil Engineering **EDAW:** Landscape Architecture **KA Architecture, Cox, Wolff Lyon, Urban Design Group, Johnson Fain:** Architecture	Stanley Doctor
MOFFETT FIELD	Vision Plan for NASA Ames	1998	NASA Ames	**Calthorpe Associates** *Joey Scanga (PM), Danno Glanz, Hillary Bidwell* **Arcadia Land Company:** Developers **Fehr & Peers:** Traffic	Thomas Prosek
NORTHAMPTON	Northampton State Hospital Redevelopment Plan	2000	Community Builders	**Calthorpe Associates** *Matt Taecker (PM), Roger Hodges*	Thomas Prosek
HIGHLAND'S GARDEN VILLAGE	Highland's Garden Village	2000	Affordable Housing Development Corp.	**Calthorpe Associates** *Joey Scanga (PM), Kathryn Clark, David Blake, Roger Hodges, Chad Johnston, Danno Glanz, Tom Ford* **Lee Weintraub:** Landscape Architecture **OZ Architecture:** Architecture **Civitas:** Zoning and Entitlements	
THE CROSSINGS	The Crossings Neighborhood Plan	1995	TPG Development Corporation	**Calthorpe Associates** *Joey Scanga (PM), Matt Taecker (PM, Phase 1), Danno Glanz, Tom Ford, Cleve Brakefield, Clark Williams* **HST Architects:** Apartment Architecture **Guzzardo and Associates, Gary Strand:** Landscape Architecture **Sandis Humber Jones:** Civil Engineering	
UNIVERSITY AVE.	University Avenue Strategic Plan	1996	City of Berkeley	**Calthorpe Associates** *Shelly Poticha (PM), Danno Glanz, Pietro Calogero, Catherine Chang, Isabelle Duvivier* **Bay Area Economics:** Market Analysis	
AGGIE VILLAGE	First Street & Aggie Village Master Plan and Design Objectives	1993	University of California at Davis	**Calthorpe Associates** *Philip Erickson (PM), Joey Scanga* **Bob Segar, Campus Planner:** Residential Masterplan **Pyramid Construction:** Architect/Builder **Mark Dziewulski Architect:** Retail Architect **Fulcrum Capital:** Retail Developer	
ST. CROIX	The St. Croix Valley Development Design Study	2000	Metropolitan Council	**Calthorpe Associates** *Tim Rood (PM), Diana Marsh, Joe DiStefano, Ariella Granett* **Urban Advantage:** Photo Simulations	Steve Price
ONTARIO MOUNTAIN AVENUE	Mountain Village Specific Plan	1997	City of Ontario, Ontario Redevelopment Agency	**Calthorpe Associates** *Matt Taecker (PM), David Blake, Roger Hodges, Sue Chan, Danno Glanz, Bruce Fukuji*	Thomas Prosek

续表

品牌	项目	日期	客户	团队	讲解人
PALO ALTO	Palo Alto Plan	1994	City of Palo Alto	**Calthorpe Associates** *Shelley Poticha, Catherine Chang,* *Tom Ford, Joe Scanga,* *Elizabeth Gourley* **Economic & Planning Systems:** Fiscal Analysis **MIG:** Public Involvement and Planning	
ISSAQUAH	Issaquah Highlands	2000	Port Blakely Communities	**Calthorpe Associates** *David Blake (PM), Kathryn Clark* *Shunji Suzuki, John Beutler* *John Moynahan, Chad Johnston* **Fehr and Peers:** Traffic **David Evans and Associates, Inc.:** 　Civil Engineering	Thomas Prosek
SE ORLANDO	Southeast Orlando Development Plan Development Guidelines and Standards	1997	City of Orlando	**Calthorpe Associates** *David Blake, Joey Scanga,* *Clark Williams,* *Philip Erickson (PM)* *Shelley Poticha (PM)* **Glatting Jackson Anglin** 　**Lopez Rinehart, Inc.:** Transportation **Economic & Planning Systems:** 　Market and Fiscal Analysis **Market Perspectives:** Market Analysis **WBQ Engineering:** Civil Engineering **Lotspeich and Associates, Inc.:** 　Land Use, Law	
URBAN REVITALIZATION HOLYOKE/ CHURCHILL	Churchill Neighborhood Revitalization Plan	1999	Holyoke Housing Authority The Community Builders	**Calthorpe Associates** *Matt Taecker (PM), Danno Glanz,* *Shelly Poticha* **Dietz & Co.:** Architecture **Denig Design:** Landscape Architecture	Dietz Architecture
CURTIS PARK	Curtis Park Hope VI Housing	2000	Housing Authority of the City and County of Denver Integral Development Corporation	**Calthorpe Associates** *Joey Scanga (PM), Chad Johnston,* *Danno Glanz* **Abo-Copeland:** Architect of Record **Wong Strauch Architecture:** Architecture **THK Associates, Inc.:** 　Landscape Architecture **Martin & Martin:** Civil Engineering	Thomas Prosek
COATESVILLE	Neighborhood Revitalization Plan	1998	Housing Authority of the County of Chester Pennsylvania The Community Builders	**Calthorpe Associates** *Joey Scanga (PM), Danno Glanz,* *Matt Taecker, Clark Williams* **Kelly/Maiello Inc.:** Architecture	
HORNER	Horner Neighborhood Plan	1995	Chicago Housing Authority	**Calthorpe Associates** *Joey Scanga, Matt Taecker,* *Tom Ford* **The Habitat Co.:** 　Development Consultants **Solomon Cordwell Buenz & Associates:** 　Architecture	

续表

品牌	项目	日期	客户	团队	讲解人
NEWPORT	North End Revitalization Plan	1999	City of Newport Rhode Island	**Calthorpe Associates** *Matt Taecker (PM), John Beutler, John Moynahan, Danno Glanz, Tom Ford* **Newport Collaborative Architects:** Architecture	
NOMA	North of Massachusetts Avenue (NoMa) Redevelopment Plan	2000	Cultural Development Corporation	**Calthorpe Associates** *Joey Scanga* **Urban Design Associates:** Urban Planning and Architecture **Economic Research Associates:** Market and Fiscal Analysis	Urban Design Associates

参考文献

　　作者在写作本书时所使用的大部分资料来自自己第一手的知识和经验。波特兰和盐湖城的案例研究来自彼得·卡尔索普事务所在这两个地方的工作经历。除此之外，大部分特殊案例的资料是由威廉·富尔顿汇集的，有些来自其他刊物、研究报告，有些是专门为本书撰写的。许多资料包括在以下参考文献中。

导言

〔1〕Benfield, F. Kaid, Matthew D. Raimi, and Donald D. T. Chen, *Once There Were Greenfields: How Urban Sprawl Is Undermining America's Environment, Economy and Social Fabric*. Washington, DC: Natural Resources Defense Council, 1999.

〔2〕Garreau, Joel, *Edge City: Life on the New Frontier*. New York: Doubleday, 1991.

第一章　在区域里生活

Altshuler, Alan, William Morrill, Harold Wolman, and Faith Mitchell (eds.), *Governance and Op portunity in Metropolitan America*. Washington, DC: National Academy Press, 1999.

Barnes, William H., and Larry Ledebur, *The New Regional Economics:*

The U.S. Common Market and the Global Economy. Newbury Park, CA: Sage Publishing, 1997.

Cisneros, Henry G. (ed.), *Interwoven Destinies: Cities and the Nation.* New York: Norton, 1993.

Downs, Anthony, *New Visions for Metropolitan America.* Washington, DC: The Brookings Institution, 1995.

Fulton, William, and Paul Shigley. "Operation Desert Sprawl: The biggest issue in booming Las Vegas isn't growth. It's finding somebody to pay the staggering costs of growth." *Governing*, Vol. XII, No XI (August 1999) , pp. 16 - 21.

Katz, Bruce, *Reflections on Regionalism.*Washington, DC: The Brookings Institution, 2000.

Leopold, Aldo, *A Sand County Almanac.* New York: Ballantine Books, 1991 (originally published 1949) .

Lewis, Sinclair, *Main Street.* Mineola, NY: Dover Publications, 1999 (originally published 1920) .

Ohmae, Kenichi, *The End of the Nation State: The Rise of Regional*

Economies. New York: Free Press, 1995.

Orfield, Myron, *Metropolitics: A Regional Agenda for Community and Stability*. Washington, DC: The Brookings Institution, 1997.

Partners for Livable Communities, *The Livable City: Revitalizing Urban Communities*. New York: McGraw-Hill, 2000.

Pastor, Manuel, Peter Dreier, J. Eugene Grigsby III, and Marta Lopez-Graza, *Regions That Work: How Cities and Suburbs Can Grow Together*. Minneapolis: University of Minnesota Press, 2000.

Stein, Clarence S., *Toward New Towns for America*, with an introduction by Lewis Mumford. Cambridge, MA: MIT Press, 1957, 1989.

Storper, Michael, *The Regional World: Territorial Development in a Global Economy*. New York: Guilford Press, 1997.

第二章　场所的社区

Boorstin, Daniel J., *The Americans: The National Experience*. New York: Random House, 1988 (originally published 1974).

Burchell, Robert, et al., "Costs of Sprawl Revisited: The Evidence of

Sprawl's Negative and Positive Impacts," Transportational Research Board and National Research Council. Washington, DC: National Academy Press, 1997.

Calthorpe, Peter, *The Next American Metropolis: Ecology, Community, and the American Dream*. Princeton, NJ: Princeton Architectural Press, 1993.

Jacobs, Jane, *The Death and Life of Great American Cities*. New York: Vintage Books, 1993 (originally published 1961).

Oldenburg, Ray, *The Great Good Place: Cafes, Coffee Shops, Bookstores, Bars, Hair Salons, and Other Hangouts at the Heart of a Community*. New York: Marlowe & Co.,1999 (originally published 1991).

Putnam, Robert D., *Bowling Alone: The Collapse and Revival of American Community*. New York: Simon & Schuster, 2000.

VanderRyn, Sim, and Peter Calthorpe, *Sustainable Communities: A New Design Synthesis for Cities, Suburbs, and Towns*. San Francisco: Sierra Club Books, 1991.

Whyte, William H., *City: Rediscovering the Center*. New York:

Doubleday, 1988.

第三章　设计区域

Leccese, Michael, and Kathleen McCormick （eds.）. Charter of the New Urbanism. New York: McGraw-Hill Professional Publishing, 1999.

第四章　公共政策与区域城市

Burchell, Robert W., *Impact Assessment of the New Jersey State Development and Redevelopment Plan*, New Jersey State Planning Commission, June 1992.

Eppli, Mark J., and Charles C. Tu, *Valuing the New Urbanism: The Impact of the New Urbanism on Prices of Single- Family Homes.* Washington, DC: Urban Land Institute, 1999.

JHK & Associates, *Transportation-Related Land Use Strategies to Minimize Motor Vehicle Emissions: An Indirect Source Research Study*, final report to the California Air Resources Board, Chapters 1 - 7, June 1995.

Norquist, John O., *The Wealth of Cities: Revitalizing the Centers of American Life.* Reading, MA: Addison-Wesley Longman, 1998.

Rosenbaum, James, "Changing the Geography of Opportunity by Expanding Residential Choice: Lessons from the Gautreaux Program." Housing Policy Debate, Vol. VI, No. 1 （1995）, pp. 231 - 269.

Staley, Samuel R., and Gerard C. S. Mildner,"Urban-growth Boundaries and Housing Affordability: Lessons from Portland." *Reason Public Policy Institute Policy Brief*, October 1999 （Brief No. 11）.

Traub, James, "What No School Can Do." *The New York Times Magazine*, January 16, 2000. pp. 52 - 57, 68, 81, 90 - 91.

第五章　联邦政府在区域发展中的角色

Federal National Mortgage Association, 1999 Information Statement, www. fanniemae. com/ markets/ debt/ w21804. html# 000.

Horan, Tom, Hank Dittmar, and Daniel R. Jordan, "ISTEA and the Transformation in U.S. Transportation Policy: Sustainable Communities from a Federal Initiative."Working paper, Claremont Graduate University Research Institute, 1997.

第六章　设计区域：波特兰，盐湖城和西雅图

Blizzard, Meeky, *Creating Better Communities: The LUTRAQ Principles*. Portland: Sensible Transportation Options for People and 1000 Friends of Oregon, 1996.

Calthorpe Associates, Envision Utah: Producing a Vision for the Future of the Greater Wasatch Area, April 1999.

Calthorpe Associates, Region 2040. May 1994.

Cambridge Systematics, Inc. with Hague Consulting Group, "Making the Land Use Transportation, Air Quality Connection: Modeling Practices." Portland, OR: 1000 Friends of Oregon, October 1991 (Vol. I) .

Committee to Study Housing Affordability, Oregon Housing Cost Study, final report, December 1998.

"Concepts for Growth: Report to Council," Metro, June 1994.

Dyett, Blayney, et al., "Making the Land Use, Transportation, Air Quality Connection: Implementation." Portland, OR: 1000 Friends of Oregon, October 1995 (Vol. VI) .

ECONorthwest with Free and Associates, Greater Wasatch Area Housing Analysis, September 1999.

Fulton, William: "Ring Around the Region: It's Better than Latte,

Say Fans of Washington's Nine-Year-Old Growth Management Law," *Planning Magazine* (Vol. LXV, No. III March 1999), pp. 18 - 21.

Hinshaw, *Mark, Citistate Seattle: Shaping a Modern Metropolis.* Chicago: APA Press, 1999.

"Making the Connections: A summary of the LUTRAQ project." Portland, OR: 1000 Friends of Oregon, February 1997 (Vol. VII).

Parsons Brinckerhoff Quade, and Douglas, Inc., et al., "Making the Land Use, Transportation, Air Quality Connection: The Pedestrian Environment." Portland, OR: 1000 Friends of Oregon, December 1993 (Vol. IVA).

Parsons Brinckerhoff Quade, and Douglas, Inc., et al., "Making the Land Use, Transportation, Air Quality Connection: Building Orientation," supplement to Vol. IVA. Portland, OR: 1000 Friends of Oregon, May 1994 (Vol. IVB).

Pivo, Gary, "Regional Efforts to Achieve Sustainability in Seattle: Skinny Latte or Double Fat Mocha?" Prepared for the Creating Sustainable Places Symposium, College of Architecture and Environmental Design, Arizona State University, January 1998.

Phillips, Justin, and Eban Goodstein, "Has Portland's Urban Growth Boundary Raised Housing Prices?" Draft, presented at Western Economics Association Meeting, June 1998.

Portland Metro, Regional Framework Plan, June 1997.

PricewaterhouseCoopers and Lend Lease Real Estate Investments, Emerging Trends in Real Estate 2000, 1999.

Puget Sound Regional Council, "Regional Review: Monitoring Change in the Central Puget Sound Region." Seattle, WA: Puget Sound Regional Council, September 1997.

Puget Sound Regional Council, "Vision 2020: 1995 Update," May 25, 1995.

Quality Growth Efficiency Tools Technical Committee, "Scenario Analysis." Salt Lake City: Governor's Office of Planning and Budget, 1999.

"Regional Urban Growth Goals and Objectives," Ordinance No. 95-625A. Metro, 1995.

"Under Construction: Building a Livable Future: Summaries of Regional Transportation and Land Use Projects." *Tri- Met*, May 1996.

Wallace Stegner Center for Land, Resource and the Environment, "Transportation, Land Use and Ecology along the Wasatch Front." Salt lake City, UT: University of Utah College of Law, 1999.

第七章 超级区域：纽约、芝加哥、旧金山

Chicago Land Transportation and Air Quality Commission, *The $650 Billion Decision: The Chicago Transportation Plan for Northeastern Illinois*, abridged version. Chicago: Center for Neighborhood Technology, 1995.

Fulton, William, *The Reluctant Metropolis: The Politics of Urban Growth in Los Angeles*. Point Arena, CA: Solano Press Books, 1997.

Johnson, Elmer, "Chicago Metropolis 2020: Preparing Metropolitan Chicago for the 21st Century." A project of the Commercial Club of Chicago in association with the American Academy of Arts & Sciences, 1998.

Peirce, Neal R., and Jerry Hagstrom, *The Book of America: Inside the Fifty States Today*. New York: Warner Books, 1984.

Scott, Mel, *The San Francisco Bay Area: A Metropolis in Perspective*, second edition. Berkeley: University of California Press, 1985.

Urban Ecology Inc., *Blueprint for a Sustainable Bay Area*. Oakland: Urban Ecology, 1996.

Wunch, James, The Regional Plan at Seventy: An Interpretation, unpublished paper, 1999.

Yaro, Robert D., and Tony Hiss, *A Region at Risk: The Third Regional Plan for the New York - New Jersey - Connecticut Metropolitan Area*. Washington, DC: Island Press, 1996.

第八章　州政府领导下的区域规划：佛罗里达、马里兰、明尼苏达

Adams, John S., and Barbara J. VanDrasek, *Minneapolis - St. Paul: People, Places, and Public Life*. Minneapolis: The University of Minnesota Press, 1993.

Calthorpe Associates, The St. Croix Valley Development Design Study, January 2000.

Ehrenhalt, Alan, "The Czar of Gridlock: Terrified of Becoming the Next Los Angeles, the Atlanta Region Has Given a Superagency Controlled by the Governor Dictatorial Powers to Regulate Traffic, Smog, and Sprawl." *Governing*, Vol. XII, No. VIII（May 1999）, pp. 20-27.

Maryland Office of Planning, Smart Growth and Neighborhood Conservation.

Mondale, Ted, "Maintaining Our Competitive Advantage in the 21st Century." State of the Region Address, March 29, 1999.

Transportation and Land Use Study Committee, Final Report on Land Use and Transportation Planning in Florida, January 15, 1999.

第九章 郊区的成熟

Calthorpe Associates, et al., Southeast Orlando Development Plan: Development Guideline and Standards, October 1997.

Calthorpe Associates Consulting Team, Sonoma/Marin: Multi-Modal Transportation and Land Use Study: Final Report, June 1997.

Fehr and Peers Associates, Inc., Issaquah Highlands Operations Analysis Report, June 1998.

Henke, Cliff, "U.S. Begins Second Light Rail Revolution." *Metro Magazine*, November/December 1999, pp. 40 - 46.

Hirschhorn, Joel S., "Growing Pains: Quality of Life in the New

Economy." Washington, DC: National Governors' Association, 2000.

第十章 城市街区的更新

Cisneros, Henry G., *The Transformation of America's Public Housing: A Status Report*. Washington, DC: U.S. Department of Housing and Urban Development, 1996.

Cisneros, Henry G., "Regionalism: The New Geography of Opportunity." Unpublished essay, 1995.

Congress for New Urbanism, The, "Principles for Inner City Neighborhood Design: HOPE VI and the New Urbanism." Washington, DC: The Congress for New Urbanism and U.S. Department of Housing and Urban Design, 2000.

Gratz, Roberta Brandes, *The Living City: How Americ's Cities Are Being Revitalized by Thinking Big in a Small Way*. New York: John Wiley and Sons, 1994.

Gratz, Roberta Brandes, and Norman Mintz, *Cities Back from the Edge: New Life for Downtown*. New York: John Wiley and Sons, 1998.

U.S. Department of Housing and Urban Development and the American Institute of Architects, *Vision / Reality: Strategies for Community*

Change. Washington, DC: U.S. Department of Housing and Urban Development, March 1994.

U.S. Department of Housing and Urban Development, Office of Policy Development and Research, Moving to Opportunity Fair Housing Demonstration Program: Current Status and Initial Findings, September 1999.

致谢

　　我将从本书主要观点的学术渊源开始表达我的致谢。就在 20 世纪 70 年代中期的萨克拉门托，杰里·布朗（Jerry Brown）行政当局中的一群非凡的人开始重新思考我们的社会。我有机会和这个小组一起工作，西姆·凡·德·瑞恩（Sim Van der Ryn）和比尔·普雷斯（Bill Press）也在其中。那时，比尔是加利福尼亚州规划和研究办公室的主任，他为加利福尼亚州制定了一个"城市战略"，即一组努力的目标和实现它们的途径。实际上，比尔的"城市战略"正是一篇有关大都市尺度上"区域城市"的论文。但是，没有人采纳他的意见。这件事发生在 25 年前。那时，西姆·凡·德·瑞恩是加利福尼亚州首席建筑师。他把注意力放在研究建筑、社区和生态学的复杂关系上。后来，西姆·凡·德·瑞恩成了我的合伙人和良师益友。他的思想影响了我对街区设计和环境的认识。也正是在那个时候，我的一个老朋友——耶鲁大学建筑学教授大卫·塞勒斯（David Sellers）参与了我们填补城市空白的第一个开发试验。在那之后的 20 多年里，大卫在许多设计讨论会上，用他的思想、幽默和才干启发了我们。

　　道格·凯尔鲍（Doug Kelbaugh，现在是密西根大学建筑学院的院长），以及哈里森·弗雷克（Harrison Fraker，现在是加州大学伯克利分校环境设计学院的院长），都是我们 20 世纪 70—80 年代早期倡导对环境负责的建筑形式时的朋友和合作者。在我第一次努力推进步行小区的郊区开发模式时，道格成了我的合伙人，参与了"区域城市"中社区规划概念的创造和条理化工作。从这一点上讲，他既是我的朋友又是我的同事。正是通过在伯克利环境设计学院的设计试验，这些假设才得以生根开花。丹·所罗门（Dan Solomon）和拉尔斯·莱鲁普（Lars Lerup）支持和参与了那个工作室的工作。在那个工作室里，人们对重新设计郊区的概念提出问题，并使其完善。直到今天丹仍然是我的亲密的同事、朋友以及我的建筑的批判者。

20世纪80年代末，在多样性和可步行社区还是理论模式和纸上谈兵的时候，得到了一个敢于吃螃蟹的开发商菲尔·安热利代斯（Phil Angelides）的支持。现在，他是加利福尼亚州的财政部出纳局长。菲尔有愿望和能力在大型开发项目中实现这些设想。当时，他试图在西拉谷那的开发项目中实现多样性和可步行的社区理想。在那个项目中，我找到了另一个亲密的朋友肯·凯（Ken Kay），他是一个天才的景观设计师。在每一个项目中，他总能告诉我一些制造场所的新主意。同时，一些地方政治家，如格兰特兰德·约翰逊（Grantland Johnson，当时是萨克拉门托的县长，现在是加利福尼亚州卫生和服务局局长），支持制定萨克拉门托县的分区规划，把那里改变成以公共交通为导向的区域。这是承认在郊区推行公共交通和功能混合社区的第一个通行证。

在那以后不久，俄勒冈千友会的领导人亨利·里士满（Henry Richmond）宣布了一个关于波特兰区域发展的激进方案，后来演变成一场有关那个区域如何发展的争论。他的愿景和领导成为波特兰向区域城市转变的奠基石。约翰·弗雷戈雷塞（John Fregonese）在《2040规划》中赞扬了亨利·里士满的工作。我为约翰·弗雷戈雷塞做过规划工作，后来，我和约翰·弗雷戈雷塞成为了终生的朋友和彼此的职业合伙人。他是我所知道的最了解区域设计的人。他有一种特殊的能力把复杂的区域战略人性化，有把不同的团体聚合到一起形成一个联盟的能力，有把大的愿景设想简明扼要地加以阐述的能力。我与他一起制定了盐湖城的区域规划，一起在每一个项目中追求我们的愿景。我很荣幸能与他一起工作。

大约在 20 世纪 90 年代早期，越来越多的设计师开始重新思考社区的形式。1992 年，他们中的一些人组建了"新城市主义大会"（Congress for New Urbanism，CNU）。我深深地受惠于"新城市主义大会"的奠基人——安德烈斯·杜安伊（Andres Duany）、利兹·普莱特·齐贝克（Liz Plater Zyberk）、斯特凡诺斯·波利佐伊迪斯（Stefanos Polyzoides）、伊丽莎白·莫尔（Elizabeth Moule）以及丹·所罗门。"新城市主义大会"为我提供了一个争论和交友的论坛，在那里我遇到了志同道合者。它帮助新城市运动在全国展开，也帮助了我个人的成长。我还要感谢"新城市主义大会"的其他一些人，如"Seaside 项目"的开发商罗伯特·戴维斯（Robert Davis）、前 STTP 的领导人汉克·迪特马尔（Hank Dittmar）、美国城市景观设计中心的主任比尔·莫里什（Bill Morrish），以及密尔沃基市市长约翰·诺尔奎斯特（John Norquist）。感谢他们对这些原则的允诺，感谢他们拿出自己的时间来支持我们追求理想。

我必须对现在和过去在卡尔索普事务所工作的同事们致谢。没有他们，书中的这些观点不可能成为现实，通过他们，我们的工作才变得更为多彩多姿和完满。若埃·斯坎加（Joe Scanga）是这个事务所的第一个员工，现在，他是主任之一，并始终是这个事务所的核心和灵魂。马特·泰克（Matt Taecker）也是主任之一，他在斯坎加之后进入这个事务所。现在，他已经成为我所认识的最训练有素的社区设计师。最近，蒂姆·鲁德

（Tim Rood）成为了这个事务所的核心领导，他把自己在区域层次上的规划经验与地方层次上的设计结合起来。我还要感谢菲尔·埃里克森（Phil Erickson）和谢利·波蒂察（Shelley Poticha）——我们的老员工，现在他们正在别的地方面对挑战。他们俩指导了我们事务所的早期工作，对区域设计的出现做出了重要贡献。菲尔·埃里克森有了他自己的事务所。谢利·波蒂察则成为了"新城市主义大会"的执行主任。在这个岗位上，她已经完成了极为不平凡的工作，并用她无尽的能量、热情和卓越的判断扩大了"新城市主义大会"的项目和其影响。

本书是我与另一位作者威廉·富尔顿（William Fulton）及其他的团队一起工作的成果。威廉把他的知识、写作训练和个人经验带到了本书中，从而扩展了"区域城市"所能传递的信息，澄清了"区域城市"的概念。我特别要感谢威廉，我们之间的争论总是使我们的思考更为缜密，总是（我希望）使书中的命题更为有力。岛屿出版社的编辑海瑟·博尔（Heather Boyer）耐心修订了本书，尽管其付出无人知晓。海瑟·博尔引导、敦促和帮助我们将书中的内容和概念条理化，直到完成本书的编辑。玛丽安娜·列乌斯契尔（Marianna Leuschel）和她的整个工作室设计和生产了本书。他们不仅使本书如此雅致，还以多种方式反映了本书的内容。在这本著作中，凝聚了超出他们职责范围的非凡的智慧。

我的亲朋好友是本书真正的基石。没有他们的支持和爱，本书难以完成。在本书还未完成时，我做了一次外科手术，我的妻子让·德里斯科尔（Jean Driscoll）和我的妹妹戴安娜·罗斯（Diana Rose）悉心照料我，她们的爱使我起死回生。我的妻子和我的妹夫乔纳森·罗斯（Jonathon Rose）也是本书的间接的参与者。乔纳森是一个开发商，他总是对我的概念发起挑战，要我打破所有的设计模式。我妻子的学术背景是经济住宅和土地保护，她给予了我相关方面的知识和思考角度，这些需要我在整个生命过程中去积累。我的孩子露西亚、雅各布和亚萨总是提醒我，为什么必须要有一个好的社区，以及我们如何拥有和谐的生活。

彼得·卡尔索普

伯克利，加利福尼亚

2000 年 8 月

我欠我的同事彼得·卡尔索普的情最多了，是他郑重地请求我与他合著本书。

我对新城市规划运动奠基人的承诺、愿景和能力总是充满了景仰。过去 20 多年来，我们的建筑环境究竟发生了什么错误，究竟怎样才能让它们更美好。正是新城市规划运动的奠基人使我们这些从事城市规划的人能够一吐心中的那些疑惑。当然，我对彼得的尊敬远远超出这一点。从一开始，彼得就没有孤立地去看待街道或地块，他总是寻求理解地块和大都市之间作为整体的关系，试图对我们每一个人说明这种关系如何影响着我们的日常生活。这正是本书的核心之所在。我希望我们的努力能够准确地表达这些愿景。

我也非常感谢那些与我对话或给我提供研究项目的人，他们帮助我理解这个区域的城市。

许多年以前，丹佛"延续合伙人"的威尔·弗莱西希（Will Fleissing）在我还是规划学院的教授时，第一次向我介绍了区域城市的概念。从那以后，我们一直是好朋友。萨克拉门托的资源法律集团的麦克·曼特尔（Michael Mantell）在过去许多年里也给我提供了类似的启发。帕克基金的珍妮·塞德威克（Jeanne Sedgwick）和马克·瓦伦丁（Mark Valentine）给了我无数的机会来研究这些问题。《管理》杂志的埃伦·哈特（Alan Ehrenhalt）和宜居社区的鲍勃·麦克纳尔蒂（Bob McNulty）也为我提供了有关这个问题研究的许多次机会。布鲁斯·凯兹（Bruce Katz）与布鲁金斯研究所城市和大都市政策中心给我提供了一个讨论大都市发展的论坛。

我对区域问题的深入认识来自以下这些人和机构：房利美基金的罗伯

特·朗（Robert. E. Lang），加州大学伯克利分校的约翰·兰迪斯（John landis），康奈尔大学的罗尔夫·彭达利（Rolf Pendall），加州大学圣克鲁斯分校的曼纽尔·帕斯特（Manul Pastor），国家城市联合会的比尔·巴恩斯（Bill Barnes），克莱蒙特研究生院的格里克菲尔德（Glickfeld）和汤姆·赫兰（Tom Horan）。他们都在洛杉矶，身在家里，就可以帮助我理解区域城市。最近，南加州大学南加州研究中心的迈克尔·迪尔（Michael Dear）和詹妮弗·沃奇（Jennifer Wolch）同样给了我这样的认识。我感谢他们的帮助和鼓励。

我要感谢明尼泊里斯大都市研究所的迈伦·奥菲尔德（Myron Orfield），事实上，他阅读了本书的整个手稿，并且提出了他的意见。感谢大峡谷研究中心的卡罗尔·怀特塞德（Carol Whiteside），他是第一个把加利福尼亚的中央山谷看成一个区域城市的人。感谢皮吉特海湾（Puget Sound）理事会的玛丽·麦坎伯（Mary McCumber）和"LMN建筑事务所"的马克·辛萧（Mark Hinshaw）有关西雅图的见解。在完成"一体化规划"和"6号希望工程"时，我和彼德得到了住宅和城市住宅与城市建设部许多人的帮助，如负责政策制定与研究的部长助理苏珊·瓦锡特（Susan Wachter），以及负责公共住宅投资的部长副助理埃莉诺·培根（Elinor Bacon）。

岛屿出版社的编辑海瑟·博尔耐心地阅读了全部手稿。我非常感谢罗伯特·费希曼（Robert Fishman），他不仅同意为本书作序，而且许多年以来，他始终在研究美国大都市发展问题，使这些问题越来越清晰和有逻辑。我难以表达对K.C. 帕森斯（K.C.Parsons）的谢意，他让我使用他在康乃尔的办公室，并花了许多时间与我讨论克拉伦斯·斯坦（Clarence

Stein）和早期的区域论者。帕森斯，我非常想念你。

还有，没有我的索利马尔（Solimar）研究会的同事的帮助，我不可能完成本书。艾丽西亚·哈里森（Alicia Harrison）和彼得·塞利奇（Peter Sezzi）默默无闻地做了大量的背景资料收集工作。保罗·希格利（Paul Shigley）担负了加利福尼亚规划和发展报告的编辑工作，从而使我能够埋头创作本书。玛丽·莫林（Mary Molina）在文字润色上给了我许多帮助，让我避免了词不达意的窘境。谢谢你们所有的人。

我也要感谢卡尔索普事务所的同事们，特别是若埃·迪斯泰法诺（Joe Distefano），他无数次地帮助我解决困难。我已经记不清彼得和他的夫人究竟留我在他们伯克利的家中住宿了多少次。文图拉咖啡店的同乡们总是允许我长时间逗留在他们的沙发上来写作本书。

我欠我的妻子和女儿的比我能说得出的还要多。当我不在家时，她们与本书和它的观点生活在一起。当然，她们每天都在鼓励我去创造一个美好、公正和宽容的世界。

威廉·富尔顿

文图拉，加利福尼亚

2000 年 8 月

图书在版编目（CIP）数据

区域城市 ：终结蔓延的规划 ：第四版 ／（美）彼得·
卡尔索普，（美）威廉·富尔顿著 ；叶齐茂，倪晓晖译
. —— 南京 ：江苏凤凰科学技术出版社，2018.9（2022.1重印）
ISBN 978-7-5537-9494-5

Ⅰ. ①区… Ⅱ. ①彼… ②威… ③叶… ④倪… Ⅲ.
①城市规划－研究 Ⅳ. ①TU984

中国版本图书馆CIP数据核字(2018)第164751号

区域城市 —— 终结蔓延的规划（第四版）

著　　　者	[美] 彼得·卡尔索普　　[美] 威廉·富尔顿	
译　　　者	叶齐茂　倪晓晖	
项 目 策 划	凤凰空间/单　爽　张晓菲	
责 任 编 辑	刘屹立　赵　研	
特 约 编 辑	单　爽	

出 版 发 行　江苏凤凰科学技术出版社
出版社地址　南京市湖南路1号A楼，邮编：210009
出版社网址　http://www.pspress.cn
总 经 销　天津凤凰空间文化传媒有限公司
总经销网址　http://www.ifengspace.cn
印　　刷　河北京平诚乾印刷有限公司

开　　本　710 mm×1 000 mm　1/16
印　　张　22
字　　数　352 000
版　　次　2018年9月第1版
印　　次　2022年1月第3次印刷

标 准 书 号　ISBN　978-7-5537-9494-5
定　　价　88.00元